AF525320

Reihe Dienstleistungsmanagement | Dienstleistungsmarketing

herausgegeben von
Prof. Dr. Matthias Gouthier

Band 7

Matthias Gouthier [Hrsg.]

Erfolgreiche Wege zur Service Excellence

Von Service-Champions das 1 x 1 exzellenter Services erfahren

Die Deutsche Nationalbibliothek verzeichnet diese Publikation in der Deutschen Nationalbibliografie; detaillierte bibliografische Daten sind im Internet über http://dnb.d-nb.de abrufbar.

ISBN 978-3-8487-8462-2 (Print)
ISBN 978-3-7489-2843-0 (ePDF)

Onlineversion
Nomos eLibrary

1. Auflage 2022

Service Excellence – Eine branchenübergreifende Haltung, die auch einem Patienten schmecken darf!

Carsten K. Rath

Erinnern Sie sich noch an Ihr letztes, außergewöhnliches Serviceerlebnis? Ich hoffe es für Sie, denn das bedeutet, dass Sie wirklich von einer Dienstleistung oder besser noch von der herzlichen Haltung des Ausführenden und den dahinterliegenden Prozessen positiv überrascht wurden. In meiner Funktion als Serviceexperte und häufiger Gast in besonderen Hotels und Resorts der Welt, habe ich Service in vielen Facetten erlebt. Im großen Stil und in den vielen detaillierten Feinheiten, die den Unterschied zwischen wahrer Excellence und standardisierten Prozessen ausmachen. Mich wirklich mit Services zu begeistern, ist sicherlich herausfordernd, und dennoch gelingt es den unterschiedlichen Teams in der Hospitality immer wieder.

Natürlich erinnere ich mich noch ganz genau an meinen letzten Servicemoment: Es war ein Feiertag im Jahr 2021. Die Hotels in Deutschland sind pandemiebedingt noch weitgehend geschlossen, während ich in der Schweiz schon wieder persönliche Gastfreundlichkeit erleben darf. Ich sitze im Grand Resort Bad Ragaz, dem vielleicht besten Resort der Alpen, notiere erste Ideen zu unserem Fachartikel und gebe noch halb in Gedanken versunken meine Frühstücksbestellung auf. Ich bestelle das Übliche, unter anderem einen frisch aufgebrühten Tee von Ronnefeldt und ein weichgekochtes Ei. Eigentlich nichts Außergewöhnliches also, doch wird mir diese Mahlzeit im wahrsten Sinne des Wortes wie aus dem Ei gepellt auf meinen Tisch gestellt. Das Ei ist fein säuberlich, fast schon symmetrisch, angeschnitten und penibel wieder zugeklappt, sodass ich es nicht selbst köpfen und halb zerbeult essen muss. Ein kleines, aber sehr feines Detail, das mich als hungrigen Gast mehr als begeistert und mich sogar dazu veranlasst, es hier als positive Begebenheit zu erwähnen.

Auch mein restliches Frühstück im Grand Resort Bad Ragaz ist ein Genuss. Es versüßt mir den Tag, noch bevor ich die eigentlichen Vorzüge des Resorts näher kennenlerne. Eine derartige Liebe zum Detail finde ich sonst nur in den Häusern der 101 besten Hotels Deutschlands (www.die-101-besten.com). Das Grand Resort Bad Ragaz wird jedenfalls in der neuen Ausgabe des Hotel-Rankings unter den luxuriösen Nachbarn der 101

Besten erwähnt. Es sind die wirklich feinen Nuancen, die den spürbaren Unterschied in den Prozessen und letztendlich auch am Gast hinterlassen.

Service Excellence ist seit über 25 Jahren mein Herzensthema. Aus Erfahrung als Reisender und als Unternehmensberater weiß ich, dass die zwischenmenschlichen Beziehungen und die täglich gelebte Serviceattitude ein langfristig erfolgreiches Unternehmen vom Mittelmaß unterscheiden. Das gilt ohne Ausnahme, branchenübergreifend und gewinnt aktuell sogar noch an Relevanz. Die Weltwirtschaft wird seit 2020 von der Corona-Krise dirigiert. Innovationen oder neue Ideen scheinen in den Hintergrund zu rücken. Alles ist auf Gesundheit, Medizintechnik und Effizienz ausgerichtet. Doch gerade bei dem sensiblen und komplexen Thema Gesundheit ist der Faktor Mensch der einzige, der wirklich zählt. Denn nur was im Inneren gesund glänzt, kann nach außen lebendig strahlen.

In einem Hotel oder Resort beginnt exzellenter Service noch bevor der Gast zu seinem Aufenthalt anreist. Das macht außergewöhnlichen Service aus, der Kunde und Gast erhält immer ein bisschen mehr als er erwartet.

Auch das Team der Helios Kliniken beginnt mit den Gesundheitsdienstleistungen weit vor einem eigentlichen Krankenhausaufenthalt. Seit Anbeginn ihrer Unternehmensgeschichte kombinieren sie medizinische Versorgung mit höchsten Qualitätsstandards, umfangreichen Präventionsmaßnahmen und einem ausgeprägten Serviceverstehen im Klinikalltag. Das vorgestellte Projekt „6 Köche, 12 Sterne“ setzt Kulinarik auf die Prioritätenliste der Helios Kliniken. Gemeinsam mit sechs Sterneköchen werden schmackhafte und gesunde Gerichte für den Krankenhausaufenthalt konzipiert und von der Hofmann Menü-Manufaktur umgesetzt. Seit 2020 verbinden wir kulinarisches Erleben mit dem oft schmerzhaften Klinikaufenthalt und gestalten die Zeit der Patienten so angenehm wie möglich. Genau das ist das Ziel von gelebter Service Excellence: das Leben der Kunden und Patienten leichter und angenehmer zu gestalten. Die ausführlichen Hintergründe zum Projekt und einen Ausblick in die Zukunft des Klinikalltags in den Helios Kliniken lesen Sie in unserem Fachbeitrag.

Viel Freude dabei!

Vorwort

„Dauerbaustelle Kundenservice", so lässt sich wohl am besten meine persönliche Erfahrung mit diversen Dienstleistern in den letzten Jahren beschreiben. Während die Unternehmen den eigenen Service mit vollmundigen Werbeversprechen kommunizieren, erlebt der Kunde in der Praxis häufig eine völlig konträre Situation: fehlerhafte Leistungen, falsche Abrechnungen, ausbleibende Rückrufe und vieles mehr. Gerade in derart mangelhaften Servicemärkten ist eine Differenzierung über das Angebot eines überdurchschnittlichen Servicelevels bestens möglich. Das Problem ist jedoch: Exzellenter Service entsteht nicht von selbst. Einzelunternehmer, Freiberufler und Kleinstunternehmen haben ein eher intuitives Gefühl dafür, was es bedarf (oder bedürfte), um einen überdurchschnittlichen, das heißt exzellenten Service zu erbringen. Bei mittelständischen Unternehmen und insbesondere bei Großunternehmen werden dagegen strukturierte Konzepte, Maßnahmen und Tools benötigt, um den Gedanken der Service Excellence nachhaltig erfolgreich umsetzen und leben zu können. Gerade bei Großunternehmen finden sich eigene, unternehmensspezifische Ansätze. Um jedoch alle Unternehmen, die an einer Erbringung exzellenter Services Interesse haben, in Gänze auf ein höheres Niveau zu heben, bedurfte es eines allgemeinen, horizontal verorteten Managementansatzes. Daher wurde im März 2018 das Technische Komitee ISO/TC 312 ins Leben gerufen, das ich seitdem als Chairman leite. Mit der ISO 23592:2021 wurde im Juni 2021 nunmehr die erste weltweit gültige Norm entwickelt, die sowohl Grundsätze der Service Excellence als auch ein entsprechendes Modell ausweist. Damit liegt Unternehmen, die planen, den Ansatz der Service Excellence zu realisieren beziehungsweise zu optimieren, ein genereller Leitfaden vor. Was indes fehlt, was in solch einer Norm aber auch gar nicht ausgewiesen werden kann, sind konkrete Best Practices und wie diese in der Praxis funktionieren.

Der Herausgeberband „Erfolgreiche Wege zur Service Excellence – Von Service-Champions das 1x1 exzellenter Services erfahren" widmet sich entsprechend der spannenden Fragestellung, wie Service Excellence von und in erfolgreichen Unternehmen umgesetzt und gelebt wird. Dabei orientiert sich das Fachbuch strukturell an dem Modell der Service Excellence, wie es in der neuen ISO-Norm 23592:2021 verankert ist. Das Modell weist vier Dimensionen mit insgesamt neun Elementen aus, die erfüllt sein müssen, um dem ganzheitlichen Anspruch der Service Excellence

Rechnung zu tragen. Hierzu werden von ausgewiesenen Expertinnen und Experten aus den unterschiedlichsten Branchen Best Practices, Konzepte sowie vielfältige Methoden und Instrumente vorgestellt, die den Leserinnen und Lesern erfolgreiche Wege zur Umsetzung von Service Excellence aufzeigen.

Der Sammelband, der als Band 7 in der Schriftenreihe „Dienstleistungsmanagement | Dienstleistungsmarketing“ im Nomos Verlag (www.nomos.de) erschienen ist, umfasst insgesamt 14 anwendungsorientierte Fachbeiträge, die neben eher generellen Ausführungen zum Konzept der Service Excellence schwerpunktmäßig den vier Dimensionen des Service-Excellence-Modells zuzuordnen sind. Nach einer einführenden Darstellung der Relevanz und des Modells der Service Excellence auf Basis der ISO 23592:2021 erfolgt zunächst eine Betrachtung der strategischen Dimension. Hiernach wird auf die mitarbeiterseitige und kulturelle Dimension näher eingegangen. Wie herausragende Kundenerlebnisse kreiert werden, steht im Fokus der dritten Dimension. Schließlich widmet sich die vierte Dimension der Operational Service Excellence.

Bedanken möchte ich mich an dieser Stelle zunächst bei meiner Wissenschaftlichen Mitarbeiterin Frau Nora Kern, die mich im Rahmen des Erstellungsprozesses tatkräftig unterstützt hat. Des Weiteren möchte ich mich bei Herrn Carsten Rehbein vom Nomos Verlag bedanken, der die Realisierung dieses Herausgeberbandes erst ermöglicht hat. Schließlich ergeht mein Dank auch direkt an den Nomos Verlag für die Herausgabe des Werkes.

Dieser Herausgeberband richtet sich sowohl an Top-Entscheiderinnen und -Entscheider sowie Fach- und Führungskräfte als auch an Wissenschaftlerinnen und Wissenschaftler, die fundierte Hinweise, Konzepte, Handlungsempfehlungen und Best Practices suchen, wie Service Excellence erfolgreich in Unternehmen praktiziert wird.

Schließlich möchte ich gerne die Leserinnen und Leser, die sich für die verschiedenen Facetten der Service Excellence interessieren, herzlich zur EXIS-Konferenz einladen. Diese findet immer am letzten Donnerstag und Freitag im Monat September eines jeden Jahres statt. Nähere Informationen finden sich unter: www.cse-exis.de.

Nun wünsche ich Ihnen vor allem viel Freude beim Lesen und hoffe, dass Sie einen maximalen Nutzwert aus den verschiedenen Best Practices ziehen können.

Koblenz, September 2021 *Matthias Gouthier*

Inhalt

Service-Excellence-Kultur

Einführung

Service Excellence managen: Einstieg ins Thema und Überblick über die Beiträge

Matthias Gouthier

Management Summary

In diesem, die vorliegende Herausgeberschaft eröffnenden Beitrag wird zum einen die Entstehungsgeschichte dieses Fachbuches beschrieben, die letztlich durch die Entwicklung und das Erscheinen der ISO-Norm 23592:2021 geprägt ist. Zum anderen wird den Leserinnen und Lesern ein Überblick über die Beiträge geliefert. Mit den in den einzelnen Beiträgen beschriebenen Best Practices erhalten Unternehmen konkrete Hilfestellungen zur Selbsthilfe, wie das Konzept der Service Excellence in all seinen Elementen umgesetzt werden kann.

1. *Service Excellence ist weltweit auf dem Vormarsch*

Noch nie war der Wettbewerbsdruck, der sich durch die Corona-Krise, durch die Umgestaltung von Wertschöpfungsketten und dem Verschwimmen von Branchengrenzen nochmals verschärft hat, so intensiv wie heute. Noch nie waren Kunden so anspruchsvoll und wechselwillig wie heute. Noch nie waren die Anforderungen an die Transformationsfähigkeit von Unternehmen so hoch. All dies begünstigt den Wandel in Richtung Service Excellence.

Nach über 15 Jahren intensiver Auseinandersetzung mit dem Themenfeld der Service Excellence lassen sich auf Basis eigener Erfahrungen folgende grundlegende Aussagen treffen:

- Der Begriff der Service Excellence setzt sich bei deutschen Unternehmen immer mehr durch. So findet er sich mittlerweile auch bei Berufsbezeichnungen in Deutschland wieder.
- Gerade im asiatischen Raum stößt das Konzept der Service Excellence auf reges Interesse (siehe auch Thirumaran et al. 2021). Aber auch die arabischen Staaten zeigen ein großes Interesse an der Förderung des Dienstleistungssektors mittels des Einsatzes von Service Excellence. So hat zum Beispiel gerade Qatar Tourism als offizielle Regierungsbehörde, die für die Entwicklung und Förderung des Tourismus in Katar verantwortlich ist, ein Service-Excellence-Programm ins Leben gerufen, das neben einer Vision und Mission acht verschiedene, groß angelegte

Initiativen zur Verbesserung der Qualität der touristischen Services umfasst (Qatar Tourism 2021).

- Nach Jahren der inhaltlichen Bestimmung des Konzepts und der entsprechenden Entwicklung eines Service-Excellence-Modells sowie dessen Umsetzung in einen offiziellen Standard, erfolgen nunmehr eine inhaltliche Ausdifferenzierung der Elemente der Service Excellence und eine Vertiefung relevanter Aspekte wie der Messung und Implementierung (siehe dazu auch den letzten Beitrag „Ausblick: Neue Entwicklungen zu Service Excellence“ in dieser Herausgeberschaft).

Service Excellence ist damit schon lange kein Exotenthema mehr, sondern hat sich mittlerweile fest in der Praxis etabliert. Lieferte eine Google-Suche im Jahr 2007 bereits 1.830.000 Hits bei Eingabe des Begriffs „Service Excellence“ (Gouthier et al. 2007), so sind es aktuell (September 2021) mehr als 12 Millionen Ergebnisse. Dies sollte jedoch nicht zur Annahme verleiten, dass es sich um ein massentaugliches Thema handelt. Das ist ganz und gar nicht der Fall und wird es auch nie werden. Service Excellence hat den Anspruch, ein Unternehmen in Bezug auf die angebotenen Dienstleistungen unter die besten fünf bis zehn Prozent der Unternehmen in einem Markt zu platzieren. Von daher eignet sich das Konzept nicht für jedes Unternehmen. Es ist nur dann sinnvoll einsetzbar und von Wert für ein Unternehmen, wenn die Kunden durch das Angebot von exzellenten Services herausragende Kundenerlebnisse wahrnehmen sollen, die zu Begeisterung führen. Damit gehen eine positive Positionierung am Markt und Differenzierung gegenüber den Wettbewerbern (siehe auch den Beitrag „Relevanz und Nutzen von Service Excellence“) einher und es erfordert gleichzeitig ein entsprechendes Alignment von Unternehmens- und Service-Excellence-Strategie.

2. *Entstehungsgeschichte der internationalen Norm ISO 23592:2021 „Service excellence – Principles and model“*

Exzellenter Service entsteht nicht von selbst. Es bedarf der konsequenten und nachhaltigen Umsetzung sowie kontinuierlichen Weiterentwicklung eines strukturierten Managementansatzes, der sich in den letzten Jahren unter dem Begriff „Service Excellence“ sowohl in Wirtschaft als auch Wissenschaft fest etabliert hat. Da in der Vergangenheit jedoch die Meinungen darüber, was genau unter Service Excellence zu verstehen ist und wie Service Excellence in Unternehmen systematisch umgesetzt und gelebt werden kann, sehr stark auseinandergingen, wurde auf internationaler

Ebene im Technischen Komitee ISO/TC 312 (https://committee.iso.org/home/tc312) unter der Leitung des Autors dieses Beitrags mit der ISO 23592:2021 eine weltweit gültige Norm entwickelt, die einen entsprechenden Standard definiert und im Sommer 2021 erschienen ist. Diese Norm ist jedoch nicht „vom Himmel gefallen", sondern greift auf eine mittlerweile schon elfjährige Historie zurück.

Ausgangspunkt waren damals die zwei Fragen, was Service Excellence überhaupt ist und was von unternehmerischer Seite aus getan werden muss, um Service Excellence systematisch und nachhaltig zu realisieren. Die erste Frage, was Service Excellence überhaupt ist, mag sich auf den ersten Blick vielleicht allzu trivial anhören. Das Gegenteil ist aber der Fall. Noch immer lassen sich sehr unterschiedliche Verständnisse von Service Excellence sowohl in der Wissenschaft als auch in der Wirtschaft vorfinden, die den folgenden sechs Begriffsverständnissen zugeordnet werden können (siehe auch Giese 2016 und Weimann 2020):

1. Der Begriff Service Excellence wird verwendet, ohne ihn implizit oder explizit eindeutig zu definieren (siehe zum Beispiel Bitner 1997; Bates et al. 2003).
2. Es erfolgt zwar keine eindeutige Definition von Service Excellence, aber es werden zumindest Referenzen zu spezifischen Unternehmen und deren Service hergestellt (siehe zum Beispiel Ford et al. 2001; Heracleous/Wirtz 2010).
3. Service Excellence wird als Synonym für eine hohe Servicequalität verstanden (siehe zum Beispiel Zeithaml 2002; Yu et al. 2013).
4. Es erfolgt eine Referenz zu anderen Managementsystemen (siehe zum Beispiel Kumar et al. 2013; Voon et al. 2014).
5. Es existiert eine explizite Definition von Service Excellence, die aber eher pauschaler Natur ist (siehe zum Beispiel Lytle et al. 1998; Johnston 2004).
6. Es erfolgt eine explizite Definition, die Service Excellence als organisationale Fähigkeiten eines Unternehmens und damit als Managementsystem definiert (siehe zum Beispiel Edvardsson/Enquist 2011; Asif/Gouthier 2014; 2015; Gouthier et al. 2012).

Das letztere Verständnis bildet die Basis für die Definition, die sich in der ISO 23592:2021 wiederfindet. Demnach werden unter Service Excellence die „Fähigkeiten einer Organisation, beständig exzellente Dienstleistungen zu erbringen" (ISO 23592:2021, S. 1; eigene Übersetzung) verstanden. Dabei ist das primäre Ziel von Service Excellence, kontinuierlich exzellente Services zu erbringen, die herausragende Kundenerlebnisse erzeugen, die wiederum in einer Begeisterung der Kunden münden sollen, um letztlich eine stärkere Kundenloyalität zu erzielen. Da diese abgeleiteten Zielsetzungen vor allem sogenannte „weiche Faktoren“ betreffen, ist die Schaffung eines einheitlichen Verständnisses und Umgangs mit den relevanten Themen erforderlich. Serviceorganisationen können davon profitieren, wenn sie ihre Geschäftsstrategien darauf ausrichten, den Kunden exzellente Dienstleistungen anzubieten. In der Folge können auch Kunden und die Gesellschaft von einem gesteigerten und herausragenden Serviceniveau profitieren.

Und auch die zweite Frage nach dem „Wie“ blieb lange Zeit unbeantwortet (Gouthier et al. 2012). Die Grundidee für die im Sommer 2021 erschienene ISO-Norm 23592:2021 geht auf die im Jahre 2011 publizierte Spezifikation DIN SPEC 77224:2011 zurück. Überzeugt von der Notwendigkeit, ein standardisiertes Modell der Service Excellence zu generieren, das von allen Organisationen eingesetzt werden kann, startete der Autor dieses Beitrags im Jahr 2010 eine Initiative, die die Schaffung eines umsetzbaren und offiziell anerkannten Managementstandards zum Ziel hatte. Dieser Standard sollte Unternehmen wertvolle Hilfestellungen geben, um Service Excellence zu implementieren. Die Initiative, an der damals rund 20 renommierte Unternehmen mitwirkten, wurde finanziell gefördert vom Bundesministerium für Wirtschaft und Energie (BMWi) und koordiniert vom DIN Deutsches Institut für Normung e.V. Das Ergebnis war die Generierung des ersten offiziellen Standards zur „Erzielung von Kundenbegeisterung durch Service Excellence“, die DIN SPEC 77224:2011 (Gouthier 2016; Gouthier/Kritzler-Picht 2011). Diese gilt bis heute und hat eine breite Akzeptanz am Markt gefunden. Einer der Vorteile der DIN SPEC 77224:2011 liegt in dem einfach verständlichen und übersichtlichen Service-Excellence-Modell.

Schon während des Entwicklungsprozesses der DIN SPEC 77224:2011 kam innerhalb des deutschen Arbeitskreises vonseiten der international ausgerichteten Unternehmen der Wunsch auf, ein solch hochgradig relevantes und innovatives Thema nicht nur auf nationaler Ebene zu verorten, sondern auf eine internationale Ebene zu heben. Daher wurde zum Ende der Projektlaufzeit beschlossen, nach einer gewissen Erprobungszeit die Entwicklung eines europäischen Standards anzustoßen. Entsprechend wurde durch das DIN mit Unterstützung des Autors ein Projektantrag beim Europäischen Komitee für Normung (CEN) gestellt. Dieser wurde von den Mitgliedsländern positiv bewertet, woraufhin im Oktober 2012 ein entsprechendes Projektkomitee, das technische Komitee CEN/TC 420 „Service Excellence Systems“, ins Leben gerufen wurde. Dessen Leitung lag in deutscher Hand. So übernahm das DIN mit der Funktion des Sekretariats die Koordination des Projektkomitees. Der Autor dieses Beitrags leitete in der Rolle des Chairman das europäische Projektkomitee und betreute als Obmann gleichermaßen den deutschen Spiegelausschuss. Über die Laufzeit von knapp zweieinhalb Jahren haben neun europäische Mitgliedsländer kontinuierlich an der Erarbeitung dieses Standards mitgewirkt. Heraus kam die Technische Spezifikation CEN/TS 16880:2015 „Service Excellence – Schaffung von herausragenden Kundenerlebnissen durch Service Excellence". Diese dient Unternehmen als Handlungsleitfaden und Hilfestellung zugleich (Gouthier 2016; Gouthier/Kritzler-Picht 2016). Da es sich sowohl bei der DIN SPEC 77224:2011 als auch der CEN/TS 16880:2015 um Technische Spezifikationen handelt, können diese parallel zueinander auf dem Markt existieren.

Der Tatsache geschuldet, dass das Thema Service Excellence für alle Arten von Serviceorganisationen weltweit von hoher Relevanz ist und die Bereitstellung von exzellentem Service eine globale Herausforderung darstellt, die zu enormen Vorteilen für alle Stakeholder führen kann, war auch der europäische Standard nur eine Zwischenstation auf dem Weg zu einem globalen Standard im Sinne einer weltweit gültigen ISO-Norm. Bereits Ende 2016 fanden erste Ideen und Überlegungen statt, einen Antrag auf die Gründung eines neuen technischen Komitees, das sich mit der Entwicklung von Standards im Themenfeld der Service Excellence beschäftigt, bei der Internationalen Organisation für Normung (ISO) zu stellen. Der Antrag wurde im Jahr 2017 eingereicht und es fand im Sommer 2017 eine entsprechende Abstimmung unter den Mitgliedsstaaten statt. Mit 21 Ja-Stimmen, sechs Ablehnungen und neun Enthaltungen wurde dem Projekt in Summe zugestimmt. Im März 2018 nahm das Komitee sodann seine Arbeit auf und traf sich zur ersten Sitzung beim DIN in Berlin. Das Gremium setzt sich zusammen aus sogenannten „P-Members" und „O-Members". P-Members beziehungsweise „Participation Members" sind Mitgliedsstaaten, die aktiv an der Erarbeitung der Normen und Standards mitwirken und auch ein Entscheidungsrecht haben. O-Members beziehungsweise „Observation Members" können sich zwar auch aktiv an der Diskussion und Entwicklung beteiligen, haben jedoch kein Abstimmungsrecht. Derzeit besteht das Gremium aus 17 P-Members und 18 O-Members und hat folglich 35 Mitgliedsstaaten, die an der Entwicklung der Normen und Standards mitwirken. Nähere Informationen zur Arbeit des ISO/TC 312 finden sich auf der offiziellen Website des Gremiums unter https://committee.iso.org/home/tc312. Die Leitmotive, nach denen die für die Entwicklung der Norm verantwortliche Arbeitsgruppe ISO/TC 312/WG 1 vorgegangen ist, waren dabei zum einen die Aktualisierung der Inhalte des europäischen Standards CEN/TS 16880:2015, zum anderen – wo möglich – eine Vereinfachung des Modells vorzunehmen. So flossen in das Dokument insbesondere neue Erkenntnisse zu den Themenfeldern Customer Experience Management, Service Design (Thinking) und Digitalisierung ein. Nach knapp über drei Jahren Arbeit in zwei Arbeitsgruppen konnten sodann die ersten zwei Standards veröffentlicht werden – die Norm ISO 23592:2021 „Service excellence – Principles and model“ und die technische Spezifikation, die ISO/TS 24082:2021 „Service excellence – Design of excellent services to achieve outstanding customer experiences“, die sich speziell dem Design exzellenter Services widmet. Beide Standards richten sich dabei grundsätzlich an alle Organisationen, die Dienstleistungen erbringen, wie kommerzielle Organisationen, öffentliche Dienste und gemeinnützige Organisationen.

Nach Abschluss und Erscheinen dieser zwei Standards liegen die Schwerpunkte des Komitees nunmehr auf der Erarbeitung eines internationalen Standards zur Messung von Service Excellence beziehungsweise der Service-Excellence-Performance (ISO/WD TS 23686 „Service excellence – Measuring service excellence performance“) und der Analyse von Use Cases zu Service-Excellence-Best-Practices, deren Ergebnisse in einem technischen Report (ISO/AWI 7179 „Service excellence – Use case for realizing of service excellence“) erscheinen sollen.

Weitergehende Informationen zu der aktuellen und zukünftigen Arbeit des ISO/TC 312 liefert der letzte Beitrag dieser Herausgeberschaft („Ausblick: Neue Entwicklungen zu Service Excellence“).

3. *Überblick über die Beiträge*

Exzellentes zu leisten, bedeutet weit Überdurchschnittliches zu produzieren. Service Excellence ist folglich nicht als massenmarkttaugliches Managementkonzept zu verstehen, sondern hat den Anspruch, ein Unternehmen in Bezug auf die angebotenen Dienstleistungen unter die besten fünf bis zehn Prozent der Unternehmen in einem Markt zu katapultieren. Entsprechend reicht es nicht aus, auf Dauer nur an einzelnen Stellschrauben zu drehen, sondern das Unternehmen muss sich umfassend in Richtung der Service Excellence entwickeln. Während die Relevanz exzellenter Dienstleistungen bei führenden Dienstleistungsunternehmen bereits bekannt und etabliert ist, gibt es in vielen Dienstleistungsmärkten noch kein grundlegendes Wissen, wie diese „weichen“ Faktoren definiert und gestaltet werden können. Diese Herausgeberschaft zeigt daher Konzepte, Methoden, Handlungsempfehlungen und Best Practices aus den unterschiedlichsten Branchen auf, wie ein Konzept der Service Excellence erfolgreich umgesetzt werden kann.

Im Anschluss an diese Einführung, die einen Einstieg ins Thema und Überblick über die Beiträge liefert, gehen die ersten zwei Beiträge, verfasst von Prof. Dr. Matthias Gouthier, auf das Konzept der Service Excellence als unternehmerischen Erfolgsfaktor näher ein. Dazu werden im ersten Beitrag mit dem Titel „Relevanz und Nutzen von Service Excellence" die verschiedenartigen Nutzenelemente von Service Excellence dargelegt. Zudem wird die generelle Relevanz von Service Excellence erörtert. Hieran anknüpfend fokussiert sich der zweite Beitrag mit dem Titel „Das Konzept der Service Excellence nach ISO 23592:2021" auf die Kerninhalte der im Juni 2021 erschienenen ISO-Norm 23592:2021 „Service excellence – Principles and model". Das Modell der Service Excellence besteht dabei aus vier Dimensionen mit insgesamt neun Elementen. Dieser Aufbau des Modells bildet die Struktur für die weiteren Autorenbeiträge.

Schon bei einem nur kurzen Blick auf das Service-Excellence-Modell erkennt die geneigte Leserin beziehungsweise der geneigte Leser, dass im Mittelpunkt des Modells das dauerhafte Erzielen von Kundenbegeisterung steht. Um dieses Ziel zu erreichen, definiert das Service-Excellence-Modell vier Dimensionen. Die erste Dimension umfasst die „Service-Excellence-Führung und -Strategie". Folglich sind eine entsprechende „Service-Excellence-Vision, -Mission und -Strategie" zu definieren und es stellen sich diverse „Anforderungen an Führung und Management". Entsprechend setzt sich der Beitrag „Die strategische Verankerung von Service Excellence bei der WISAG" von Michael Moritz mit der strategischen Verankerung des Service-Excellence-Konzepts bei einem Facility-Management-Unternehmen auseinander. Dabei werden harte und weiche Faktoren in der Umsetzung eines passenden Managementkonzeptes aufgezeigt und näher darauf eingegangen, warum drei „B's" in Form von „Beziehung, Beteiligung und Begeisterung" für den Erfolg ausschlaggebend sind. Den zwei Fragen, welche Rolle die Führung eines Unternehmens hierfür spielt und welche Managementanforderungen existieren, gehen sodann Christian Polenz und Sabine Börnsen in ihrem Beitrag mit dem Titel „Service Excellence (vor)leben – Ein Erfolgsgeheimnis der TeamBank AG" auf den Grund. Hierbei dreht sich alles um die Etablierung eines passenden Mindsets im Sinne einer Managementphilosophie, die den Kunden in den Fokus stellt. Gleichermaßen greift der Beitrag dazu die Notwendigkeit einer wirtschaftlichen Bewertung der Kunden- und Serviceorientierung, zum Beispiel in Form des Net Promoter Scores (NPS), auf.

Neben der strategischen Ausrichtung ist in einem Unternehmen, das Service Excellence umsetzen möchte, auf die zweite Dimension „Service-Excellence-Kultur und Mitarbeiterengagement" zu achten. Wie eine Service-Excellence-Kultur nachhaltig in einem Unternehmen etabliert werden kann, stellt Philippe D. Clarinval sehr anschaulich in seinem Beitrag „Die Kür in der Hotellerie: Eine lebendige Service-Excellence-Kultur schaffen und langfristig verankern“ dar. Hierzu liefert der Autor einen Überblick über den Wert von Service Excellence für die Hotellerie und beschreibt umfassend, welche Bedeutung Führungskräfte bei der Verbesserung des Gästeerlebnisses einnehmen. Wie das Mitarbeiterengagement durch den Einsatz von Blended Learning gesteigert werden kann, legen Prof. Dr. Matthias Gouthier und Matthias Raquet in ihrem Beitrag „Mitarbeiterengagement erfordert Motivation und Qualifikation: Der Einsatz von Blended Learning zur Umsetzung von Service Excellence“ dar. Sie stellen dazu die eigens ins Leben gerufene Service-Excellence-Akademie vor und erläutern, wie E-Learnings als Bestandteil von Blended Learning zur Etablierung und Umsetzung von Service Excellence beitragen.

Um die Erwartungen der Kunden nicht nur zu erfüllen, sondern diese systematisch zu übertreffen und damit die Kunden zu begeistern, sind kontinuierlich herausragende Kundenerlebnisse zu kreieren, womit sich die dritte Dimension des Service-Excellence-Modells auseinandersetzt. Damit spielt das Verstehen von Kundenbedürfnissen, -erwartungen und -wünschen als Element der Service Excellence eine wichtige Rolle, wobei es bei weitem nicht mehr ausreicht, nur das eigentliche Kernleistungsversprechen im Sinne der Basisdienstleistung wie eine Bahnfahrt im Fokus zu haben. Es müssen indes vielmehr sämtliche Kontaktpunkte („Customer Touchpoints“), an denen es zu einer Interaktion zwischen Kunde und Unternehmen kommt, in die Bewertung einfließen. Damit angesprochen ist die Analyse der Customer Journey, das heißt der Reise, die ein Kunde mit einem Unternehmen als Anbieter erlebt (Gouthier 2019). So steht das „Customer Experience Management: Erfahrungen und Empfehlungen von CX-Leadern“ im Blickpunkt der Betrachtungen von Juliane Köninger und Prof. Dr. Matthias Gouthier, die über zentrale Erkenntnisse aus einer qualitativ-explorativen Best-Practice-Studie berichten. Im Zuge dessen werden konkrete Erfolgsfaktoren zur Schaffung einer positiven Customer Experience herausgearbeitet und entsprechend erläutert. Daneben gilt es, herausragende Kundenerlebnisse zu designen und zu erneuern; ein weiteres Element des Service-Excellence-Modells. Wie dies mittels des Einsatzes von digitalen Services funktioniert, berichtet Dr. Björn Becker in seinem Beitrag „Hospitality 4.0 – Wie digitale Services das Reiseerlebnis verbessern“. Der Autor widmet sich mit der Airline-Industrie einer Branche, die mehrheitlich durch Automatisierung, Standardisierung und einen hohen Preisdruck geprägt ist. Wie sich die Lufthansa Group in solch einem Wettbewerbsumfeld durch den Einsatz verschiedener digitaler Services dennoch erfolgreich kunden- und serviceorientiert positionieren kann, beschreibt der Autor in seinem Beitrag. Zudem zeigen Carsten K. Rath und Enrico Jensch in ihrem Beitrag „Eine gesunde Zukunft, die schmeckt! Culinary Excellence als innovatives Kundenerlebnis in den Helios Kliniken“ auf, wie positiv überraschende Kundenerlebnisse auch in einer spezifischen Branche wie der des Krankenhauswesens kreativ umgesetzt werden können. Gerade das Thema Gesundheit hat in Zeiten von COVID-19 eine noch wichtigere Position eingenommen, sodass die Autoren mit ihrem Projekt zur Culinary Excellence als USP der Helios Kliniken auf einen wichtigen Teil der Kundenzentrierung aufmerksam machen. Da Begeisterung immer wieder aufs Neue geweckt werden muss, ist auch die Innovationskraft eines Unternehmens ein wichtiger Erfolgsfaktor. Um die Erwartungen der Kunden nicht nur zu erfüllen, sondern diese systematisch zu übertreffen und damit die Kunden zu begeistern, ist ein „Dienstleistungsinnovationsmanagement“ zu etablieren. Wie dies auf Massenmärkten funktionieren kann, zeigt Dr. Ferri Abolhassan in seinem Beitrag „Best Practice Deutsche Telekom – Re-Invent Service: So machen wir Kunden zu Fans“. Dem Geschäftsführer des Servicebereiches der Telekom gelingt es, eine Art „Neuerfindung“ des Kundenservice zu präsentieren, welche einer Day-One-Mentalität folgt und sich dabei unter anderem auf mehr Kundennähe und mehr Fachlichkeit fokussiert.

Schließlich spricht die Dimension „Operational Service Excellence“ eher die operationale Ebene an. Hier ist für ein „Management effizienter und effektiver Prozesse und Organisationsstrukturen im Zusammenhang mit dem Kundenerlebnis“ sowie für eine „Überwachung der Aktivitäten und Ergebnisse im Bereich Service Excellence“ zu sorgen. Einen vertiefenden Einblick, wie führende Unternehmen damit konkret umgehen, liefern die nächsten zwei Beiträge des Fachbuches. Dabei werden Best Practices sowohl aus Business-to-Consumer- als auch aus Business-to-Business-Branchen geliefert. Auf die Frage „B2B, B2C oder doch lieber H2H? – Service Excellence im B2B-Umfeld am Erfolgsbeispiel Brenntag“ geht Svenja Daniel in ihrem Beitrag näher ein. Im vergleichsweise fragmentierten Marktumfeld der Chemiedistribution stellt sie einen konkreten Ansatz zum Management von Kundenerwartungen vor und beschreibt, warum Feedback der Schlüssel zum Erfolg ist und wie dahingehend ein Survey Tool zu einem kontinuierlichen Verbesserungsprozess verhelfen kann. Über die „Customer-Experience-Service-Excellence bei E.ON SE: Rolle und Einsatz des Net Promoter Scores“ schreiben Dr. Kristina Rodig und Christopher J. Rastin in ihrem Beitrag, indem sie zum Beispiel den spezifischen Einsatz des Net Promoter Scores (NPS) im Unternehmensumfeld darlegen. Tiefgehende Customer Insights treffen dabei mit der Notwendigkeit einer klaren

Messbarkeit zusammen und unterstützen die Marken- und Marketingkommunikation des Unternehmens.

Der letzte Beitrag stammt schließlich von Prof. Dr. Matthias Gouthier. Er beschäftigt sich in seinem Beitrag mit dem Titel „Ausblick: Neue Entwicklungen zu Service Excellence“ mit sieben Trends, die die Diskussion um das Thema der Service Excellence in den kommenden Jahren auf internationaler Ebene prägen werden.

4. Fazit

Der Herausgeberband „Erfolgreiche Wege zur Service Excellence – Von Service-Champions das 1x1 exzellenter Services erfahren“ widmet sich insgesamt der spannenden und hochgradig relevanten Fragestellung, wie Service Excellence von und in erfolgreichen Unternehmen umgesetzt und gelebt wird. Dabei orientiert sich das Fachbuch strukturell an dem Modell der Service Excellence, wie es in der neuen ISO-Norm 23592:2021 verankert ist. Das Modell weist vier Dimensionen mit insgesamt neun Elementen aus, die erfüllt sein müssen, um dem ganzheitlichen Anspruch der Service Excellence Rechnung zu tragen. Hierzu werden von ausgewiesenen Expertinnen und Experten aus den unterschiedlichsten Branchen Best Practices, Konzepte sowie vielfältige Methoden und Instrumente vorgestellt, die den Leserinnen und Lesern erfolgreiche Wege zur Umsetzung von Service Excellence aufzeigen.

Am Ende dieses Beitrags sei noch darauf hingewiesen, dass kein Unternehmen dieser Welt über ein vollumfängliches Service-Excellence-Konzept in all seinen Facetten verfügt. Dies kann auch nicht der Anspruch sein, wenn sich ein Unternehmen an das Thema Service Excellence heranwagt. Allerdings darf ein Unternehmen auch nicht mit dem Gedanken starten, dass es mit einem einmaligen Impuls, wie zum Beispiel einem Mitarbeiter-Workshop, getan ist. Die Implementierung und nachhaltige Realisierung von Service Excellence ist ein anspruchsvoller und langfristiger Prozess, der üblicherweise auf eineinhalb bis drei Jahre ausgelegt sein sollte, um eine stabile Basis der Service Excellence zu legen. Die Etablierung von Service Excellence stellt somit eher einen Marathon als einen 100-Meter-Lauf dar. Dennoch kann die Phase der Etablierung in kleinen, aber kontinuierlichen Etappen angegangen werden. Wichtig ist, dass das Konzept der Service Excellence in einem Unternehmen über die Zeit hinweg kontinuierlich weiter vorangetrieben wird – im Sinne von: „Stillstand ist Rückschritt“. Insbesondere hat jedes Unternehmen dabei seinen eigenen Weg zu finden, um diesen Implementierungsprozess erfolgreich anzustoßen und nachhaltig umzusetzen. Strukturierte Hinweise, wertvolle Anregungen, Erfahrungen, Handlungsempfehlungen und Best Practices hierzu liefern die nachfolgenden Beiträge.

Literaturverzeichnis

Asif, M./Gouthier, M.H.J. (2014): What service excellence can learn from business excellence models, in: Total Quality Management & Business Excellence, 25. Jg., Nr. 5–6, Special Issue on "Excellence Models, TQM, and Performance", S. 511–531.

Asif, M./Gouthier, M.H.J. (2015): Developing a self–diagnostic framework for assessing service excellence, in: International Journal of Services and Operations Management, 20. Jg., Nr. 4, S. 441–460.

Bates, K./Bates, H./Johnston, R. (2003): Linking service to profit: the business case for service excellence, in: International Journal of Service Industry Management, 14. Jg., Nr. 2, S. 173–183.

Bitner, M.J. (1997): Introduction to the second special issue services marketing: Perspectives on service excellence, in: Journal of Retailing, 73. Jg., Nr. 3, S. 299–301.

DIN SPEC 77224:2011–07 (2011): Erzielung von Kundenbegeisterung durch Service Excellence, Berlin.

Edvardsson, B./Enquist, B. (2011): The service excellence and innovation model: Lessons from IKEA and other service frontiers, in: Total Quality Management & Business Excellence, 22. Jg., Nr. 5, S. 535–551.

Ford, R.C./Heaton, H.P./Brown, S. (2001): Delivering excellent service: Lessons from the best firms, in: California Management Review, 44. Jg., Nr. 1, S. 39–57.

Giese, A. (2016): Delighted and satisfied customers through service excellence, Dissertation, EBS Universität für Wirtschaft und Recht. Wiesbaden/Oestrich-Winkel.

Gouthier, M.H.J. (2013): Kundenbegeisterung durch Service Excellence: Erläuterungen zur DIN SPEC 77224 und Best-Practices, 2. Aufl., Berlin.

Gouthier, M.H.J. (2016): Service Excellence mit System: CEN/TS 16880, in: Gouthier, M.H.J./Kohler, G./Moll, A. (Hrsg.): Management der Kundenbegeisterung – Wie Sie Kunden durch Excellence begeistern, Düsseldorf, S. 81–101.

Gouthier, M.H.J. (2019): Customer Journey Management: Gute Reise, lieber Kunde!, in: Service Today, 33. Jg., Nr. 2, S. 12–15.

Gouthier, M.H.J./Coenen, C./Schulze, H.S./Wegmann, C. (2007): Service Excellence. Eine Einführung, in: Gouthier, M.H.J./Coenen, C./Schulze, H.S./Wegmann, C. (Hrsg.): Service Excellence als Impulsgeber, Wiesbaden, S. 3–15.

Gouthier, M.H.J./Giese, A./Bartl, C. (2012): Service excellence models: a critical discussion and comparison, in: Managing Service Quality, 22. Jg., Nr. 5, S. 447–464.

Gouthier, M.H.J./Kritzler-Picht, M. (2011): Kundenbegeisterung durch Service Excellence, in: DIN-Mitteilungen, 90. Jg., Nr. 11, S. 18–21.

Gouthier, M.H.J./Kritzler-Picht, M. (2016): Service Excellence – Die Königsklasse bei Dienstleistungen, in: DIN-Mitteilungen, 95. Jg., Nr. 10, S. 9–12.

Heracleous, L./Wirtz, J. (2010): The Globe: Singapore airlines' balancing act, in: Harvard Business Review, August 2010, S. 1–11.

ISO/AWI 7179 (2021): Service excellence: Use case for realizing of service excellence, Genf.

ISO/WD TS 23686 (2021): Service excellence: Measuring service excellence performance, Genf.

ISO 23592:2021 (2021): Service excellence: Principles and model, Genf.

Johnston, R. (2004): Towards a better understanding of service excellence, in: Managing Service Quality, 14. Jg., Nr. 2/3, S. 129–133.

Kumar, S./Choe, D./Venkataramani, S. (2013): Achieving customer service excellence using Lean Pull Replenishment, in: International Journal of Productivity and Performance Management, 62. Jg., Nr. 1, S. 85–109.

Lytle, R.S./Hom, P.W./Mokwa, M.P. (1998): SERV*OR: A managerial measure of organizational service-orientation, in: Journal of Retailing, 74. Jg., Nr. 4, S. 455–489.

Qatar Tourism (2021): Service excellence, https://www.qatartourism.com/en/industry-resources/service-excellence, aufgerufen am 05.09.2021.

Thirumaran, K./Klimkeit, D./Tang, C.M. (Hrsg.) (2021): Service excellence in tourism and hospitality – Insights from Asia, Cham, Schweiz.

Voon, B.H./Abdullah, F./Lee, N./Kueh, K. (2014): Developing a HospiSE scale for hospital service excellence, in: International Journal of Quality & Reliability Management, 31. Jg., Nr. 3, S. 261–280.

Weimann, J. (2020): Dimensionen und Effekte der Service Excellence im deutschen Bankenmarkt, Baden-Baden.

Yu, T./Patterson, P.G./de Ruyter, K. (2013): Achieving service-sales ambidexterity, in: Journal of Service Research, 16. Jg., Nr. 1, S. 52–66.

Zeithaml, V. (2002): Service excellence in electronic channels, in: Managing Service Quality, 12. Jg., Nr. 3, S. 135–139.

Service Excellence als unternehmerischer Erfolgsfaktor

Relevanz und Nutzen von Service Excellence

Matthias Gouthier

Management Summary

Service Excellence befindet sich international auf dem Vormarsch. Gerade die asiatischen Staaten zeigen ein großes Interesse an dem Thema, um ihre Volkswirtschaften auch hinsichtlich der Erbringung exzellenter Dienstleistungen zu stärken. In diesem Beitrag wird aufgezeigt, welche Relevanz das Thema der Service Excellence im Allgemeinen hat und welchen Nutzen ein Service-Excellence-Konzept für Unternehmen erbringen kann. Ein spezifischer Fokus liegt dabei auf dem Nutzen, den Unternehmen erzielen, wenn sie sich mit der ISO-Norm 23592:2021 auseinandersetzen.

1. *Relevanz von Service Excellence*

Um die Relevanz von Service Excellence darzulegen, ist der Begriff zunächst einmal in seine zwei Bestandteile zu zerlegen und die jeweilige Relevanz herauszustellen. Dementsprechend wird zuerst auf die Relevanz von Services und des Dienstleistungssektors näher eingegangen.

Nach Angaben der Weltbank machen Dienstleistungen in den am weitesten entwickelten Ländern rund 75 Prozent des BIP und der Beschäftigung aus. Aber auch in vielen Schwellenländern liegt der Anteil der Dienstleistungen immer noch bei über 50 Prozent (Urmersbach 2021). Gemäß einer Studie der Western Union Company aus dem Jahr 2020 wurden 68 Prozent des weltweiten BIP im Dienstleistungssektor erwirtschaftet, was umgerechnet rund 57,49 Billionen US-Dollar entspricht. Gleichzeitig zeichnet der Dienstleistungssektor für 75 Prozent der Beschäftigung in hoch entwickelten Volkswirtschaften verantwortlich (Western Union Company 2020). Des Weiteren zeigt sich, dass auch der internationale Dienstleistungsverkehr stetig zugenommen hat. So entfielen im Jahr 2018 59,67 Milliarden US-Dollar der deutschen Abflüsse bei ausländischen Direktinvestitionen (ADI) auf den Dienstleistungssektor, was fast dem Vierfachen aus dem Jahr 2013 entspricht (OECD 2021).

Dienstleistungen als das dynamischste Segment des Welthandels weisen auch die weltweit am schnellsten wachsenden Exporte auf. Im Jahr 2020 lag das Volumen der Dienstleistungsexporte bei 5,04 Billionen US-Dollar, während die Dienstleistungsimporte ein Volumen von etwa 4,71 Billionen US-Dollar zu verzeichnen hatten (Knoema 2021). Dieser Dienstleistungshandel umfasst ein breites Spektrum an Aktivitäten, bei denen Menschen aus einem Land Dienstleistungen für Menschen oder Unternehmen aus einem anderen Land erbringen.

Insgesamt sind Arbeitsplätze im Dienstleistungssektor der Haupttreiber des zukünftigen Beschäftigungswachstums, sodass allein in Deutschland der Dienstleistungssektor im Jahr 2020 rund 33,5 Millionen Erwerbstätige hervorbrachte (Statistisches Bundesamt 2021). Als wirtschaftlich bedeutendster Sektor schafft der Dienstleistungsbereich rund 75 Prozent aller Arbeitsplätze. So ist es wenig verwunderlich, dass gut 80 Prozent aller Unternehmen in Deutschland Dienstleistungsunternehmen sind (BMWi o.J.).

Insgesamt hat sich der Anteil des Dienstleistungssektors an der Bruttowertschöpfung Deutschlands von 61,9 Prozent in 1991 auf rund 70 Prozent in 2020 erhöht (Statistisches Bundesamt 2021). Damit rangiert Deutschland bei den hoch entwickelten Volkswirtschaften etwa im Mittelfeld, wenn man sich betrachtet, dass laut Weltbank in 2020 innerhalb der USA circa 77 Prozent der Bruttowertschöpfung und in Großbritannien fast 73 Prozent durch den Dienstleistungssektor erwirtschaftet wurden (Urmersbach 2021). Diese Lücke ist unter anderem darauf zurückzuführen, dass die industrielle Basis in Deutschland noch vergleichsweise stark ausgeprägt ist und auch in Zukunft weiter ausgeprägt sein wird.

Somit kann an dieser Stelle in Summe festgehalten werden, dass Dienstleistungen in den entwickelten Volkswirtschaften die Wirtschaft dominieren und weiterhin wachsen werden. Die Kernaspekte sind:

- Dienstleistungen machen weltweit etwa zwei Drittel des BIP aus.
- Alle entwickelten Volkswirtschaften haben einen bedeutenden Dienstleistungssektor.
- Die meisten neuen Arbeitsplätze entstehen in der Dienstleistungsbranche.
- Der Dienstleistungssektor gilt als stärkster Wachstumsbereich in den entwickelten Volkswirtschaften.

Und auch in Zukunft wird sich der Dienstleistungsbereich weiter positiv entwickeln, wie verschiedene Studien prognostizieren (zum Beispiel Western Union Company 2020). Dies liegt unter anderem in folgenden Faktoren begründet (Wirtz/Lovelock 2018):

- regulatorische Entwicklungen, zum Beispiel voranschreitende Privatisierung, neue Gesetze zum Schutz von Kunden, Mitarbeitenden und der Umwelt

- gesellschaftliche Entwicklungen, zum Beispiel eine älter werdende Gesellschaft, Anstieg des Vermögens bei gleichzeitig steigenden Ansprüchen und Erwartungen
- Marktentwicklungen, zum Beispiel Verschwimmen von Branchengrenzen und wachsender Fokus auf industrielle Dienstleistungen
- Technologieentwicklungen, zum Beispiel Künstliche Intelligenz, Machine Learning, Predictive Analytics, Internet of Things, Location-based Services und Software-as-a-Service
- Globalisierung, zum Beispiel zunehmende Internationalisierung und steigende ausländische Direktinvestitionen in den Dienstleistungssektor

Entwickelte Volkswirtschaften mit einem starken Dienstleistungssektor und/oder einem hohen Anteil an Dienstleistungsexporten zeigen folglich ein starkes Interesse daran, dass sich deren Dienstleistungsunternehmen von einem durchschnittlichen zu einem exzellenten Dienstleistungsniveau verbessern. Generell sind Dienstleistungen Schlüsselfaktoren für Wachstum und Erfolg und bieten neue Marktchancen in einem stetig wachsenden Umfeld. Der Globalisierungsprozess von Dienstleistungen, Dienstleistungsbranchen und Unternehmen weltweit hat die Notwendigkeit für Unternehmen erhöht, ihre Wettbewerbsposition zu verbessern und langfristige Kundenbeziehungen aufzubauen. Wer Dienstleistungen im Allgemeinen und exzellente Dienstleistungen im Besonderen versteht, kann sich entsprechende Wettbewerbsvorteile verschaffen. Dies ermöglicht es Unternehmen, den Strukturwandel auf den globalen Dienstleistungsmärkten besser zu bewältigen.

Eine der größten Herausforderungen für Dienstleistungsunternehmen stellen dabei die permanent wachsenden und sich kontinuierlich verändernden Anforderungen, Bedürfnisse und Erwartungen der Kunden dar. Zusätzlich befeuert durch die Globalisierung und Digitalisierung der Gesellschaft und Wirtschaft sowie durch die zunehmende Vielzahl an verfügbaren Produkten und Dienstleistungen, hat der Kunde heute mehr Wahlfreiheit denn je. Dies führt wiederum zu einer sinkenden Kundenloyalität. Jeder Kauf und jeder Kundenkontakt ist folglich ein Moment der Wahrheit. Daher konzentrieren sich Unternehmen immer mehr darauf, Kundenkontaktpunkte („Customer Touchpoints") zu optimieren und innovative, exzellente Servicelösungen zu finden, die herausragende Kundenerlebnisse schaffen und so die Kunden begeistern. Durch diese Schwerpunktverlagerung bieten die Ziele der Schaffung von herausragenden Kundenerlebnissen und der Erreichung von Kundenbegeisterung vielversprechende Möglichkeiten. Voraussetzung dafür ist die Bereitstellung exzellenter Dienstleistungen, die die Erwartungen der Kunden übertreffen. Begeisterung als emotionale Reaktion auf exzellente Dienstleistungen ist dahingehend in der Lage, die Bindung des Kunden an einen Dienstleister zu stärken.

Dennoch gibt es auch Gegenstimmen. So postulieren Dixon et al. (2010), dass Unternehmen lieber die Probleme ihrer Kunden lösen sollen, statt diese sinnlos zu begeistern. Vom Grundgedanken her stimmt dies auch: Sind die Kunden unzufrieden oder gar verärgert, müssen erst einmal deren Probleme gelöst werden. Die Quintessenz, entsprechend auf die Begeisterung der Kunden in Gänze zu verzichten, ist indes jedoch unpassend und führt Unternehmen in eine völlig falsche Richtung. Letztlich sollte ein Unternehmen die folgenden drei Kundenmanagementkomponenten umsetzen:

1. Beschwerdemanagement: um unzufriedene Kunden in zufriedene Kunden zu verwandeln
2. Zufriedenheitsmanagement: um die normalen Kundenkontaktpunkte („Customer Touchpoints“) reibungslos und zur (vollen) Zufriedenheit der Kunden auszugestalten
3. Begeisterungsmanagement: um in den wichtigen Situationen die Kunden zu begeistern

Hierauf weist auch das zweite Wort in „Service Excellence“, das heißt Excellence, hin. Nach Martín-Castilla und Rodriguez-Ruiz (2008, S. 136) kann unter Excellence im Wirtschaftsumfeld „an outstanding practice in managing the organisation and achieving results“ verstanden werden. Noch etwas spezifischer definieren Hsu und Shen (2005, S. 358) den Begriff der Excellence: „Excellence is achieving results that delight all the organization's stakeholders (this includes employees, customers, suppliers, society in general and those with financial interests in the organization)“. Dieses Verständnis geht Hand in Hand mit der in der ISO-Norm 23592:2021 dargelegten Definition von Service Excellence. Demnach wird Service Excellence definiert als „die Fähigkeit einer Organisation, beständig exzellente Dienstleistungen zu erbringen“, die dazu dienen, den Kunden zu begeistern.

Mittlerweile gibt es weltweit immer mehr Unternehmen, die den Gedanken der Service Excellence verinnerlicht und ein entsprechendes Programm aufgesetzt haben. Neben den in diesem Fachbuch enthaltenen Unternehmen finden sich viele weitere bekannte Unternehmen, die laut eigenen Aussagen ein Service-Excellence-Programm realisieren. Dazu gehören, neben den bereits in der Literatur ausgewiesenen Unternehmen wie Four Seasons, IKEA, Singapore Airlines, Southwest Airlines, The Ritz-

Carlton und Walt Disney Company (siehe unter anderem Edvardsson/Enquist 2011; Solnet et al. 2010), beispielsweise auch:

- Cleveland Clinic, eine der weltweit führenden Kliniken
- ISS, ein weltweit tätiges Facility-Management-Unternehmen
- MEWA, ein europaweit tätiges Textilmanagement-Unternehmen
- Mister Spex, ein europaweit tätiges Augenoptikerunternehmen
- OTIS, ein weltweit tätiger Hersteller von Aufzügen, Fahrtreppen und -steigen

Interessanterweise richtet sich Service Excellence jedoch nicht nur an kommerzielle Organisationen. Das Konzept kann grundsätzlich auf alle möglichen Arten von Unternehmen, die Dienstleistungen anbieten, angewandt werden, das heißt auch für öffentliche Dienste und gemeinnützige Organisationen. So finden sich Service-Excellence-Ansätze zum Beispiel bei Städten, wie in Vaughan (City of Vaughan 2018). Dies ist eine Stadt nördlich von Toronto in der Provinz Ontario in Kanada. Sie ist eine der am schnellsten wachsenden Städte in Kanada und hat ihre Bevölkerung seit 1996 mehr als verdoppelt. Daneben findet sich Service Excellence als eine der Top-Prioritäten im Strategieplan für die Jahre 2018 bis 2022 bei der kanadischen Stadt Burlington (City of Burlington 2019). Und auch die kanadische Hauptstadt Ottawa hat in der Vergangenheit bereits ein Service-Excellence-Programm aufgelegt (Patwell et al. 2012).

2. *Nutzen von Service Excellence*

Befragt nach der Ausrichtung des eigenen Unternehmens, behaupten die meisten Topmanagerinnen und Topmanager, dass das jeweilige Unternehmen kundenzentriert aufgestellt sei. Befragt man indes die Kunden oder hat man gar selbst als Kunde Erfahrungen mit dem Unternehmen gemacht, erlebt man allzu oft aber das genaue Gegenteil (siehe auch Allen et al. 2005). Gerade in wettbewerbsintensiven Märkten ist es indes unerlässlich, das gesamte Unternehmen und die auf den Märkten angebotenen Produkte und Dienstleistungen auf den Kunden auszurichten. Dabei ist zu beachten, dass sich eine hohe Kundenzufriedenheit nicht mehr durch das Angebot der vom Kunden erwarteten Basisprodukte und -dienstleistungen erreichen lässt. Um erfolgreich und der Konkurrenz einen Schritt voraus zu sein, ist es essenziell, die Kunden durch herausragende und differenzierende Erlebnisse zu begeistern (Gouthier 2016a). Dies ist das Ziel von Service Excellence. Doch nicht nur die Unternehmen und Kunden profitieren von Service Excellence. Auch die Gesellschaft profitiert von einem insgesamt gesteigerten bis hin zu einem exzellenten Dienstleistungsniveau.

Generell lassen sich dahingehend zwei Kategorien von Nutzen unterscheiden. Zum einen gibt es den Nutzen, der einem Unternehmen erwächst, wenn es sich allgemein mit dem Konzept der Service Excellence beschäftigt. Zum anderen entsteht für Unternehmen ein weiterer Nutzen, wenn es sich speziell mit der neu erschienenen ISO-Norm 23592:2021 auseinandersetzt. Auf diese zwei Nutzenkomponenten wird im Folgenden näher eingegangen.

2.1 Nutzen von Service Excellence im Allgemeinen

Wie bereits dargestellt, werden Kunden heutzutage immer anspruchsvoller und stellen mit ihren gestiegenen Anforderungen Unternehmen vor immer größere Herausforderungen. Doch nicht nur die Anforderungen, Erwartungen und Wünsche der Kunden sind gestiegen. Aufgrund der voranschreitenden Digitalisierung und der damit einhergehenden erhöhten Markttransparenz, bedingt zum Beispiel durch Preissuchmaschinen, Online-Reviews und Meinungsplattformen, verfügen die Kunden auf den Märkten zudem über eine gestiegene Handlungs- und Verhandlungsmacht (Stichwort „Customer Empowerment"; siehe Gouthier 2006). Lediglich zufriedenstellende Angebote werden entsprechend durch einen schnellen Wechsel zu einem alternativen Anbieter abgestraft. Zufriedenheit stellt damit allenfalls ein „Eintrittsticket" für eine Geschäftsbeziehung dar, reicht aber bei weitem nicht mehr aus, um den Kunden im Sinne eines „Dauerabos" erfolgreich an ein Unternehmen binden und eine möglichst dauerhafte Bindung aufbauen zu können (Gouthier 2016b). Von daher haben Unternehmen in den vergangenen zehn Jahren begonnen, sich damit auseinanderzusetzen, wie sie Kunden längerfristig an sich binden können, wenn dies über die Zielsetzung der Kundenzufriedenheit nicht mehr adäquat funktioniert. In Konsequenz hat sich Kundenbegeisterung als Marketingzielsetzung, aber auch als Unternehmensziel immer mehr etabliert – nicht nur national, sondern auch international (Löffler/Gouthier 2017). Die Intention ist, dass ein Kunde eine Geschäftsbeziehung aufbaut, die in einer inneren, jedoch nicht nur rein rationalen, sondern auch emotionalen Überzeugung gegenüber dem Anbieter zum Ausdruck kommt. Dazu bedarf es herausragenden Kundenerlebnissen, die sich in einer möglichst andauernden Kundenbegeisterung im Sinne einer Markenbegeisterung verstetigen (Gouthier 2013).

Demzufolge gelangt das Ziel der Schaffung von Kundenbegeisterung durch den Einsatz von Service Excellence zusehends in den Fokus des unternehmerischen Interesses. Die Frage, die sich damit stellt, ist, wie das Ziel einer nachhaltigen Kundenbegeisterung in der Realität erreicht werden kann. Hier setzt das Konzept der Service Excellence konkret an, indem es ein strukturiertes Managementkonzept abbildet, das Unternehmen dabei unterstützt, exzellente Services gezielt und kontinuierlich erbringen zu können. Diese überragenden Serviceleistungen werden vom Kunden wahrgenommen und schaffen einzigartige Momente, die als herausragende Kundenerlebnisse im Gedächtnis haften bleiben (Berman 2005). Derartige herausragenden Erlebnisse begeistern den Kunden und fördern somit die Loyalität als emotionales Commitment gegenüber dem Unternehmen. Schließlich resultiert diese stärkere Kundenloyalität in besseren finanziellen und nicht finanziellen Resultaten, die wiederum in die kontinuierliche Weiterentwicklung des Service-Excellence-Programms reinvestiert werden können. Die entsprechende Wirkkette ist in Abbildung 1 dargestellt.

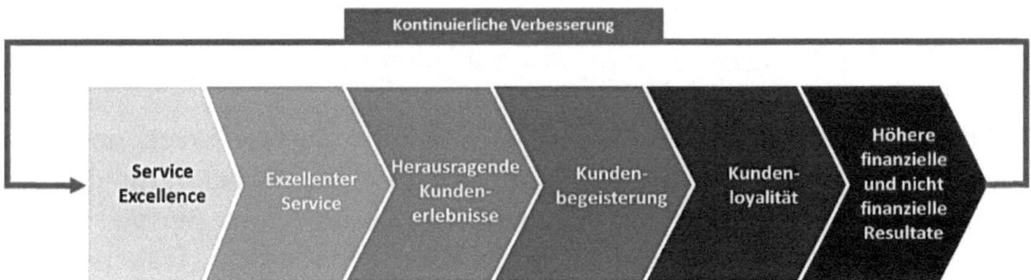

Abb. 1: Positive Effekte der Service Excellence (Quelle: in Anlehnung an ISO 23592:2021)

Wie aus der Abbildung hervorgeht, lassen sich sowohl mehrere „weiche“ Resultate als auch „harte“ Ergebnisse erzielen. Zu den weichen Effekten von Service Excellence gehört, dass über das anhaltende Angebot von exzellenten Services herausragende Kundenerlebnisse geschaffen werden. Ein weiterer Wirkeffekt ist, dass derartige überragende Erlebnisse eine Emotion der Begeisterung beim Kunden auslösen. Wie in verschiedenen Studien gezeigt wird, resultiert Kundenbegeisterung wiederum in einer gestiegenen Kundenloyalität (siehe zum Beispiel JD Power and Associates 2011). Hiermit werden loyalitätsbedingte Verhaltensweisen des Kunden, wie ein nachhaltiges Wiederkaufverhalten, Kauffrequenz- und Kaufintensitätssteigerungen, Weiterempfehlungen und eine höhere Zahlungsbereitschaft, gefördert. Auch insgesamt zeigen begeisterte Kunden ein höheres Kundenengagement, zum Beispiel eine höhere Bereitschaft, an Programmen des Unternehmens wie an Ideenwettbewerben und Kundenbeiräten aktiv teilzunehmen.

Die skizzierten positiven, aber primär psychologischen und verhaltensbezogenen Effekte zahlen letztlich auf die Erzielung höherer finanzieller und nicht finanzieller Resultate ein (Bates et al. 2003). Damit einher geht die Erreichung weiterer primär marktgerichteter Ziele wie beispielsweise der Etablierung eines kundenzentrierten und serviceorientierten Images. Dieses geht wiederum Hand in Hand mit einer besseren Wettbewerbsdifferenzierung und folglich mit dem Auf- beziehungsweise Ausbau von Markteintrittsbarrieren. In Summe führen die dargelegten Effekte zu einer Verbesserung der erfolgsorientierten unternehmerischen Ziele, beispielsweise ausgedrückt durch einen höheren Umsatz und Gewinn (Bates et al. 2003).

Neben den kunden- und ergebnisbezogenen Effekten lassen sich durch den Einsatz von Service Excellence auch positive Auswirkungen auf den Arbeitsmärkten erzielen. Ein als exzellent wahrgenommenes Unternehmen ist auch als Arbeitgeber attraktiver und hat folglich bessere Chancen, sowohl an bessere Bewerberinnen und Bewerber zu gelangen als auch die Mitarbeiterbindung und das Mitarbeiterengagement zu stärken. Ein gestiegenes Mitarbeiterengagement resultiert wiederum in zahlreichen positiven Wirkeffekten für ein Unternehmen (Gallup 2021).

Abseits von Kunden und (Arbeits-)Markt führt Service Excellence auch unternehmensintern zu diversen positiven Effekten. Dazu zählt die Reduktion von Fehlern und damit auch von Kosten, zum Beispiel durch eine niedrigere Fehlerrate und weniger Verschwendungen. Daneben sinken die Kosten aufgrund geringerer Abwanderungsraten, überzeugenderer Vertriebsaktivitäten und reduzierter Werbeausgaben für die Neukundengewinnung. Agile Organisationen können zudem ihre Effizienz steigern und nachhaltig exzellente Dienstleistungen erbringen.

Diese Aufzählung von Nutzenkomponenten erhebt keinen Anspruch auf Vollständigkeit. Es wurden lediglich zentrale, besonders gewichtige Wirkeffekte ins Feld geführt. Sicherlich lassen sich noch diverse weitere Nutzeneffekte auflisten, die hier nicht explizit erwähnt wurden (Gouthier 2016b).

2.2 Nutzen des Einsatzes der ISO 23592:2021 „Service excellence – Principles and model“

Nachdem im vorherigen Kapitel 2.1 näher auf den generellen Nutzen des Konzepts der Service Excellence eingegangen wurde, wird im Folgenden aufgezeigt, welchen spezifischen Nutzen ein Unternehmen, und gegebenenfalls auch dessen Umfeld, in dem es tätig ist, aus der Beschäftigung mit und der Umsetzung der ISO 23592:2021 ziehen kann:

- Ein großer, genereller Vorteil von Normen ist, dass in den Dokumenten die relevanten Begriffe eindeutig definiert und damit eine einheitliche Sprache und ein klares Begriffsverständnis geschaffen werden. Dies ist insbesondere bei eher „schwammigen" und „weichen" Konstrukten wie Kundenbegeisterung und Kundenerlebnis von Vorteil, da sich diese eben nicht durch eine objektive Messbarkeit, sondern durch eine subjektive Wahrnehmung von Kunden auszeichnen. Dadurch ergibt sich die Möglichkeit eines einheitlichen, auch sprachlichen, Austausches zu bestimmten Sachverhalten, um die Kommunikation zu verbessern. Folglich trifft dies auch auf die Norm ISO 23592:2021 zu, in der essenzielle Begriffe wie Service Excellence, exzellenter Service und Kundenbegeisterung definiert werden. Insgesamt wird so die Diskussion in und zwischen Unternehmen, zum Beispiel mit den Partnern in der Wertschöpfungskette, erleichtert, da der diesbezügliche Interpretationsspielraum minimiert wird. Derartig eindeutige Begriffsdefinitionen sind zudem Grundvoraussetzung, um valide Messinstrumentarien zu entwickeln (siehe auch den Beitrag von Kristina Rodig und Christopher J. Rastin zu „Customer-Experience-Service-Excellence bei E.ON SE: Rolle und Einsatz des Net Promoter Scores").
- Ein weiterer Vorteil der Ausrichtung an einem Modell der Service Excellence nach ISO 23592:2021 ist, dass eine bessere Vergleichbarkeit zwischen Unternehmen geschaffen wird, da sich diese an einem einheitlichen, strukturierten Rahmenkonzept orientieren können. Damit wird ein systematischer Austausch mit Best-Practice-Partnern gefördert.
- Zusätzlich zu den Grundsätzen und dem Modell der Service Excellence, welche im nächsten Beitrag näher erläutert werden, bringt die ISO 23592:2021 auch diverse Auflistungen von beispielhaften Instrumenten hervor, die Impulse geben und bei der Umsetzung der einzelnen Elemente beziehungsweise Unterelemente des Service-Excellence-Modells helfen können.
- Zudem unterstützt die ISO 23592:2021 bei der Ausrichtung von Netzwerken, zum Beispiel mit Franchisepartnern und Zulieferern, zum Aufbau eines gemeinsamen Markenverständnisses und Kundenbilds.
- Schließlich bietet die ISO 23592:2021 Unternehmen, die ihre Bemühungen auf die Einführung oder Verbesserung einzelner Aspekte des Service-Excellence-Modells fokussieren wollen, insofern eine Hilfestellung an, dass diese auf die sie interessierenden Elemente und Unterelemente zurückgreifen können.

Zusammenfassend kann damit festgehalten werden, dass die ISO 23592:2021 Unternehmen dabei unterstützt, sich durch den Ansatz der Service Excellence entweder als Marktführer zu behaupten oder sich in Richtung der Marktführerschaft zu entwickeln.

3. Fazit

In diesem Beitrag wurde zunächst auf die Relevanz von Service Excellence näher eingegangen. Dazu wurde die Wichtigkeit des Dienstleistungssektors aufgezeigt. Durch aktuelle Entwicklungen wie ein Anwachsen der Kundenanforderungen gepaart mit einer zunehmenden Wettbewerbsintensität gewinnt das Thema der Service Excellence weltweit weiter an Bedeutung. Wichtig ist indes zu reflektieren, dass sich Service Excellence primär an Unternehmen richtet, die zu den besten fünf bis zehn Prozent eines Marktes gehören beziehungsweise gehören wollen. Unabhängig hiervon können alle Unternehmen das Service-Excellence-Modell nutzen, um ihr Unternehmen oder Teile davon in Richtung Service Excellence zu entwickeln. So handelt es sich bei der ISO 23592:2021 generell um einen sogenannten horizontalen Standard, der auf alle möglichen, Dienstleistungen erbringende Unternehmen angewandt werden kann, unabhängig von deren Größe oder Branche.

Insofern liefert Service Excellence viele verschiedene Nutzenkomponenten, die im Rahmen dieses Beitrages dargelegt wurden.

Literaturverzeichnis

Allen, J./Reichheld, F./Hamilton, B./Markey, R. (2005): Closing the delivery gap, Bain & Company.

Bates, K./Bates, H./Johnston, R. (2003): Linking service to profit: The business case for service excellence, in: International Journal of Service Industry Management, 14. Jg., Nr. 2, S. 173–183.

BMWi (o.J.): Dienstleistungen sichtbar gemacht: Zahlen und Trends auf einen Blick, https://www.bmwi.de/Redaktion/DE/Artikel/Mittelstand/dienstleistungswirtschaft-01-zahlen-trends.html, aufgerufen am 05.09.2021.

City of Burlington (2019): 2018–2022 Burlington's Plan: From Vision to Focus, City of Burlington, Kanada, https://wwgton.ca/en/services-for-you/resources/Ongoing_City_Projects/Vision-to-Focus/19-609-CM-Burlingtow.burlinns-Plan-From-Vision-to-Focus-Sept-V2-WEB.pdf, aufgerufen am 05.09.2021.

City of Vaughan (2018): 2018–2022 Term of Council Service Excellence Strategic Plan, City of Vaughan, Kanada, https://www.vaughan.ca/serviceexcellence/Pages/default.aspx, aufgerufen am 05.09.2021.

Dixon, M./Freeman, K./Toman, N. (2010): Stop trying to delight your customers, in: Harvard Business Review, Juli-August 2010.

Edvardsson, B./Enquist, B. (2011): The service excellence and innovation model: Lessons from IKEA and other service frontiers, in: Total Quality Management & Business Excellence, 22. Jg., Nr. 5, S. 535–551.

Gallup (2021): Engagement Index Deutschland 2020, https://www.gallup.com/de/engagement-index-deutschland.aspx, aufgerufen am 05.09.2021.

Gouthier, M.H.J. (2006): Customer Empowerment in Geschäftsbeziehungen, in: Hippner, H./Wilde, K. D. (Hrsg.): Grundlagen des CRM, 2. Aufl., Wiesbaden, S. 167–194.

Gouthier, M.H.J. (2013): Kundenbegeisterung durch Service Excellence: Erläuterungen zur DIN SPEC 77224 und Best-Practices, 2. Aufl., Berlin.

Gouthier, M.H.J. (2016a): Kundenzufriedenheit ist nicht gleich Kundenbegeisterung, in: Gouthier, M.H.J./Kohler, G./Moll, A. (Hrsg.): Management der Kundenbegeisterung – Wie Sie Kunden durch Excellence überzeugen, Düsseldorf, S. 27–39.

Gouthier, M.H.J. (2016b): Service Excellence mit System: CEN/TS 16880, in: Gouthier, M.H.J./Kohler, G./Moll, A. (Hrsg.): Management der Kundenbegeisterung – Wie Sie Kunden durch Excellence begeistern, Düsseldorf, S. 81–101.

Hsu, S.H./Shen, H.P. (2005): Knowledge management and its relationship with TQM, in: Total Quality Management & Business Excellence, 16. Jg., Nr. 3, S. 351–361.

JD Power and Associates (2011): Achieving excellence in customer service: The brands that deliver what U.S. consumers want, Los Angeles u.a.

Knoema (2021): Welt – Dienstleistungsexporte, https://knoema.de/atlas/Welt/Dienstleistungsexporte, aufgerufen am 05.09.2021.

Löffler, M./Gouthier, M.H.J. (2017): Strategie-Initiative „Customer Experience Management“ – Kundenbegeisterung bei der Porsche AG, in: Marketing Review St. Gallen (MRSG), 34. Jg., Nr. 1, S. 54–63.

Martín-Castilla, J.I./Rodriguez-Ruiz, O. (2008): EFQM model: Knowledge governance and competitive advantage, in: Journal of Intellectual Capital, 9. Jg., Nr. 1, S. 133–156.

OECD (2021): Outward FDI flows by industry, https://data.oecd.org/fdi/outward-fdi-flows-by-industry.htm#indicator-chart, aufgerufen am 05.09.2021.

Patwell, B./Gray, D./Kanellakos, S. (2012): An innovative approach to fostering a culture of service excellence in the city of Ottawa, IRC, Queens University, https://irc.queensu.ca/an-innovative-approach-to-fostering-a-culture-of-service-excellence-in-the-city-of-ottawa/, aufgerufen am 05.09.2021.

Solnet, D./Kandampully, J./Kralj, A. (2010): Legends of service excellence: The habits of seven highly effective hospitality companies, in: Journal of Hospitality Marketing & Management, 19. Jg., Nr. 8, S. 889–908.

Statistisches Bundesamt (2021): Erwerbstätige im Inland nach Wirtschaftssektoren, https://www.destatis.de/DE/Themen/Wirtschaft/Konjunkturindikatoren/Lange-Reihen/Arbeitsmarkt/lrerw13a.html, aufgerufen am 05.09.2021.

Urmersbach, B. (2021): Anteile der Wirtschaftssektoren am BIP in Industrie- und Schwellenländern 2020, https://de.statista.com/statistik/daten/studie/37088/umfrage/anteile-der-wirtschaftssektoren-am-bip-ausgewaehlter-laender/, aufgerufen am 05.09.2021.

Western Union Company (2020): The Global Services Trade Revolution – Fuelling postpandemic economic recovery and growth, Oxford Economics, https://business.westernunion.com/en-gb/p/cmp/2020/the-global-trade-services-revolution, aufgerufen am 05.09.2021.

Wirtz, J./Lovelock, C.H. (2018): Essentials of Services Marketing, 3. Aufl., Pearson.

Das Konzept der Service Excellence nach ISO 23592:2021

Matthias Gouthier

Management Summary

Die Aussage „Service ist eine Haltung“ hört man des Öfteren im Kontext von Service Excellence. Grundsätzlich ist diese Aussage korrekt, und die Relevanz des richtigen Mindsets ist unbestritten. Fakt ist aber auch, dass eine innere Haltung nicht ausreicht, um als Unternehmen kontinuierlich exzellente Services am Markt realisieren zu können oder wie Philippe D. Clarinval sehr treffend in seinem Beitrag schreibt: „Respektieren wir nur die Standards, wirkt der Service steril, und zeigen wir nur Emotionen, stehen wir als liebenswerte, aber nicht sehr kompetente Improvisationskünstler da.“ Unternehmen, und dabei sind insbesondere mittelständische Unternehmen und Großunternehmen angesprochen, benötigen einen systematischen Zugang und einen handlungsweisenden Leitfaden im Sinne eines strukturierten Managementkonzepts, das ihnen dabei hilft, sich kundenzentriert auszurichten und Kunden zu begeistern. Hier greift das Konzept der Service Excellence, wie es in der internationalen Norm ISO 23592:2021 dargelegt wird. In diesem Beitrag werden die zentralen Inhalte der ISO-Norm in Gestalt der Terminologie, der Grundsätze und des Modells für Service Excellence beschrieben.

1. *Inhalte und Struktur der ISO-Norm 23592:2021*

Die ISO-Norm 23592:2021 „Service excellence – Principles and model“ besteht aus insgesamt sieben Kapiteln plus einer vorangehenden Einführung in die Thematik. Bislang gibt es eine englische und eine französische Fassung der Norm. Es ist aber geplant, auf absehbare Zeit auch eine deutsche Fassung herauszubringen.

In der Einleitung der ISO 23592:2021 wird zunächst auf die besondere Relevanz und die Zielsetzung von Service Excellence näher eingegangen. Demnach erhöhen sich, wie im Beitrag „Relevanz und Nutzen von Service Excellence“ schon beschrieben, aufgrund wachsender und sich verändernder Kundenanforderungen, von Globalisierung und Digitalisierung die Anforderungen an Unternehmen, wenn sie nicht nur am Markt bestehen wollen, sondern eines, wenn nicht gar das marktführende Unternehmen bleiben oder werden wollen. In diesem Marktumfeld ist es demnach für Unternehmen zentral, sich kundenzentriert aufzustellen und auszurichten. Dabei reicht es nicht mehr aus, Kunden nur noch zufriedenzustellen, sondern diese sind zu begeistern (Gouthier 2016). Hierzu bedarf es des

Angebots exzellenter Services, durch die die Kunden herausragende Erlebnisse wahrnehmen. Dies ist die Zielsetzung von Service Excellence.

Des Weiteren werden in der Einleitung der Norm die vier verschiedenen Ebenen erörtert, aus denen sich Service Excellence zusammensetzt. Diese Differenzierung geht zurück auf die Arbeiten von Robert Johnston (2004; 2007). Die vier von ihm beschriebenen Dimensionen lassen sich dabei in eine Rangordnung bringen und als sogenannte Service-Excellence-Pyramide (siehe Abbildung 1) abbilden.

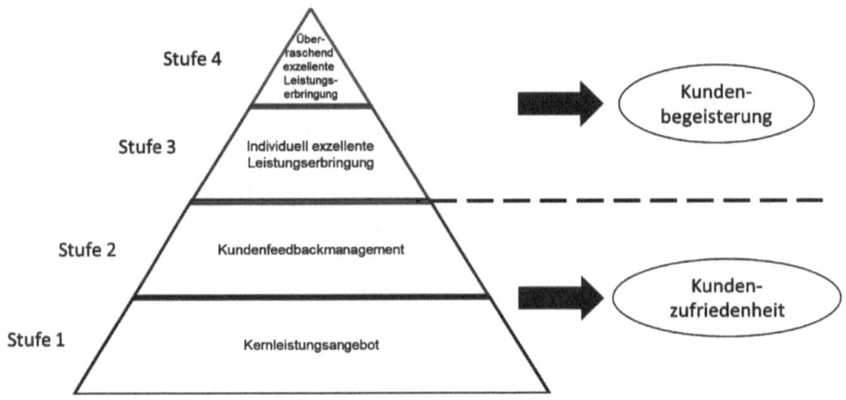

Abb. 1: Service-Excellence-Pyramide (Quelle: ISO 23592:2021)

Die Basis zur Umsetzung von Service Excellence, sozusagen die Grundvoraussetzung, bilden die beiden unteren Ebenen der Service-Excellence-Pyramide. So geht es auf den Stufen 1 und 2 primär darum, die Erwartungen der Kunden zu erfüllen und die den Kunden gegenüber getätigten Versprechen einzuhalten. Demzufolge lösen diese beiden Ebenen typischerweise keine Begeisterung aus, sondern resultieren allenfalls in Kundenzufriedenheit. Das Kernleistungsangebot (Stufe 1) wird von den Kunden als Einlösung der Versprechen des Unternehmens wahrgenommen. Das Management des Kundenfeedbacks (Stufe 2) führt zu einem guten Umgang mit Fragen und Problemen der Kunden. Zu diesen beiden Ebenen existieren bereits Standards, die sich dem Handling der beschriebenen Herausforderungen widmen. So lassen sich hierzu internationale Normen wie ISO 9001:2015, ISO 10002:2018 und ISO/IEC 20000–1:2018 heranziehen.

Die ISO 23592:2021 fokussiert sich aus diesem Grunde auf die zwei oberen Stufen der Service-Excellence-Pyramide, die eine emotionale Bindung zum Kunden schaffen und zu Kundenbegeisterung führen. Dazu gehören:

- eine individuell exzellente Dienstleistungserbringung (Stufe 3): Diese führt zu einem Service, der von den Kunden als warmherzig, echt, persönlich, maßgeschneidert und wertschöpfend wahrgenommen wird. Der Kunde erfährt eine emotionale Reaktion, indem er sich wertgeschätzt fühlt;
- eine überraschend exzellente Dienstleistungserbringung (Stufe 4): Diese führt zu einem maßgeschneiderten Service, der Emotionen wie Überraschung und Freude auslöst. Er wird erbracht, indem die Erwartungen des Kunden übertroffen werden. Dies kann erreicht werden, indem unerwartete, herausragende Kundenerlebnisse geboten werden. Es gibt letztlich jedoch viele verschiedene Ansätze, wie Kundenbegeisterung erreicht werden kann.

Die Service-Excellence-Pyramide sollte verwendet werden, um Managerinnen und Managern sowie Mitarbeitenden zu erklären, warum sich ein Unternehmen darauf konzentrieren muss, sowohl die Versprechungen zu erfüllen (Stufen 1 und 2) als auch die Kundenerwartungen zu übertreffen, indem es exzellente Dienstleistungen erbringt (Stufen 3 und 4).

Im ersten Kapitel der ISO-Norm wird deren Anwendungsbereich („Scope“) dargelegt. Demnach gilt die ISO 23592:2021 für alle Organisationen, die Dienstleistungen erbringen, wie kommerzielle Organisationen, öffentliche Dienste und gemeinnützige Organisationen. Sie kann entsprechend gleichermaßen von Industrieunternehmen angewandt werden, die industrielle Services anbieten. Zudem fokussiert die Norm, wie bereits beschrieben, auf die zwei oberen Ebenen der Service-Excellence-Pyramide.

Im zweiten Kapitel erfolgt, wie bei Normen und Standards üblich, die Benennung normativer Referenzen, von denen es aber für diese Norm keine relevanten gibt.

Im dritten Kapitel werden sodann die zentralen Begriffe definiert. Besonders wichtig sind dabei die Definitionen zu Service Excellence (3.1) und einem exzellenten Service (3.2), da diese Differenzierung in der Praxis häufig durcheinandergebracht wird. Während unter Service Excellence die Fähigkeit einer Organisation, beständig exzellente Dienstleistungen zu erbringen, verstanden wird, handelt es sich bei einer exzellenten Dienstleistung um das Ergebnis eines Unternehmens mit einem hohen Maß an Serviceleistungen, die zwischen dem Unternehmen und dem Kunden erbracht werden, um herausragende Kundenerlebnisse zu erzielen, die zu Kundenbegeisterung führen. Des Weiteren wird der Begriff Kundenbegeisterung als positive Emotion des Kunden verstanden, die sich entweder aus einem intensiven Gefühl der Wertschätzung, aus dem Übertreffen der Erwartungen oder aus beidem ergibt. Daneben werden die Begriffe

Ko-Kreation („Co-Creation"), Kunde („Customer"), Kundenerlebnis („Customer Experience"), herausragendes Kundenerlebnis („Outstanding Customer Experience"), Kundenreise („Customer Journey"), Zufriedenheit („Satisfaction"), Dienstleistung („Service"), Leistungserbringung („Service Provision"), Service-Excellence-Vision („Service Excellence Vision"), Service-Excellence-Mission („Service Excellence Mission"), Service-Excellence-Strategie („Service Excellence Strategy") und Mitarbeiterengagement („Employee Engagement") spezifiziert, auf deren Definitionen an dieser Stelle jedoch nicht näher eingegangen werden soll.

Kapitel 4 setzt sich mit der Relevanz und dem Nutzen von Service Excellence auseinander. Hier sei auf den vorherigen, einschlägigen Beitrag verwiesen, der sich mit diesen zwei Aspekten der Service Excellence in differenzierter Art und Weise beschäftigt.

In Kapitel 5 der ISO 23592:2021 werden sodann die Grundsätze von Service Excellence dargelegt, auf die im folgenden Kapitel näher eingegangen wird.

2. *Grundsätze von Service Excellence nach ISO 23592:2021*

Die ISO 23592:2021 weist in Summe sieben Grundsätze („Principles") aus, die Unternehmen als grundlegende Orientierungshilfe dienen sollen, worauf bei einer Umsetzung von Kundenzentrierung zu achten ist. Damit sollen typische Barrieren der Umsetzung von Service Excellence, wie zum Beispiel von Johnston (2007) beschrieben, aus dem Weg geräumt werden (Gouthier 2016):

- Eines der wichtigsten Hemmnisse besteht in einem fehlenden Mindset. Oftmals schätzen Managerinnen und Manager die Qualität ihrer Dienstleistungen viel besser ein, als die Kunden dies tun. Zudem trägt nicht jede Managerin beziehungsweise jeder Manager oder jede Mitarbeiterin beziehungsweise jeder Mitarbeiter das „Service-Gen" in sich und verfügt über eine ausgeprägte Servicementalität.
- Ein weiteres Manko bei der Umsetzung von Service Excellence besteht darin, dass Unternehmen häufig stärker nach innen als am Kunden ausgerichtet sind.
- Die dritte Barriere stellt eine unzureichende unternehmensinterne Koordination und Kommunikation zwischen den Bereichen und Abteilungen dar. Damit ist konkret gemeint, dass die Leistungserbringung nicht aus der Sicht des Kunden designt und optimiert ist, sondern

dass eine nahtlose Leistungserstellung häufig an einer ausgeprägten Silo-Mentalität innerhalb des Unternehmens scheitert.

- Des Weiteren sind oftmals die existenten Systeme, Prozesse und Strukturen nicht genügend an den Kundenbedürfnissen ausgerichtet. Gerade im Kundenservice liegt der Fokus der Zielsetzungen häufiger auf einer Kostenreduktion und Effizienzsteigerung als auf der Verbesserung der Kundeneffektivität im Sinne der Steigerung von Kundenloyalität.
- Schließlich finden sich auch Mankos beim Personal, sei es eine fehlende positive Einstellung gegenüber der Erbringung von Dienstleistungen, seien es fehlende Kenntnisse, Fertigkeiten und Fähigkeiten zur exzellenten Serviceerbringung oder aber eine mangelnde Motivation zur Erbringung der „Extra-Meile" für die Kunden.

An diesen Schwachstellen setzen – wie beschrieben – die Grundsätze der Service Excellence an:

1. Der erste Grundsatz fordert dazu auf, *„die Organisation von außen nach innen zu führen"*. Demnach sollte die Organisation das gewünschte Erlebnis aus der Sicht des Kunden gestalten. Einmal konzipiert, sollten Ressourcen und Prozesse fortlaufend im Sinne der Kundenzentrierung ausgerichtet werden.
2. Der zweite Grundsatz fordert eine *„Vertiefung der Kundenbeziehungen"*. Das Unternehmen sollte ein hohes Maß an individueller Betreuung anstreben und sich während der gesamten Geschäftsbeziehung auf die Bedürfnisse und Erwartungen des Kunden konzentrieren. Eine starke Beziehung kann durch kontinuierliche Kommunikation gefördert werden, die das vom Kunden gewünschte Maß an Interaktion widerspiegeln sollte.
3. Die zentrale Erkenntnis *„Personen machen den Unterschied"* bildet den dritten Grundsatz der Service Excellence. Das Engagement aller Mitarbeitenden des Unternehmens, einschließlich der externen Partner, ist demnach für die Erzielung von Kundenbegeisterung von entscheidender Bedeutung.
4. Eine *„ausgewogene Aufmerksamkeit für Kunden, Mitarbeitende, Unterauftragnehmer und andere Anspruchsgruppen"* ist im vierten Grundsatz festgeschrieben. Das bedeutet, dass Kunden, Mitarbeitende, Zulieferer und andere Anspruchsgruppen für den Erfolg eines Unternehmens wichtig sind. Dementsprechend sollte das Unternehmen ihnen allen in ausgewogener Weise Aufmerksamkeit schenken.
5. Ein *„funktionsübergreifender Managementansatz"* steht im Fokus des fünften Grundsatzes. Damit soll das zuvor bereits angesprochene Silo-

Denken innerhalb des Unternehmens aufgebrochen und ein integriertes, funktionsübergreifendes Denken und Zusammenarbeiten, das sich zudem an der Customer Journey ausrichtet, geschaffen werden. Zudem sollte das Unternehmen die Customer Journey mit einem integrierten, funktionsübergreifenden Ansatz bearbeiten.

6. Der sechste Grundsatz fordert: „*Nutzung der Technologie*". Geeignete Technologien sollten eingesetzt werden, um herausragende Kundenerlebnisse für Mitarbeitende, Kunden und Partner zu schaffen.
7. In Summe schafft das einen „*Mehrwert für die Anspruchsgruppen*". Die Umsetzung exzellenter Dienstleistungen führt zu einem zusätzlichen nachhaltigen Wert für alle Beteiligten. Die Ko-Kreation mit den Anspruchsgruppen sollte genutzt werden, um zusätzlichen Wert zu schaffen. Dieser Wert kann sowohl monetärer als auch nicht monetärer Natur sein.

Nach den Grundsätzen geht Kapitel 6 der ISO 23592:2021 auf das Modell der Service Excellence ein. Danach werden in Kapitel 7 die Elemente und Unterelemente des Modells näher beschrieben. Beides steht im Blickpunkt des nun folgenden Kapitels.

3. Modell und Elemente der Service Excellence nach ISO 23592:2021

Das Modell der Service Excellence nach ISO 23592:2021 besteht aus vier Dimensionen mit insgesamt neun Elementen (siehe Abbildung 2).

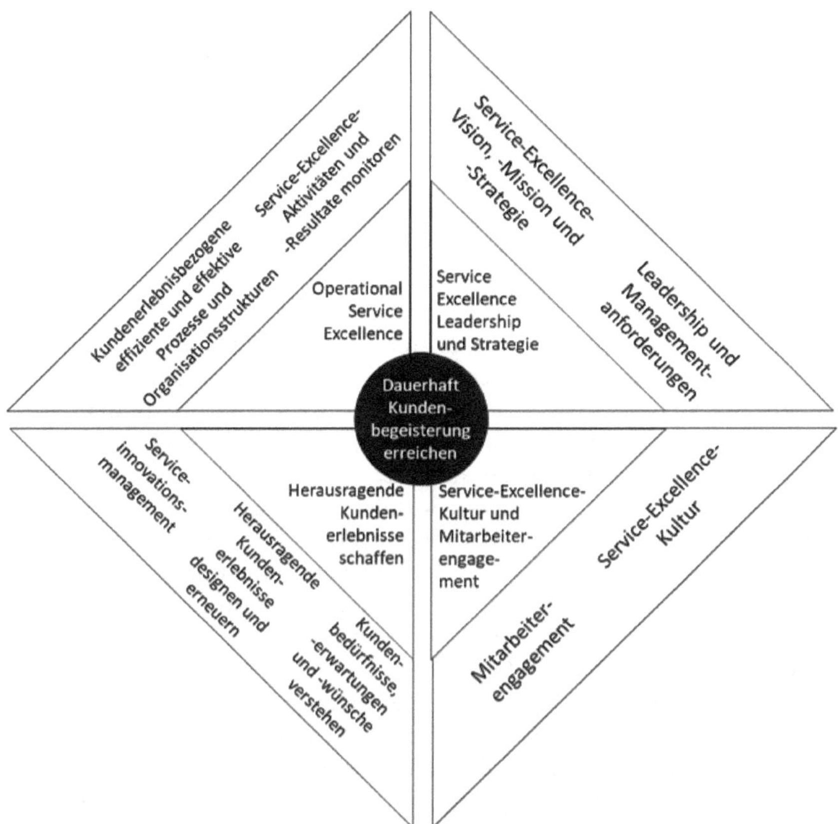

Abb. 2: Modell der Service Excellence nach ISO 23592:2021

Im Mittelpunkt des Modells steht die eigentliche Zielsetzung, die mit Service Excellence erreicht werden soll: dauerhaft den Kunden zu begeistern. Dazu bedarf es des konsequenten Einsatzes von neun Elementen, die den besagten vier Dimensionen zugeordnet werden können. Wichtig ist, darauf hinzuweisen, dass bei diesem Modell kein chronologischer Ablauf der Elemente unterstellt wird. So können Unternehmen zum Beispiel zuerst mit der Einführung von Konzepten und Maßnahmen zur Verbesserung der Kundenerlebnisse beginnen, bevor eine Service-Excellence-Vision und -Mission definiert sein müssen.

Essentiell ist an dieser Stelle auch noch der Hinweis, dass die ISO 23592:2021 konkrete Beispiele ausweist, wie die Elemente beziehungsweise Unterelemente mittels geeigneter Konzepte, Instrumente und Tools umgesetzt werden können. Auf eine Darstellung selbiger wird in diesem Beitrag jedoch verzichtet, da im Rahmen des Fachbuches zu jedem der neun Elemente jeweils ein Best-Practice-Beitrag die konkrete Umsetzung aufzeigt; im Falle des Elements „Gestaltung und Erneuerung herausragender Kundenerlebnisse" sogar zwei Beiträge die konkrete Umsetzung demonstrieren.

3.1 Service-Excellence-Vision, -Mission und -Strategie

Im Blickpunkt des ersten Elements stehen die Entwicklung und interne Verankerung einer „Service-Excellence-Vision, -Mission und -Strategie". Die Vision, Mission und Strategie der Service Excellence bilden dabei den Rahmen für das angestrebte, herausragende Erlebnis, das das Unternehmen seinen Kunden bieten möchte. Sie übersetzen die Grundsätze und die Gestaltung herausragender Kundenerlebnisse in alle anderen Elemente des Service-Excellence-Modells. Je nach der Positionierung eines Unternehmens, zum Beispiel ob es in einem Low-Budget-, Premium- oder Luxusmarkt agiert, variieren die Kundenerwartungen hinsichtlich des Anspruchsniveaus und dementsprechend auch die Anforderungen an einen exzellenten Service. In Summe ist dieses Element als verpflichtende Anforderung definiert, das heißt, dass ein Unternehmen, möchte es zum Beispiel nach der ISO 23592 zertifiziert werden, die Vision, seine Mission und seine Strategie für Service Excellence langfristig festlegen muss – und die Betonung liegt dabei wie gesagt auf „muss". Die Vision, Mission und Strategie der Service Excellence müssen zudem aufeinander abgestimmt sein und sollten sich an der Gesamtstrategie des Unternehmens orientieren. Sie sollten unter Einbezug aller Beteiligten, einschließlich des Managements, der Mitarbeitenden und der Kunden, erstellt und überprüft werden. Die Vision, Mission und Strategie sollten zudem in alle Bereiche des Unternehmens kommuniziert werden. Dies ist auch nicht durch eine einmalige Kommunikationskampagne realisierbar, sondern bedarf einer kontinuierlichen Anstrengung. Sie sollten zudem im gesamten Unternehmen umgesetzt werden, um zur Schaffung einer Kultur der Service Excellence beizutragen und alle Beschäftigten über die Entscheidungsfindung zu informieren. Ein Blick in die Praxis zeigt, dass viele führende Unternehmen diese Anforderung ohnehin bereits umgesetzt und den Gedanken der Kundenbegeisterung und der Service Excellence explizit in ihrer Vision, Mission und/oder Strategie verankert haben.

Das erste Element ist somit in folgende drei Unterelemente unterteilt:

1. Das erste Unterelement geht auf die Vision ein. Demnach muss ein Unternehmen über eine langfristige Vision für einen exzellenten Service verfügen. Diese sollte insbesondere herausstellen, dass das Unternehmen danach strebt, die Erwartungen und Wünsche der Kunden durch exzellente Dienstleistungen nicht nur zu erfüllen, sondern diese gar zu übertreffen. Die Vision sollte auf das gesamte Unternehmen ausgerichtet sein und auf einem fundierten Verständnis der Bedürfnisse und Erwartungen aller relevanten Anspruchsgruppen sowie des externen Umfelds beruhen.
2. Das zweite Unterelement adressiert die Mission. So muss das Unternehmen über eine langfristig ausgerichtete Mission verfügen, die die Entwicklung einer Service-Excellence-Strategie ermöglicht und in der die Ziele für die Verwirklichung der Vision für exzellenten Service festgelegt sind. Das Unternehmen sollte die vorgeschlagenen Mission-Statements vom Kunden her und vor dem Hintergrund der Durchführbarkeit bewerten.
3. Das dritte und letzte Unterelement bezieht sich auf die Service-Excellence-Strategie. In diesem wird gefordert, dass ein Unternehmen die Vision und ihre Mission zur Service Excellence in eine kohärente Strategie in Form von dokumentierten strategischen und operativen Zielen umsetzen muss. Die Service-Excellence-Strategie sollte hierbei ein integraler Bestandteil der Gesamtstrategie des Unternehmens sein. Stellt diese indes nur eine Teilstrategie, zum Beispiel eines produzierenden Unternehmens, dar, dann sollte diese zumindest mit der Gesamtstrategie abgestimmt werden. Zudem sollte die Service-Excellence-Strategie kontinuierlich überprüft und gegebenenfalls angepasst werden.

3.2 Anforderungen an Führung und Management

Das zweite Element des Service-Excellence-Modells widmet sich der Rolle von Führung und Management. Demnach spielen sämtliche Mitglieder des Leitungsgremiums und auch die verantwortlichen Führungskräfte auf allen Ebenen des Unternehmens eine entscheidende Rolle bei der Festlegung, Umsetzung und Aufrechterhaltung der Strategie für Service Excellence. Für den Erfolg einer nachhaltigen Umsetzung von Service Excellence müssen diese sich innerhalb des Unternehmens für das Konzept einsetzen und sich diesem gegenüber auch verpflichtet fühlen. Eine der zentralen Anforderungen an die Führungsmannschaft ist, dass sie dafür

Sorge trägt, dass die Vision, Mission und Strategie der Service Excellence im Einklang mit der allgemeinen strategischen Ausrichtung des Unternehmens entwickelt und umgesetzt werden. Darüber hinaus ist sie dafür verantwortlich, den notwendigen Zweck und die Werte der Service Excellence zu entwickeln und sicherzustellen, dass das gesamte Unternehmen, einschließlich der Mitarbeitenden, sich für die Erreichung dieser Werte einsetzt. Für die Erreichung von Service Excellence ist es damit von entscheidender Bedeutung, dass die oberste Führungsebene ein Mindset und ein Engagement an den Tag legt, um ein Umfeld zu schaffen, das es den Mitarbeitenden ermöglicht, ihr Potenzial zur Erbringung exzellenter Dienstleistungen voll auszuschöpfen.
Dieses Element ist folglich in drei Unterelemente unterteilt:

1. Führung: Hier zeigt sich der direkte Bezug zu den einleitenden Ausführungen. So sollten sich die zuständigen Führungskräfte auf allen Ebenen auf den Ansatz der Service Excellence konzentrieren und eine Kultur der Service Excellence schaffen, die das gesamte Unternehmen einschließlich seiner wichtigsten Anspruchsgruppen erfasst. Sie sollten die Leistung des Unternehmens direkt mit der Leistung hinsichtlich Service Excellence verknüpfen.
2. Gemeinsame Anstrengungen, definierte Verantwortlichkeiten und Ziele: In diesem zweiten Unterelement geht es darum, dass die Managerinnen und Manager eines Unternehmens durch eine starke Führung und Vorbildfunktion ein Umfeld schaffen sollten, in dem die Mitarbeitenden in der Lage sind, hervorragende Kundenerlebnisse zu erbringen.
3. Mitarbeiter-Empowerment und -Engagement: Das dritte Unterelement zielt zwar auf die Mitarbeitenden, richtet sich aber in einer Zweck-Mittel-Relation letztlich doch an die Führungskräfte. So sollten die Mitarbeitenden in einer Umgebung, in der ein exzellenter Service geboten wird, über das hinausgehen, was von ihnen erwartet wird, um den Kunden ein überragendes und individuelles Erlebnis zu bieten. Die Verantwortung, solch ein Umfeld zu schaffen, liegt indes wie angedeutet im Verantwortungsbereich des Managements.

3.3 Service-Excellence-Kultur

Das dritte Element adressiert die Unternehmenskultur. Sie wird in der ISO 23592:2021 als Schlüsselfaktor verstanden, wie Menschen denken, fühlen und handeln, um Service Excellence zu erreichen, herausragende Erlebnis-

se zu schaffen und Kunden zu begeistern. Eine Service-Excellence-Kultur ist damit ein wichtiger Teil der Unternehmenskultur (Gouthier 2021).
Dieses Element ist in die folgenden drei Unterelemente unterteilt:

1. Definition der Service-Excellence-Kultur: Die Kultur der Service Excellence sollte die Werte, Einstellungen und Verhaltensweisen des Unternehmens widerspiegeln. Dies ermöglicht die Umsetzung der Service-Excellence-Strategie, die letztlich zur Kundenbegeisterung führt. Beispiele für eine solche Kultur können sein: Engagement für Exzellenz, Leidenschaft, Anerkennung, Proaktivität, Befähigung, Offenheit für Herausforderungen und Übererfüllung der Anforderungen.
2. Kommunizieren der Service-Excellence-Kultur: Eine kontinuierliche interne und externe Kommunikation ist für die Aufrechterhaltung und Weiterentwicklung der Dienstleistungskultur unerlässlich.
3. Implementieren der Service-Excellence-Kultur: Wie in den anderen Elementen des Modells für Service Excellence beschrieben, sollte die Kultur in allen Bereichen des Unternehmens verankert sein.

3.4 Mitarbeiterengagement

Das vierte Element des Service-Excellence-Modells setzt sich mit dem zentralen Erfolgsfaktor des Mitarbeiterengagements auseinander. Insbesondere wenn Kunden durch exzellente Dienstleistungen und herausragende Erlebnisse begeistert werden sollen, spielen die Mitarbeitenden zumeist eine zentrale Rolle. Laut ISO 23592:2021 muss ein Unternehmen Personalprozesse und -instrumente gezielt einsetzen, um gemeinsame Werte, Überzeugungen und Praktiken zu fördern, diese aufrechtzuerhalten und damit als Mittel zum Zweck herausragende Kundenerlebnisse zu erzeugen. Wie bereits in Kapitel 3.2 dargelegt, spielt hierbei das Management eine zentrale Rolle, da dieses sicherstellen soll, dass die Mitarbeitenden begeistert und motiviert sind, herausragende Kundenerlebnisse zu schaffen und somit ihre Kunden zu begeistern.
Dieses Element ist in sechs Unterelemente unterteilt:

1. Einstellung und Einarbeitung neuer Mitarbeitender: Gerade die Einstellungs- und Onboardingphase spielen eine zentrale Rolle, soll der Gedanke der Service Excellence gleich von Beginn an in den Köpfen der Belegschaft verankert werden. Dementsprechend sollte während dieser zwei Phasen der Schwerpunkt auf der Einstellung und dem Verhalten der neuen Mitarbeitenden in Bezug auf Service Excellence liegen.

2. Kontinuierliches Lernen und Entwicklung der Mitarbeitenden: In diesem Unterelement wird auf die Leidenschaft der Mitarbeitenden rekurriert, herausragende Kundenerlebnisse zu erzeugen. Hierzu wird von allen Mitarbeitenden, unabhängig von ihrem Erfahrungsstand, eine positive Haltung zu einem kontinuierlichen Lernen erwartet.
3. Feedback von Kunden auf Mitarbeiter- oder Teamebene: Eine Besonderheit bei Unternehmen ist, dass typischerweise die Vorstellungen des Managements darüber, welches Qualitätserleben die Kunden erfahren, sehr stark abweichen von den tatsächlichen Erlebnissen der Kunden beziehungsweise wie die Kunden diese wahrnehmen und bewerten. Von daher sollten Unternehmen regelmäßig kundenseitiges Feedback einholen.
4. Bewertung und Beurteilung der Mitarbeitenden: Um letztlich die Performance der Mitarbeitenden verbessern zu können, sollte die Serviceorientierung regelmäßig bewertet werden. Die Mitarbeitenden sollten belegen können, dass sie ihren Kunden stets in hervorragender Weise geholfen und sie unterstützt haben.
5. System der Anerkennung oder Wertschätzung: Im Sinne der Schaffung einer positiv geprägten Anerkennungskultur spielt dieses Element eine zentrale Rolle, um dauerhaft exzellente Dienstleistungen anbieten zu können.
6. Mechanismus für Mitarbeiterfeedback: Um eine kontinuierliche Weiterentwicklung des Unternehmens und der Belegschaft zu sichern, sollte das Unternehmen nicht nur von den Kunden, sondern auch von den eigenen Mitarbeitenden Feedback einsammeln. Dies stärkt zudem das Engagement der Mitarbeitenden und verbessert das Service-Excellence-Niveau.

3.5 Verständnis der Kundenbedürfnisse, -erwartungen und -wünsche

Nach den primär unternehmensintern ausgerichteten Dimensionen und Elementen gelangen nunmehr die kundengerichteten Elemente in den Fokus des Interesses. Gemäß der ISO 23592:2021 muss das Unternehmen geeignete Untersuchungen und Analysen durchführen, um die aktuellen und zukünftigen Bedürfnisse, Erwartungen und Wünsche der Kunden angemessen zu verstehen.
Dieses Element ist in drei Unterelemente unterteilt:

1. Umfang und Tiefe des Zuhörens bei den Kunden: Nur im Falle, dass die tatsächlichen Meinungen, Erfahrungen, Bedürfnisse und Wünsche

des Kunden eingeholt werden, können die Erwartungen des Kunden nicht nur ad-hoc, sondern systematisch und anhaltend übertroffen werden. Demzufolge fordert dieses Unterelement, dass das Unternehmen über ein ständiges System verfügen sollte, das die Erwartungen und Wünsche der Kunden sowie die bestehenden und sich ändernden Kundenbedürfnisse aufnimmt und verfolgt.

2. Organisation der Datenerfassung und -nutzung: Um eine möglichst realistische Sicht auf die Kunden, deren Einstellungen und Verhalten zu erlangen, sollte ein Unternehmen die Kundenbedürfnisse, -erwartungen und -wünsche konsequent mit verschiedenen Methoden erforschen und analysieren. Dies sollte sowohl aus einer Beziehungsperspektive als auch über alle Customer Journeys hinweg geschehen.
3. Anpassung an Kundenbedürfnisse, -erwartungen und -wünsche: Im Sinne der Agilität erwarten Kunden in der Regel, dass Produkte und Dienstleistungen anpassungsfähig bleiben und als Reaktion auf Veränderungen aktualisiert werden. Dies sollte unabhängig davon geschehen, welche Ursachen die Veränderungen haben (zum Beispiel rechtliche, soziale, technologische, ökologische, modische, konkurrierende oder innovative Entwicklungen).

3.6 Gestaltung und Erneuerung herausragender Kundenerlebnisse

Nach der Erfassung der Bedürfnisse, Erwartungen und Wünsche der Kunden, geht es in diesem Element konsequenterweise um die Umsetzung in entsprechende exzellente Services. Demzufolge fordert dieses Element, dass ein Unternehmen die Bereitstellung herausragender Kundenerlebnisse konzipieren, umsetzen und managen sollte, um Kundenbegeisterung zu erreichen.
Dieses Element ist somit in folgende vier Unterelemente unterteilt:

1. Gestaltung und Dokumentation des Kundenerlebnisses: Zum einen wird in der ISO 23592:2021 gefordert, dass die intendierten Erlebnisse aus der Kundenperspektive konzipiert werden sollten, einschließlich der Kundenbedürfnisse und Customer Journeys sowie der emotionalen Ergebnisse für Kunden und Mitarbeitende. Zum anderen sind die Kundenerlebnisse, geplante und reale, zu dokumentieren, um diese konsequent optimieren zu können.
2. Festlegen von organisatorischen Servicestandards und Einhalten des Serviceversprechens: Dieses Unterelement geht davon aus, dass die Verbindlichkeit zur Erbringung herausragender Kundenerlebnisse steigt,

wenn das Unternehmen sich auch explizit zu entsprechenden und einzufordernden Standards verpflichtet. Entsprechend wird gefordert, dass das Unternehmen marktführende interne Standards festlegt und beibehält sowie das eigene Serviceversprechen regelmäßig übertreffen sollte.
3. Umsetzung des Kundenerlebniskonzepts im gesamten Unternehmen: Die Planung der gewünschten Kundenerlebnisse im Sinne von Leitmotiven ist noch vergleichsweise einfach für ein Unternehmen zu realisieren. Die eigentliche Herausforderung besteht in deren Umsetzung. Folglich fordert dieses Unterelement, dass das Kundenerlebniskonzept die Anforderungen für die Umsetzung dokumentieren sollte.
4. Exzellenter Service beim Beschwerdemanagement: Nicht nur im Alltagsgeschäft soll den Kunden ein exzellenter Service angeboten werden. Gerade wenn die Kunden ein auftretendes oder bestehendes Problem und/oder eine Beschwerde haben, sollte das Unternehmen ihnen individuell und überraschend positiv helfen, um letztlich auch für dieses Kundensegment herausragende Kundenerlebnisse und Kundenbegeisterung zu schaffen.

3.7 Dienstleistungsinnovationsmanagement

Eine der größten Herausforderungen von Unternehmen stellen heutzutage die sich kontinuierlich verändernden Bedürfnisse und Erwartungen der Kunden dar. Was heute die Kundenerwartungen übertrifft, kann morgen schon eine Standardanforderung sein. Zudem weiß ein Kunde manchmal selbst nicht genau, was er erwartet oder sich wünschen würde. In Konsequenz müssen Unternehmen, die einen exzellenten Service und Kundenbegeisterung anstreben, ihr Dienstleistungsangebot kontinuierlich verbessern (Gouthier 2017). Dazu bedarf es einer engen Zusammenarbeit mit den Kunden, aber auch mit weiteren relevanten Anspruchsgruppen.

Die Serviceinnovation selbst kann schrittweise (evolutionär) erfolgen, indem bestehende Verfahren verbessert werden, oder bahnbrechend (disruptiv) sein, indem neue Verfahren entwickelt und eingeführt werden. Auf diese Weise bietet die Dienstleistungsinnovation den Kunden einen besonderen Mehrwert, zum Beispiel durch neue Dienstleistungen und Versprechungen sowie verbesserte Prozesse, die zu einer optimierten Dienstleistungserbringung und neuen Geschäftsmodellen führen.

Dieses Element ist demnach in folgende zwei Unterelemente unterteilt:

1. Innovationskultur: Unternehmen sollten eine Innovationskultur anregen und fördern, die die Entwicklung exzellenter Dienstleistungen aus der Sicht der Kunden und Mitarbeitenden unterstützt. Sie sollte Kreativität, Erfindungsreichtum und Experimentierfreude vorantreiben, um neue Ideen und Verfahren einzuführen.
2. Strukturierter Innovationsprozess: Zudem sollte ein Unternehmen über einen strukturierten Innovationsprozess verfügen, um regelmäßig Innovationen im Bereich Service Excellence einzuführen. Grundsätzlich sollte der Prozess dabei aus den folgenden vier Schritten bestehen: Ideenfindung, Konzeption, Entwicklung und Markteinführung. Diese vier Schritte sind notwendig, um den kontinuierlich großen Fluss von Service-Excellence-Innovationen aus verschiedenen Wertperspektiven (zum Beispiel neue Dienstleistungen, Kerndienstleistungen, Dienstleistungserbringung und ergänzende Dienstleistungen) zu generieren, zu managen und zu kontrollieren.

3.8 Management effizienter und effektiver Prozesse und Organisationsstrukturen im Zusammenhang mit dem Kundenerlebnis

Die zwei letzten Elemente des Service-Excellence-Modells liegen im Vergleich zu den vorherigen Dimensionen und Elementen auf einer eher operationalen Ebene. Das vorletzte Element des Service-Excellence-Modells nach ISO 23592:2021 fordert, dass Unternehmen über angemessene Prozesse, Technologien, Techniken und Organisationsstrukturen verfügen sollten, die es ihnen ermöglichen, bestehende und sich ändernde Bedürfnisse und Erwartungen der Kunden sowie des externen Umfelds zu erfüllen. Dazu sollten Unternehmen Customer Journeys entwickeln, implementieren und managen, die das geplante Kundenerlebniskonzept umsetzen und zu herausragenden Kundenerlebnissen führen. Hierzu bedarf es einer ganzheitlich auf Service Excellence ausgerichteten Dienstleistungswertschöpfungskette, einschließlich Lieferanten und anderer Unternehmen, die die Bedeutung einer herausragenden Kundenorientierung widerspiegeln. Darüber hinaus sollten auch die Bedürfnisse der Mitarbeitenden (zum Beispiel Mitarbeiterfeedback) einbezogen werden. Insgesamt zeigen sich bei diesem Element diverse Anknüpfungspunkte zu den anderen Elementen des Service-Excellence-Modells, sodass eine Gliederung in folgende drei Unterelemente sinnvoll ist:

1. Management von Prozessen im Zusammenhang mit dem Kundenerlebnis: In diesem Unterelement wird gefordert, dass ein Unternehmen seine internen Prozesse und die Prozesse mit Partnern aufeinander abstimmen sollte, um auf Veränderungen der Kundenbedürfnisse, -erwartungen und -wünsche adäquat reagieren zu können.
2. Einsatz von Technologien und Techniken, die sich auf das Kundenerlebnis beziehen: Gerade bei der Dienstleistungserbringung stellen digitale Technologien heutzutage einen zentralen Erfolgsfaktor dar. Entsprechend fordert dieses Unterelement, dass Technologien und Techniken das Unternehmen unterstützen sollten, herausragende Kundenerlebnisse zu generieren. Sie können dem Unternehmen zudem dabei helfen, exzellente Dienstleistungen zu managen und die Mitarbeitenden bei ihrer täglichen Arbeit zu unterstützen.
3. Management von Organisationsstrukturen und Partnerschaften: Ein Unternehmen sollte über eine Struktur verfügen, die flexibel und agil genug ist, insbesondere im Hinblick auf die Bedürfnisse und Anforderungen von Kunden und Mitarbeitenden.

3.9 Überwachung der Aktivitäten und Ergebnisse im Bereich Service Excellence

Das neunte und letzte Element des Service-Excellence-Modells widmet sich der Erfolgsmessung und bildet folglich die Aufgabe eines Service-Excellence-Controllings ab. Soll ein Service-Excellence-Konzept erfolgreich in einem Unternehmen implementiert und nachhaltig umgesetzt werden, so muss ein Unternehmen eine Reihe interner und externer Messgrößen entwickeln und systematisch anwenden, die sich auf alle Elemente des Service-Excellence-Modells konzentrieren. Dabei sollte die oberste Führungsebene diese Messgrößen zur Überwachung, Verbesserung und Innovation in allen Unternehmensbereichen nutzen. Die Messgrößen und ihre Anwendung sollten regelmäßig bewertet und nach Möglichkeit verbessert werden.
Dieses Element ist in vier Unterelemente unterteilt:

1. Kausale Beziehungen: Um die richtigen Stellhebel zur Optimierung der Service-Excellence-Aktivitäten zu identifizieren, sollte ein Unternehmen die wichtigsten Determinanten oder Messgrößen der Elemente der Wirkungskette von Service Excellence und deren Beziehungen verstehen.
2. Verwendung von Leistungsindikatoren: Auf der Grundlage der kausalen Beziehungen sollte ein Unternehmen eine Reihe von geeigneten

Input-, Prozess-, Output- und Outcome-Kennzahlen verwenden, um das Konzept der Service Excellence zu managen und zu optimieren.
3. Einsatz von Messinstrumenten: Ein Unternehmen sollte Messinstrumente auf einer kontinuierlichen und objektiven Basis einsetzen.
4. Einsatz von Metriken auf operativer, taktischer und strategischer Ebene: Metriken sollten dazu eingesetzt werden, die positive Dienstleistungskultur des Unternehmens zu unterstützen und zu fördern, und gute Praktiken zu hervorragenden Praktiken zu entwickeln.

4. Fazit

Mit der ISO 23592:2021 existiert seit Juni 2021 die erste weltweite Norm, die zentrale Begriffe eindeutig definiert sowie die Grundsätze und ein Modell der Service Excellence beschreibt. Damit liegt Unternehmen eine Art „Bauplan" vor, an dem sie sich ausrichten können, wenn sie ein System der Service Excellence umsetzen wollen. Anzumerken ist, dass die Implementierung von Service Excellence als ganzheitlicher Ansatz kein kurzfristig realisierbares Ansinnen im Sinne eines temporären Projektes darstellt, sondern ein längerer Prozess ist – eher ein Marathon als ein Sprint. Und auch nach erfolgreicher Implementierung gilt es, das System der Service Excellence nachhaltig am Laufen zu halten und kontinuierlich zu optimieren.

Rückblickend gesehen, konnte die Arbeit an der Norm ISO 23592:2021 sehr effizient und effektiv vonstattengehen, da das Gremium (ISO/TC 312/WG 1) bereits auf die intensiven Vorarbeiten, die im Rahmen der Erarbeitung der DIN SPEC 77224:2011 und der CEN/TS 16880:2015 getätigt wurden, zurückgreifen konnte. Zusätzlich konnte der Teilnehmerkreis stark erweitert werden, sodass sich insbesondere die asiatischen Staaten, wie zum Beispiel Japan, China und Korea, verstärkt in die Arbeit einbringen. Dies führt dazu, dass es zusätzliche Kapazitäten gibt, weitere Normen und Standards im Themenbereich der Service Excellence zu entwickeln. Einen näheren Ein- und Ausblick liefert der letzte Beitrag dieser Herausgeberschaft, in dem ein Ausblick auf die anstehenden Trends gegeben wird.

Literaturverzeichnis

CEN/TS 16880:2015 (2015): Service Excellence: Schaffung von herausragenden Kundenerlebnissen durch Service Excellence, Brüssel.

DIN SPEC 77224:2011–07 (2011): Erzielung von Kundenbegeisterung durch Service Excellence, Berlin.

Gouthier, M.H.J. (2016): Service Excellence mit System: CEN/TS 16880, in: Gouthier, M.H.J./Kohler, G./Moll, A. (Hrsg.): Management der Kundenbegeisterung – Wie Sie Kunden durch Excellence begeistern, Düsseldorf, S. 81–101.

Gouthier, M.H.J. (Hrsg.) (2017): Service Design: Innovative Services und exzellente Kundenerlebnisse gestalten, Band 3 der Reihe Dienstleistungsmanagement | Dienstleistungsmarketing, Baden-Baden.

Gouthier, M.H.J. (2021): Erfolgsfaktor Servicekultur: Ein Marathon, kein 100-Meter-Lauf, in: Service Today, 35. Jg., Nr. 2, S. 60–63.

ISO 9001:2015 (2015): Quality management systems – Requirements, Genf.

ISO 10002:2018 (2018): Quality management – Customer satisfaction — Guidelines for complaints handling in organizations, Genf.

ISO 23592:2021 (2021): Service excellence – Principles and model, Genf.

ISO/IEC 20000–1:2018 (2018): Information technology – Service management – Part 1: Service management system requirements, Genf.

Johnston, R. (2004): Towards a better understanding of service excellence, in: Managing Service Quality, 14. Jg., Nr. 2/3, S. 129–133.

Johnston, R. (2007): Insights into Service Excellence, in: Gouthier, M.H.J./Coenen, C./Schulze, H.S./Wegmann, C. (Hrsg.): Service Excellence als Impulsgeber, Wiesbaden, S. 17–35.

Service-Excellence-Vision, -Mission und -Strategie

Die strategische Verankerung von Service Excellence bei der WISAG

Michael Moritz

Management Summary

Service Excellence stellt die Kundenperspektive in den Mittelpunkt. Diesen Ansatz hat die WISAG entscheidend erweitert: Wer ein personenbezogenes Geschäft betreibt, muss zunächst gute Beziehungen im eigenen Haus pflegen – denn erst dann ist es möglich, Wertschätzung und Begeisterung der Mitarbeitenden auf den Kunden zu übertragen. Dieser Beitrag erläutert, welche weichen und harten Faktoren für das ganzheitliche Managementkonzept der Service Excellence im Unternehmen WISAG von Bedeutung sind, welche Instrumente zur Operationalisierung zum Einsatz kommen und warum dieses Engagement zu wirtschaftlichem Erfolg führt.

1. *Service Excellence braucht Emotion*

„Wir wollen die Herzen unserer Kunden und unserer Mitarbeiter gewinnen." Wer diese Mission der WISAG zum ersten Mal vernimmt, mag fasziniert sein oder kritische Fragen stellen. Fasziniert, weil allein dieses besondere Ziel eines Unternehmens bereits einen hohen Qualitätsanspruch vermittelt und Kundenorientierung auf Emotionsbasis verspricht. Skeptisch wegen der berechtigten Überlegung: Wie kann ein solch hehres Ziel erreichbar werden, vor allem wenn neben Kunden auch Mitarbeitende einbezogen und zudem eine Qualität erzielt werden soll, die nachhaltig wirkt? Die Erfahrungen des Familienunternehmens WISAG zeigen jedoch, dass die Definition solcher Ziele sinnvoll ist und diese erfolgreich umgesetzt werden können. Denn: Kundenzufriedenheit ist inzwischen zum Standard geworden und damit als „Aushängeschild" für ein Unternehmen kaum noch wirksam. Dagegen bietet die emotionsbasierte Mission der Begeisterung die Möglichkeit, sich als Unternehmen zu profilieren, weiterzuentwickeln und im Wettbewerb von anderen Anbietern abzuheben – vorausgesetzt die Mission ist ernst gemeint, wird gelebt und ist strategisch entsprechend verankert.

Besonders interessant ist dieser Ansatz, wenn Unternehmen in einer Branche wie dem Facility Management (FM) aktiv sind, in der personenbezogene Dienstleistungen im Mittelpunkt stehen – und somit folglich der Mensch als soziales Wesen. Und in einer Zeit, in der ein tiefgreifender

Transformationsprozess Wirtschaft und Gesellschaft in Atem hält. Der Strukturwandel durch digitale Techniken, der Wandel der Arbeitswelt, die Veränderungen durch neue Formen der Kommunikation, der enorme Druck durch die Folgen des Klimawandels lösen multiple Verunsicherungen aus und erfordern deshalb Orientierung und ein nachhaltiges Umdenken. Qualität und Wertedenken rücken seit ein bis zwei Jahren auf verschiedensten Ebenen in den Fokus. Und dazu gehört eben auch die Qualität in sozialen Beziehungen. „Begeistern und Herzen gewinnen" – dieses strategische Serviceziel benötigt Überzeugung und Mut. Im Gegenzug bietet es Zukunftsorientierung und die Chance für ein Unternehmen, sich als starke Arbeitgebermarke positionieren zu können. Die WISAG geht auch hier einen Schritt weiter, indem sie explizit die Mitarbeitenden in das Konzept mit einbezieht. Aus gutem Grund.

Während im Konsumgüterbereich das Produkt das über die Werbung transportierte Werteversprechen einlöst, ist es im Dienstleistungsbereich der Servicemitarbeiter, der die Erwartungen des Kunden erfüllen muss. Die logische Schlussfolgerung daraus: Ist die Beziehung zwischen Unternehmen und Mitarbeitenden oder Kunden nicht nur durch Zufriedenheit geprägt, sondern gar durch Begeisterung, löst dies schlichtweg mehr Wohlgefühl und Freude im Umgang miteinander aus. Es wächst Vertrauen. Die Folge: Die Bindung von Mitarbeitenden und von Kunden an das Unternehmen verstärkt sich, und zwar nachhaltig.

Gerade in schnelllebigen und volatilen Zeiten steigt die Wechselbereitschaft der Kunden. Hier gilt es gegenzusteuern: weg von der kurzfristigen Kundenbeziehung, die allein von Parametern des Einkaufs bestimmt ist, hin zu einer wertschätzenden und lernenden Partnerschaft, die eine konstruktive Fehlerkultur pflegt, die beständig ist und damit auch Planungssicherheit verspricht. Wenn es darum geht, Begeisterung auszulösen und die Herzen von Mitarbeitenden und Kunden zu gewinnen, bietet die ganzheitliche Managementstrategie der Service Excellence einen optimalen Rahmen für die Umsetzung.

Wie ist dieses Ziel konkret zu erreichen? Welche Möglichkeiten der Messbarkeit, der Evaluierung und der Förderung gibt es? Bevor für diese spannenden Fragen der Operationalisierung Lösungsansätze aufgezeigt werden, sei hier etwas provokant vorausgeschickt: Haltung ist bei diesem Prozess wichtiger als Handbuch. Das bedeutet: Die Unternehmenskultur ist es, die in diesem Kontext die Wirkungskraft der Maßnahmen bestimmt.

2. *Der Gründer: Ein Dienstleister par excellence*

Die FM-Branche hat in Deutschland eine enorme volkswirtschaftliche Bedeutung, die noch immer unterschätzt wird. Mit rund 134 Milliarden Euro Bruttowertschöpfung gehört das Facility Management zu den Top 6 der deutschen Wirtschaftszweige und rangiert damit knapp hinter der Automobilindustrie und noch vor dem Maschinenbau (Thomzik 2018). Neben einem fast kontinuierlichen Wachstum zeigt sie auch unter schwierigen Rahmenbedingungen eine hohe Stabilität und Krisenresistenz. Im Branchenranking „Führende Facility-Service-Unternehmen in Deutschland 2021" liegt die WISAG Facility Service Holding mit einem Umsatz von 1.176,9 Millionen Euro im Jahr 2020 auf Platz drei. Das Unternehmen ist mit rund 31.300 Mitarbeitenden der größte Arbeitgeber im deutschen Facility-Service-Markt (Lünendonk 2021).

Kerngeschäft der WISAG Facility Service Holding sind technische und infrastrukturelle Dienstleistungen für Gewerbe-, Infrastruktur- und Wohnimmobilien sowie für Einrichtungen des Gesundheits- und Sozialwesens. Das Portfolio gliedert sich in die Bereiche: Facility Management, Gebäudetechnik, Gebäudereinigung, Sicherheit und Service, Catering, Garten- und Landschaftspflege sowie Consulting und Management.

Seit ihrer Gründung durch Claus Wisser Mitte der 1960er-Jahre boten die verschiedenen Wisser-Unternehmen sämtliche infrastrukturellen und technischen Dienstleistungen für Gebäude an, allerdings getrennt voneinander. Immer öfter gab es auf Kundenseite den Wunsch nach stärker integrierten und gebündelten Services. 1993 wurden alle Einzelunternehmen im Konzern unter dem Dach der WISAG Service Holding zusammengefasst; 1996 wurde der Facility-Management-Bereich aus der Taufe gehoben. Die WISAG hat sich im Laufe der Jahre zu einem der führenden Multi-Dienstleister in Deutschland entwickelt, der heute in die drei eigenständigen Geschäftsbereiche Aviation Service, Facility Service und Industrie Service gegliedert ist.

Ein bestimmender Faktor der WISAG ist Vielfalt. Das Unternehmen beschäftigt Menschen aus mehr als 100 Nationen. Mit eigenständigen Gesellschaften in den einzelnen Sparten und Regionen ist das gesamte Geschäft sehr dezentral aufgestellt. Es gibt unterschiedliche Kundenstrukturen und verschiedene Kundensegmente – im Bereich Facility Service von der Fachklinik bis zum Shoppingcenter, mit jeweils sehr individuellen Anforderungen. Entsprechend umfassend, aber jeweils maßgeschneidert, ist das Leistungsportfolio.

In besonderer Weise geprägt ist das Unternehmen von seiner Gründer-Persönlichkeit Claus Wisser, einem Dienstleistungsprofi par excellence.

Seine Definition von Service, stets mehr zu tun als nötig und dem Kunden herzlich gerne zu Diensten zu sein, begründet nach wie vor den inneren Wertekompass des Unternehmens. Claus Wisser, Gründer und über viele Jahre Vorsitzender der Geschäftsführung der WISAG, etablierte eine Unternehmenskultur, die verspricht: „Wertschätzung führt zu Wertschöpfung." Dahinter steht der Ansatz, dass Mitarbeitende durch das Gefühl der Wertschätzung ihr Leistungsvermögen tatsächlich ausschöpfen können und vor allem den Mut entwickeln, neue Wege zu gehen. Es geht darum, schnell auf Veränderungen zu reagieren und in einem komplexen Umfeld handlungsfähig zu bleiben.

3. *Die Operationalisierung: Beziehung, Beteiligung, Begeisterung*

Die WISAG arbeitet bereits seit vielen Jahren mit wissenschaftlicher Unterstützung an ihrer Strategie der Service Excellence und baut dabei auf drei starke Säulen: Erstens eine Unternehmenskultur mit glaubwürdigen Vorbildern, die auf Kundenzentrierung und konsequente Beziehungspflege setzt. Zweitens Mitarbeitende, die durch ein großes Maß an Engagement und Herzblut – gefördert durch wirkungsvolle Partizipation – für ihr Unternehmen „brennen" und deshalb auch andere begeistern können. Und drittens ein Leistungsangebot, das dem Grundsatz folgt: Was man verspricht, muss man halten und stets mit einem freiwilligen Extra-Schritt garnieren, um das Serviceziel „Herzen gewinnen" erreichen zu können.

3.1 *Unternehmenskultur: Werte und Mission*

Der Markt für Facility Services ist hart umkämpft. Ein scharfes Profil erleichtert es, sich behaupten zu können. Die WISAG hat deshalb vor rund zehn Jahren in einem intensiven Verfahren ein Leitbild erarbeitet. Mehr als 80 Führungskräfte, 2.000 Mitarbeitende, rund 350 Bestands- und über 60 potenzielle Kunden sowie Branchenkenner und Lieferanten wurden dazu befragt. Dazu fanden zahlreiche Mitarbeiterworkshops sowie Markt- und Wettbewerbsanalysen statt. Das Leitbild legt als ein zentrales Ziel fest: Begeisterung von Mitarbeitenden und Kunden, die darin mündet, ihre Herzen zu gewinnen. Der gesamte Leitbild-Prozess und die gewonnenen Erkenntnisse bilden heute die Grundlage für die Strategie und die Umsetzung der Service Excellence.

Neben dem Leitbild sichert ein zuverlässiges Qualitätsmanagement, vor allem nach DIN EN ISO 9001, eine gleichbleibend hohe Produkt- beziehungsweise Dienstleistungsqualität im Unternehmen. Dieser dokumentierte Qualitätsnachweis ist ein wichtiger Baustein, um das Bewusstsein für Kundenorientierung und Qualität bei den Mitarbeitenden fest zu verankern. Die dazugehörigen Prozesse und Grundlagen des Qualitätsmanagements sind bei der WISAG etabliert und gut ausgebaut. Als Wettbewerbsvorteil ist dieses Zertifikat jedoch heute nicht mehr geeignet. Es gilt inzwischen als Standard und stellt deshalb für sich allein kein zukunftsorientiertes Instrument mehr dar.

3.2 Ein Unternehmen strahlt von innen

Es ist eigentlich ganz einfach: Wer jemanden begeistern möchte, muss wissen, wie dies gelingen kann. Man muss ein ehrliches Interesse für die Person gegenüber haben, für ihre Erwartungen und für ihre Vorlieben. Es gilt herauszufinden, wie jemand „tickt", um es salopp zu formulieren. WISAG-Gründer Claus Wisser wusste genau, wen er mit einer Brötchenlieferung am Morgen begeistern konnte. Und dabei ging es nicht in erster Linie darum, das nächste Geschäft zu generieren. Sondern es ging um Beziehungspflege, um ein aufmerksames Miteinander, um ein Wohlgefühl – auf beiden Seiten!

Service Excellence stellt die Kundenperspektive in den Mittelpunkt. Die WISAG hat diesen Ansatz jedoch entscheidend erweitert. Wer ein personenbezogenes Geschäft betreibt, muss im ersten Schritt gute Beziehungen im eigenen Haus, zu den eigenen Mitarbeitenden, aufbauen und pflegen. Nur dann ist es möglich, dass eine Haltung von Wertschätzung und Begeisterung sich in der Arbeit mit und für den Kunden widerspiegelt.

Diese Unternehmenskultur beinhaltet eine Führungsweise, die es vorsieht, mit gutem Beispiel voranzugehen. Glaubwürdige Vorbilder verstärken das Gemeinschaftsgefühl im Unternehmen. Was täglich vorgelebt wird, zeigt anschaulich seine positive Wirkung, überzeugt durch Authentizität und lässt sich deshalb als Verhaltensnorm leichter verstehen und übernehmen.

Zur Unternehmenskultur gehört ebenso ein besonderes Verständnis von Zusammenarbeit mit Kunden und Mitarbeitenden. Die WISAG verfolgt dabei das Ziel, die grundsätzliche Identifikation mit dem Unternehmen zu verstärken. Wesentlicher Erfolgsfaktor ist dabei ein enormer Freiraum für eigenverantwortliches Handeln. Mitarbeitende fühlen sich damit als Teil einer Community und entwickeln ein Gefühl von Stolz für ihren Arbeitgeber. Auf der anderen Seite gilt ebenso: Wer als Kunde an Weiterentwicklungsprozessen des Unternehmens beteiligt wird, fühlt sich gehört, ernst genommen und mit einem gewissen Handlungsspielraum ausgestattet. Damit ist der Boden bereitet für einen gegenseitigen „guten Willen", auch beim Umgang mit Beschwerden, sprich einer respektvollen Fehlerkultur. Im besten Fall ist es möglich, ein partnerschaftliches Verhältnis zwischen Dienstleister und Kunde wachsen zu lassen, welches für beide Seiten Synergieeffekte ermöglicht.

> „Die Unternehmenskultur ist für das Managementkonzept der Service Excellence mindestens so wichtig wie eine Strategie und eine Palette an Instrumenten. Ohne das passende Mindset aller Beschäftigten bleiben die besten Maßnahmen wirkungslos. Das bedeutet: Erst gute interne Beziehungen strahlen nach außen."

Michael Moritz, Geschäftsführer WISAG Facility Service Holding

3.3 Beziehungen: In guten wie in schlechten Zeiten

Ganz gleich ob beim Fußball, in der Ehe, in der Politik, im Freundeskreis, bei Mitarbeitenden oder Kunden: Gute Beziehungen müssen erst wachsen und wollen dann gepflegt werden. Und zwar nicht nur oberflächlich. Sollen sie tragfähig sein – in guten wie in schlechten Zeiten –, ist eine tiefe Verwurzelung anzustreben. Das Investment in eine intensive Beziehungsgestaltung lohnt sich. Wer einmal einen Kunden, sei es durch einen noch so kleinen Auftrag, überzeugen konnte, kann damit rechnen, erneut zum Zug zu kommen und die Zusammenarbeit sukzessive ausbauen zu können. Zwar ist der Aufwand für konsequente und individuelle Maßnahmen zur Kundenbindung hoch, jedoch ist er um ein Vielfaches effektiver als der Aufwand für Neukunden-Akquise. Service Excellence hat das Potenzial, nicht nur die Kundenbindung zu verstärken, sondern Kundenloyalität zu erreichen.

Dies gilt gleichermaßen für die Bindung der Mitarbeitenden. Der Markt für gebäudenahe Dienstleistungen unterliegt einer vergleichsweise hohen Fluktuation. Personalwechsel bedeuten meistens auch Informations- und Reibungsverluste. Umso wichtiger ist es folglich, Mitarbeitende für das Unternehmen zu begeistern und langfristig zu binden. WISAG-Kunden genießen es, vertraute Ansprechpartner zu haben. Beständigkeit schafft eine verlässliche Partnerschaft. Geringe Fluktuation bietet einen weiteren Vorteil: Wer als Facility-Dienstleister heute mit einem überzeugenden Konzept für Mitarbeitergewinnung und -bindung punkten kann, hat im

Markt, der an wachsender Arbeitskräfte- und Fachkräfteknappheit leidet, die Nase vorn.

3.4 Entwicklungssystematik für Service Excellence

Für die Erreichung des Serviceziels „Herzen gewinnen" und stets eine Extrameile für den Kunden zu gehen, hat die WISAG eine eigene Entwicklungssystematik herausgearbeitet. Faktoren der Unternehmenskultur als sogenannte „weiche Faktoren" (kommunizieren, überzeugen, begeistern, Herzen gewinnen) spielen dabei eine mindestens ebenso wichtige Rolle wie operative Faktoren. Beides ist eng miteinander verzahnt, wie sich in der anschließenden Darstellung zeigen wird. Dabei ist vorneweg zu betonen: Geduld ist angesagt. Service Excellence ist kein absoluter Zustand, sondern benötigt dauerhaftes Engagement. Und jeder Schritt zählt, auch der kleinste. Mit Fokussierung ist häufig mehr zu erreichen, als wenn alles auf einmal angepackt werden soll.

3.4.1 Kommunikation stärken durch Weiterbildung

Der Ton macht die Musik, heißt es: Wie, ob und wann miteinander gesprochen wird, hat einen großen Einfluss auf das Ergebnis. Ist es stimmig und gefällt es? Lädt es zur Fortsetzung ein? Kommunikation wird bei der WISAG im Sinne der Service Excellence sehr groß geschrieben. Im umfassenden Weiterbildungsangebot des Unternehmens nimmt das Thema breiten Raum ein. Es finden sich zahlreiche Angebote, die Grundlagen erfolgreicher Kommunikationstechniken vermitteln. Ziel ist es, trotz aller Dezentralität mit einem bundesweit einheitlichen, professionellen Standard zu agieren und die Qualität der Kommunikation kontinuierlich weiterzuentwickeln. Darüber hinaus gibt es viele Weiterbildungsangebote für Mitarbeitende, in denen vermittelt wird, konsequent die Perspektive des Kunden in den Fokus zu stellen.

Das Weiterbildungsangebot zielt insgesamt darauf ab, ein ausgeprägtes Selbstbewusstsein und Selbstvertrauen der Mitarbeitenden zu fördern. Wer bei der WISAG arbeitet, erhält viele Chancen, persönlich weit voranzukommen sowie den nötigen Freiraum, selbst Entscheidungen zu treffen. Die individuelle Qualifizierung hilft dabei, die Motivation der Mitarbeitenden zu steigern und Führungskräfte aus den eigenen Reihen entwickeln zu können.

3.4.2 Wie sich Begeisterung messen lässt

Zufrieden ist ein Kunde dann, wenn die Qualität der ausgeführten Leistungen stimmt; wenn gehalten wird, was versprochen wurde. Begeisterung entsteht zusätzlich, wenn der Kunde Überraschungsmomente erlebt.

Wie können hierbei Wirkung und Erfolg verschiedener Maßnahmen beurteilt werden? Die Kundenbedürfnisse selbst müssen greifbar sein, und es gilt, die Momente der Begeisterung, vor allem an den Kundenkontaktpunkten (engl. Touchpoints), zu ermitteln (siehe auch Abbildung 1). Denn: Kundenerfahrungen, die aktiv und systematisch erfasst werden können, lassen sich evaluieren, verändern – und damit auch verbessern. Immer mit dem Fokus, das Serviceziel „Herzen gewinnen“ zu erreichen.

Die große Herausforderung dabei ist, Gewöhnungseffekte einzukalkulieren. Denn es gilt das Durchhalte-Prinzip: Eine „Einmal-Begeisterung“ prägt noch keine Service Excellence, ein Bonus-Service behält seine Überraschungsqualität nur dann, wenn er nicht zum Standard wird.

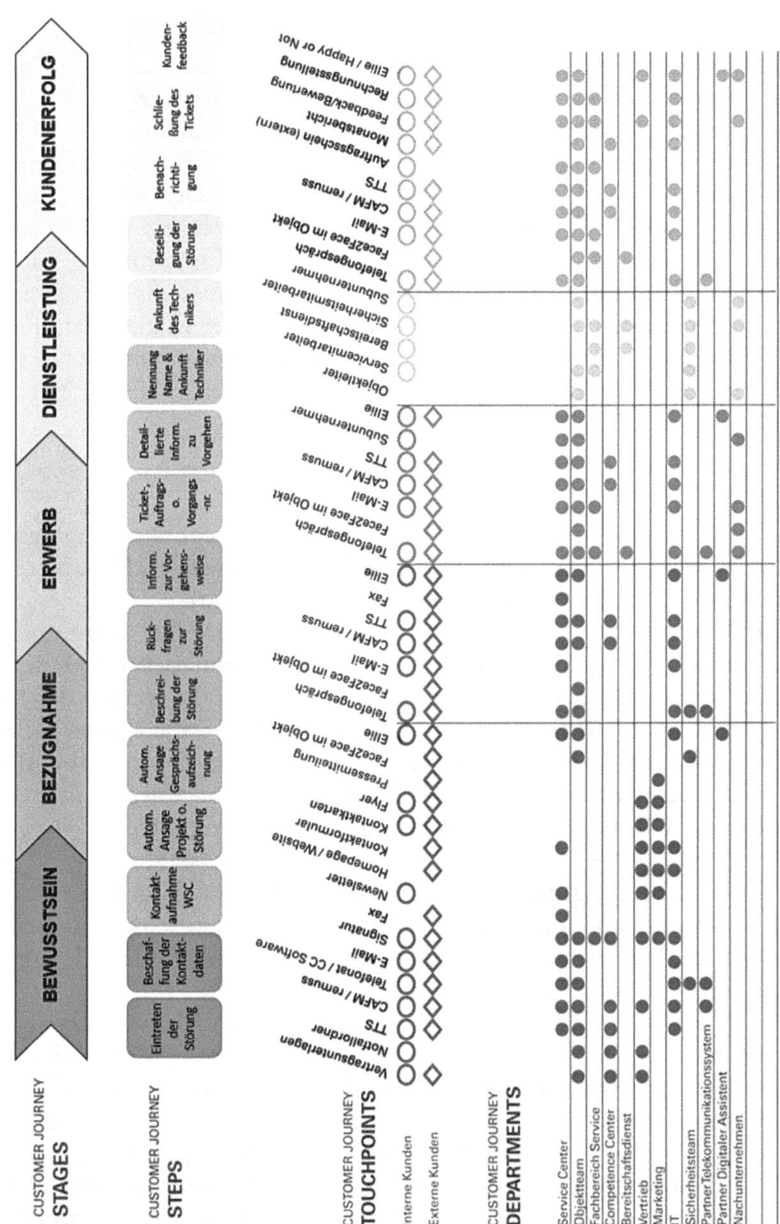

Abb. 1: Touchpointmatrix

Systematisches Feedback

In einem umfassenden Prozess, an dem Mitarbeitende und Kunden beteiligt waren, hat die WISAG verschiedene Werkzeuge entwickelt, um kontinuierlich Rückmeldungen zu erfassen und zu analysieren. Das so entstandene Bewertungssystem dient seitdem als zentrales Instrument zur kontinuierlichen Feedback-Erhebung. Die Vorteile: Der Status quo der verschiedenen Beziehungen im Unternehmen lässt sich systematisch evaluieren. Viel wichtiger jedoch: Über bestimmte Zeiträume hinweg können Veränderungen und damit auch Treiber für eine Entwicklung rechtzeitig identifiziert werden. Als Resultate lassen sich immer wieder Handlungsempfehlungen ableiten, um die angestrebten Ziele zu erreichen. Das Bewertungssystem der WISAG fußt auf zwei Formaten: Befragungen und Begehungen.

Befragungen

Für die Befragungen wurden zielgruppenorientierte Fragenkataloge erstellt, die sich jeweils an Kunden, Führungskräfte sowie an Mitarbeitende richten. Alle Befragungen werden jährlich durchgeführt.

Die Kundenbefragung erfasst, wie die Auftraggeber die Werte und Vision der WISAG wahrnehmen und erleben. Kommt beispielsweise das Engagement im Bereich Nachhaltigkeit an? Konnten die Herzen der Kunden gewonnen werden? Dabei wird auch ermittelt, welche Faktoren einen besonders hohen Einfluss auf die Kundenbegeisterung haben (siehe Abbildung 2). Diese sogenannten „Treiber“ spielen im nächsten Schritt eine entscheidende Rolle für die Ausrichtung von Handlungsfeldern.

Das 360-Grad-Web-Feedback erfasst, wie Führungskräfte der WISAG von ihrem Umfeld wahrgenommen werden und in welchem Maße sie ihre Vorbildfunktion im Rahmen der Unternehmenswerte ausüben. Befragt werden dazu Vorgesetzte, Kollegen und Mitarbeitende, sodass ein umfassendes 360-Grad-Stimmungsbild entsteht.

Das WISAG-Barometer schließlich stellt einmal im Jahr in Form anonymer Befragungen fest, wie die Stimmung der Mitarbeitenden in den einzelnen Gesellschaften ist. Wie groß ist die Begeisterung tatsächlich? Welche Faktoren kristallisieren sich im Rahmen der Jahresbefragung als Treiber für Begeisterung heraus? Und natürlich lässt sich aus den Ergebnissen auch schlussfolgern, ob die aus dem 360-Grad-Web-Feedback abgeleiteten Maßnahmen ihre Ziele erreicht haben. Es besteht also eine Rückkopplung zwischen der Mitarbeiter- und der Führungskräftebefragung.

Die drei genannten Erhebungen bilden als standardisierte Prozesse das Fundament der Qualitätssicherung und -entwicklung bei der WISAG. Der ganzheitliche Ansatz der Service Excellence erfordert es, sämtliche Bereiche des Unternehmens darauf auszurichten, Begeisterung beim Kunden und bei der Mitarbeiterschaft hervorzurufen.

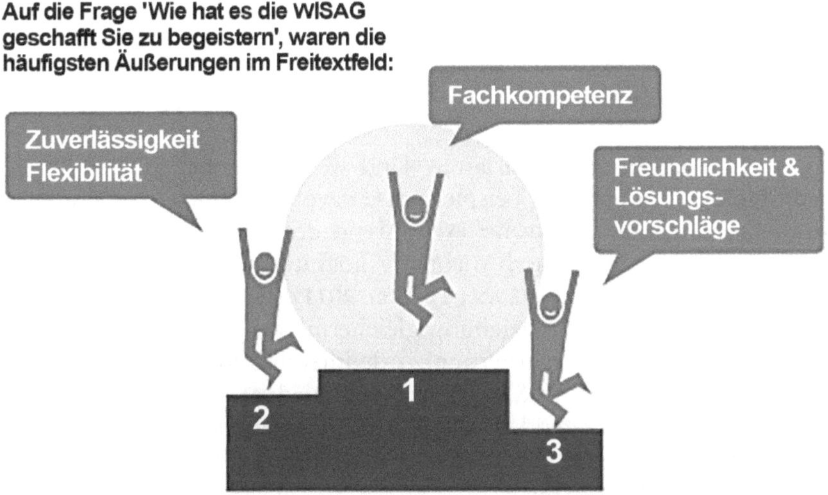

Abb. 2: Zentrale Auslöser der Kundenbegeisterung bei der WISAG

Begehungen

Neben den Befragungen nutzt die WISAG die Möglichkeit, direkt vor Ort Feedback einzuholen und realistische Eindrücke zu gewinnen. Zwei verschiedene Formate werden hierzu genutzt. Beide zielen darauf ab, den Kundenfokus zu erhöhen.

Die Methode der Spot Checks am Kundenkontaktpunkt – unangekündigte Besuche als Instrument der Qualitätskontrolle – ermöglicht der WISAG, die eigenen Leistungen direkt „durch die Kundenbrille" zu beurteilen. Bei einem spontanen Besuch können Qualität und Service der angebotenen Leistungen in einem Objekt quasi „live" am Kundenkontaktpunkt erlebt und bewertet werden. Ziel ist es, Stärken aufzuzeigen und Schwachstellen zu analysieren – ohne dass sich das Team im Vorfeld explizit auf ein „klassisches Audit" vorbereitet hat.

Persönliche Präsenz von Vorgesetzten im Kundenobjekt: Die besondere Vorbildfunktion der Führungskräfte ist ein wesentliches Element der Unternehmenskultur der WISAG. Es gilt als Selbstverständlichkeit, dass Führungskräfte in regelmäßigen Abständen von der WISAG betreute Objekte persönlich besuchen. Bei diesen Treffen kommen einerseits Wertschätzung sowie Respekt für die Leistung der Objektleiter und ihrer Teams vor Ort zum Ausdruck. Andererseits können im persönlichen Austausch sehr effektiv Verbesserungsmöglichkeiten benannt und gemeinsam beraten werden.

3.4.3 Freiheit fördert Wachstum und Begeisterung

Wie kommt Begeisterung zustande? Und welche Treiber gibt es? In der Neurobiologie spricht man beispielsweise davon, dass Gelerntes nur dann wirklich „hängenbleibt“, wenn es während des Lernprozesses unter die Haut geht, wenn der Mensch nicht nur kognitiv, sondern emotional angesprochen wird (Zendesk 2021; Hüther 2011). Dies funktioniert in der Kunden- und Mitarbeiterbeziehung gleichermaßen. Und auch hier ist es möglich, Auslöser für Begeisterung zu definieren und zu nutzen. Umfassende Befragungen der WISAG haben verschiedene Treiber identifiziert, die sowohl auf Mitarbeitenden- als auch auf Kundenseite Begeisterung verstärken können. Der jährliche Befragungsrhythmus garantiert regelmäßige Überprüfung und Anpassung.
Kunden reagieren begeistert auf:

- Eigeninitiative der Mitarbeitenden
- Transparenz im Sinne von Kommunikation
- kontinuierliche Verbesserung der Qualität sowie Arbeitsbegeisterung

Mitarbeitende sind begeistert über:

- regelmäßigen Austausch über Kundenbedürfnisse
- Weiterentwicklungschancen
- Vorgesetzte mit Vorbildfunktion

Begeisterung hilft dabei, dass Potenziale von Menschen sich gut entfalten können, bestätigt die Hirnforschung. Dies gelingt am besten, wenn der Mensch sich Gemeinschaften verbunden fühlt, aber gleichsam die Freiheit verspürt zu wachsen. Hier verfügt die WISAG über ein Alleinstellungsmerkmal unter den FM-Dienstleistern: Sie gibt ihren Mitarbeitenden ausreichenden Gestaltungsspielraum, um vor Ort, nahe am Kunden, entscheiden und agieren zu können. Diese Freiheit fördert bei Mitarbeitenden die Ideenentwicklung. Bei Kunden verstärkt sich die Gewissheit, dass sie grundsätzlich Wahlmöglichkeiten in der Zusammenarbeit haben und so direkt Einfluss nehmen können.

3.4.4 Herzen gewinnen: Überraschungen hinterlassen bleibenden Eindruck

Der Mensch ist ein Gewohnheitstier. Es ist nicht leicht, festgefahrene Prozesse, Arbeitsschritte oder auch Denkmuster aufzubrechen. Wer aber neue Ideen generieren will, um eine gute Zusammenarbeit mit Kunden und Mitarbeitenden weiterzuentwickeln und insbesondere Aha-Erlebnisse zu gestalten, braucht ein kreatives Verfahren.

Service Design und Design Thinking sind etablierte Konzepte, die spannende und praxisnahe Ergebnisse durch strukturiertes Neudenken hervorbringen. Dabei kommen schon einmal Legofiguren zum Einsatz, um die Bandbreite der kreativen Prozesse zu verdeutlichen. Die WISAG setzt diese Konzepte ein, um Ideen mit Überraschungspotenzial und Maßnahmen mit hohem Mehrwert für ihre Kunden zu entwickeln.

Alleine das aktive Einbinden der Mitarbeitenden in die Erarbeitung von Ideen führt schon zu positiven Effekten – schließlich erleben sie in ihrer täglichen Arbeit die Kundenkontaktpunkte hautnah und können dadurch Kundenbedürfnisse am besten antizipieren. Und die entwickelten Ideen können klein sein und dennoch große Wirkung entfalten.

Beispiele:

Ein einfaches Hinweisschild

Eine Störung erkennen und sich zügig um eine gute Lösung bemühen, ist ein wesentliches Kriterium für einen zufriedenen Kunden. Ein besonderes Hinweisschild direkt am Kontaktpunkt der Störung, das signalisiert, wir haben den Missstand erkannt und kümmern uns bereits darum (zum Beispiel „Defekt entdeckt, Ersatz bereits bestellt"), vermittelt schnell und vor allem sichtbar, dass das WISAG-Team bereits in Aktion ist. Eine unglaublich einfache Möglichkeit, um Transparenz zu erhöhen und dem Kunden ein gutes, sicheres Gefühl zu vermitteln – ihn zu begeistern.

Der Vorschlaghammer

Für das betriebliche Vorschlagswesen im Bereich Facility Management der WISAG wurde gemeinsam das Konzept „Der Vorschlaghammer" entwickelt (siehe Abbildung 3). Und ja, eine originelle Bezeichnung ist von großer Bedeutung, weil durch sie bereits ein emotionaler Bezug gefördert wird. Mit dem goldenen Vorschlaghammer zeichnet die WISAG die Region aus, von der die meisten guten Ideen in einem Jahr eingingen. Zusätzlich werden die Top 3 der Ideen – also die „Hammer-Ideen" – in einem

Jahr prämiert. Die eingereichten Ideen kommen aus verschiedensten Bereichen wie Arbeitsschutz, Kundenzufriedenheit, Prozesse, Mitarbeiterzufriedenheit et cetera. Eine Jury aus Mitarbeitenden und Geschäftsführung bewertet die Vorschläge zum Beispiel nach Potenzial, Umsetzung, quantitativem und qualitativem Nutzen. Sachprämien runden dieses Konzept ab.

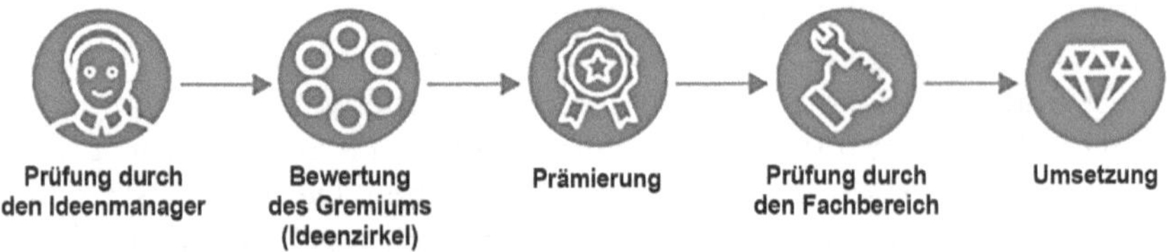

Abb. 3: „Der Vorschlaghammer"

Der Energy Award

Die Auszeichnung Energy Award ermöglicht es der WISAG, die hohe Kompetenz ihrer Fachmitarbeiter im Bereich Energiemanagement noch stärker zum Vorteil der Kunden einzusetzen. Mit dem Energy Award werden regelmäßig Ideen zur Energieeinsparung ausgezeichnet und intern veröffentlicht, um sie im Rahmen „Best Practice" auch zu multiplizieren. Die breite Anerkennung neuer Ideen spornt zu weiteren Verbesserungen an. So kann es gemeinschaftlich gelingen, dem Kunden dauerhaft Leistungen on Top anzubieten, die ihm einen nachweislichen Mehrwert verschaffen.

ELLIE – beschleunigte Reaktionszeit per Chatbot

Gerade an den unmittelbaren Schnittstellen zum Kunden ist eine transparente und lösungsorientierte Kommunikation das A und O. Ein direkter Draht zum richtigen Ansprechpartner, so lautet das Ziel. Damit ist gesichert, dass der Kunde sich mit seinen Fragen, Ideen oder auch mit Kritik gut aufgehoben fühlt.

Der digitale Wandel verändert die Kommunikation. Allumfassende Konnektivität, gesteigerte Kommunikations- und Interaktionsmöglichkeiten führen zu einer steigenden Erwartungshaltung (Zendesk 2021). Waren es vor zwei Jahren noch rund drei Stunden, die für eine Response als schnell und servicestark galten, wird heute teilweise bereits eine erste Reaktion in Echtzeit erwartet. Für die Erlangung von Service Excellence liegt damit die Messlatte auch im Gebäudemanagement sehr hoch. Kunden erwarten zunehmend, mit Dienstleistern ähnlich zu kommunizieren wie im gewohnten Umfeld: sehr direkt, mobil und interaktiv.

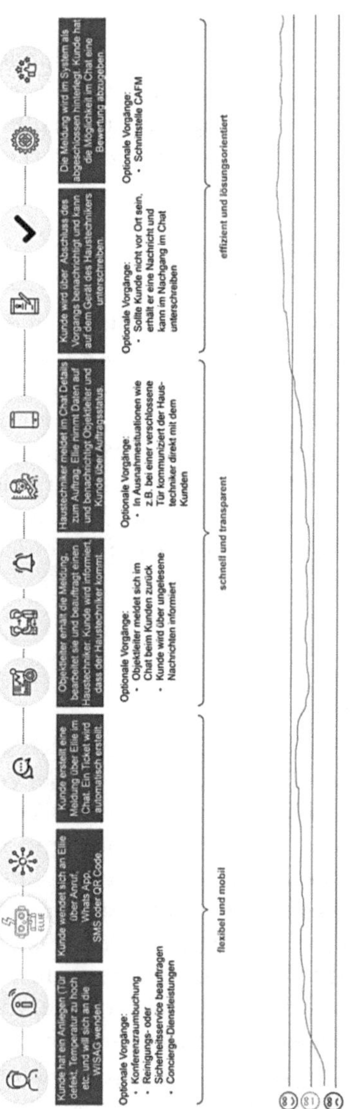

Abb. 4: Customer Journey ELLIE

Die WISAG hat diese Erwartungshaltung aufgenommen und als erster Dienstleister im Facility Management einen Chatbot aktiv in Einsatz gebracht, um die Reaktionszeit zu beschleunigen (siehe Abbildung 4): ELLIE ist in der Lage, unmittelbar auf Kundenanfragen mittels Chat zu reagieren. Das System ist mobil erreichbar, nimmt Meldungen auf oder Anfragen nach Zusatz-Services entgegen, kategorisiert Anliegen und gibt Kunden direkt Feedback. WISAG-Kunden reagieren auf ELLIE sehr positiv, loben die verstärkte Transparenz und die erhöhte Erreichbarkeit des Unternehmens.

3.4.5 Veränderung ist das neue Normal

Routine bedeutet das Ende jeglicher Kreativität und vor allem von Begeisterung. Das Managementkonzept der Service Excellence lebt deshalb von wiederholter Neujustierung. Auch deshalb, weil generelle Rahmenbedingungen sowie Anforderungen der Kunden sich immer wieder verändern. Sowohl die eigenen Ansätze als auch die Erwartungshaltung und Wünsche der Kunden und Mitarbeitenden bedürfen daher einer ständigen Überprüfung, genauso wie die Maßnahmen. Und damit wird auch deutlich: Eine hohe Bereitschaft zur Veränderung ist ein wesentlicher Erfolgsfaktor für Service Excellence.

4. Fazit

Das ambitionierte Serviceziel „Herzen gewinnen“ ist erstens erreichbar und bietet einem Unternehmen zweitens große Vorteile – vor allem in der personalintensiven Facility-Service-Branche. Maßgeblich ist dabei eine Unternehmenskultur, die auf Wertschätzung und Beziehungspflege setzt und die die Kundenperspektive in den Mittelpunkt stellt. Die WISAG geht hierbei einen Schritt weiter und stellt fest: Nur Mitarbeitende, die sich durch Beteiligung und individuelle Qualifizierung in einem Unternehmen wohlfühlen und die über den nötigen Freiraum für selbstbewusste Entscheidungen vor Ort verfügen, sind in der Lage und willens, Kunden zu begeistern. Ohne das passende Mindset der Mitarbeitenden bleiben viele Maßnahmen wirkungslos. Kurzum: Ein Unternehmen strahlt von innen heraus. Diese besondere Ausstrahlung ermöglicht es, sich in einem hart umkämpften Markt als starke Arbeitgebermarke zu profilieren und gegenüber Wettbewerbern positiv abzusetzen.

Das ganzheitliche Managementkonzept Service Excellence bietet so gesehen beste Rahmenbedingungen für die Entwicklung einer Haltung und passender Instrumente für Kunden- und Mitarbeiterbegeisterung sowie die nachhaltige Implementierung im Unternehmen. Daraus folgt: Das Konzept hat das Potenzial, wirtschaftlichen Erfolg zu sichern und in unruhigen Zeiten Orientierung zu bieten.

An dieser Stelle ein herzliches Dankeschön an Nadine Speicher, Leiterin Qualität, Service- und Prozessmanagement bei der WISAG Gebäudetechnik Holding, die mit ihrem Engagement und Fachwissen umfangreichen Input zu diesem Artikel beigetragen hat.

Literaturverzeichnis

Hüther, G. (2011): Neurobiologe: Was wir sind und was wir sein könnten, S. Fischer-Verlag.

Lünendonk® (2021): Studie zum deutschen Facility-Service-Markt der Lünendonk & Hossenfelder GmbH, Mindelheim.

Thomzik, M. (2018): Branchenreport Facility Management 2018. Die volkswirtschaftliche Bedeutung der Facility-Management-Branche, Institut für angewandte Innovationsforschung (IAI) e.V. an der Ruhr-Universität Bochum, Deutscher Verband für Facility Management (GEFMA) e.V., Bochum.

Zendesk (2021): Zendesk Trends Report: https://www.zendesk.de/customer-experience-trends/, aufgerufen am 07.07.2021.

Weitergehende Informationen:

Communications Trend Radar (2021): Akademische Gesellschaft für Unternehmensführung und Kommunikation AGUK Leipzig, https://www.akademische-gesellschaft.com/forschung/forschungsprojekte/communications-trend-radar/, aufgerufen am 07.07.2021.

Hempel, R. (2013): Das Service-Ziel Herzen gewinnen – Nur begeisterte Mitarbeiter können Kunden begeistern, in: Hossenfelder, J./Lünendonk, T. (Hrsg.): Handbuch Facility Management 2013. 65 führende Partner für Ihr Unternehmen, Freiburg/München.

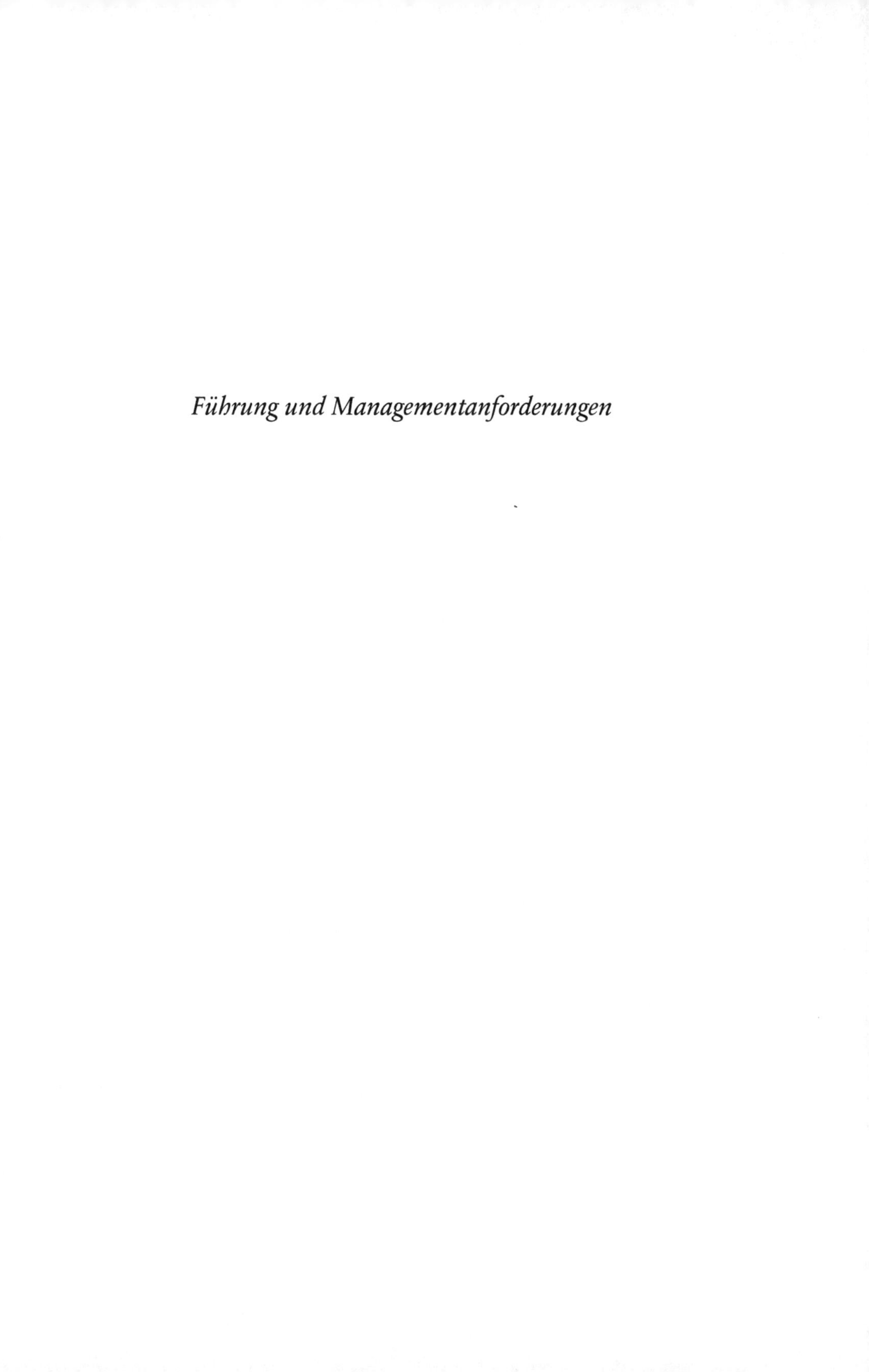

Führung und Managementanforderungen

Service Excellence (vor)leben – Ein Erfolgsgeheimnis der TeamBank AG

Christian Polenz, Sabine Börnsen

Management Summary

Service Excellence kann man einem Unternehmen nicht einfach verordnen. Sie ist wie eine Pflanze, die gehegt und gepflegt werden will, die Zeit zum Wachsen braucht und nur mit dem richtigen Werkzeug und der richtigen Pflege reift. Sprich, der Service-Excellence-Gedanke muss in die DNA eines Unternehmens übergehen, um nachhaltig seine Wirkung zu entfalten. Dieser Artikel beleuchtet am Beispiel der TeamBank AG einen solchen Weg. Er gibt konkrete Beispiele sowohl für die Herangehensweise als auch für die Wirkungsweise von Service Excellence.

1. Relevanz von Service Excellence in der Finanzbranche und für die TeamBank AG

Digitalisierung als Treiber der Branchenveränderung – Industriegrenzen brechen auf

Unsere Welt wird digitaler. In allen Lebenslagen. Das geht von der smarten Steuerung unseres Kühlschranks oder unserer Einkaufslisten, über unser Kauf- und Reiseverhalten bis hin zum digitalen Impfpass. Durch Corona wurde der Trend sogar zusätzlich verstärkt. Viele technische Angebote werden mittlerweile als alltäglich von vielen Menschen wahrgenommen, die vor Corona für sie nicht in Frage kamen.

Dieser Trend macht auch vor der Finanzbranche – und besonders der Kreditbranche – nicht halt. Kontaktloses Bezahlen per Smartphone, Ratenkauf im Internet oder die voll digitale und dennoch persönliche Beratung in der Bank vor Ort beziehungsweise per Video sind hier nur einige Beispiele. Viele dieser Innovationen haben ihren Ursprung jedoch außerhalb der Branche. Das positiv Erlebte (Convenience) wird zur generellen Erwartungshaltung der Kundinnen und Kunden – über alle Branchen hinweg.

„Banking is necessary, Banks are not"

„Banking is necessary, Banks are not" – so lautet ein Zitat von Bill Gates bereits aus dem Jahre 1994. Neue Wettbewerber, wie Technologiekonzerne oder Fin Techs, setzen genau das mehr und mehr in die Tat um und bieten einzelne Bankservices direkt an der Kundenschnittstelle für Kundinnen und Kunden an. Insbesondere Unternehmen mit großer Kundenreichweite gepaart mit digitalen Geschäftsmodellen, wie Amazon, Google oder Apple, sind exemplarisch zu nennen. Amazon stellt zum Beispiel seinen Kundinnen und Kunden neben seinem klassischen Marktplatz umfangreiche Dienste wie Amazon Prime, Video, Music, Audible und eigene Amazon-Payment-Leistungen erfolgreich zur Verfügung. Dadurch entsteht für traditionelle Banken eine weitere Wettbewerbssituation, die sie zunehmend fordert, ein ähnlich intensives Verhältnis zu ihren Kundinnen und Kunden herzustellen.

Doch was kann eine Antwort auf diesen systemischen Umbruch sein? Wie können sich etablierte Banken auch in Zukunft im Wettbewerb erfolgreich behaupten? Fakt ist, der Wandel ist nicht aufzuhalten, sondern sollte als Chance begriffen werden.

Kundenbegeisterung als Differenzierungsmerkmal

Die Basis sowohl für virtuelle als auch für nicht-virtuelle Kundenbeziehungen ist Vertrauen. Die Möglichkeit, das Vertrauensverhältnis der letzten Jahre auch in die Online-Welt zu transferieren und erlebbar zu machen, ist einer der entscheidenden Ansatzpunkte für Banken. Wenn sie es dann zusätzlich schaffen, sich durch dauerhaft herausragende Serviceerlebnisse, gerade auch in herausfordernden Situationen für Kundinnen und Kunden, abzuheben, so haben sie eine echte Chance, auch in der Zukunft erfolgreich zu bleiben.

Gerade bei „virtuellen“ Gütern und Dienstleistungen wie Services, Krediten oder Strom ist es wichtig, ein für die Kundinnen und Kunden relevantes Differenzierungsmerkmal zu haben, um sie nicht nur zu gewinnen, sondern auch langfristig zu binden. Dies kann vor allem erlebbarer exzellenter Service sein, der dem Kunden und der Kundin einen spürbaren Mehrwert bringt und den diese bei anderen Anbietern in der Form so nicht erhalten. Kundinnen und Kunden wollen mit ihren Anliegen ernst genommen und auf Augenhöhe – nicht als Bittsteller – behandelt werden. Insbesondere in der anonymeren digitalen Welt haben etablierte Unternehmen die Chance und Herausforderung gleichermaßen, die persönliche Kundenbeziehung und die Kundenbegeisterung zu transferieren und zu erhalten – im Falle der TeamBank AG gepaart mit den Werten der Genossenschaftlichen FinanzGruppe (Bundesverband der Deutschen Volksbanken und Raiffeisenbanken o.J.).

Mitarbeitende dieser Unternehmen spielen für diese Form der Differenzierung eine elementare Rolle. Dabei stellen die Unternehmenskultur und die Haltung aller, konsequent von der Kundin beziehungsweise dem Kunden her zu denken, eine notwendige Grundvoraussetzung dar. Dies bedeutet eine durchgängige Ausrichtung zu Service Excellence auf allen Ebenen – vom Auszubildenden hin bis zum Vorstand.

2. *Die TeamBank AG – das Kompetenzzentrum für modernes Liquiditätsmanagement in der Genossenschaftlichen FinanzGruppe*

Die TeamBank AG ist mit dem Ratenkredit easyCredit in Deutschland beziehungsweise dem faire Credit in Österreich und dem medienbruchfreien Bezahlverfahren ratenkauf by easyCredit das Kompetenzzentrum für modernes Liquiditätsmanagement der Genossenschaftsbanken. Die Wurzeln der heutigen TeamBank AG reichen bis ins Jahr 1950 zurück. Seit dem Jahr 2003 ist das Finanzinstitut ein Tochterunternehmen der DZ BANK AG und somit Teil der Genossenschaftlichen FinanzGruppe Volksbanken Raiffeisenbanken. Bei allen Produktvarianten kann die Kundin oder der Kunde ganz nach ihren beziehungsweise seinen individuellen Vorlieben das Beratungsangebot in den genossenschaftlichen Banken, per Telefon, per App, per Videochat oder online in Anspruch nehmen. Diese Vernetzung innovativer Produkte und Services bietet Kundinnen und Kunden vollständig digitale Lösungen und damit überall und zu jeder Zeit Zugang zu Liquidität. Die Produkte der TeamBank AG sind bei über neun von zehn der Genossenschaftsbanken in Deutschland und bei mehr als einem Drittel der Genossenschaftsbanken in Österreich erhältlich (TeamBank AG 2021).

3. *Service Excellence – „stand alone" oder integraler Bestandteil der Gesamtstrategie?*

Managementphilosophie oder Modeschlagwort – Die Vision zum Leben erwecken

Eine kundenzentrierte Haltung, welche sich in der Kultur manifestiert, entsteht jedoch nicht über Nacht. Auch ist es nicht ausreichend, sich Kundenorientierung auf die „Fahne" zu schreiben und lediglich kurz und mittelfristig darauf abzuzielen. Das nachhaltige kundenorientierte Wirken eines Unternehmens hängt maßgeblich davon ab, ob sich die Haltung durchgehend von der Vision und Mission über die Geschäftsstrategie bis hin zu der Steuerungslogik wiederfindet.

Bei der TeamBank AG sind die Kundin und der Kunde Kern der Vision. Sie beschreibt das gemeinsame Bild über die angestrebte Zukunft. Ambitioniert, aber auch realistisch gibt sie als klar formuliertes Ziel nach innen Orientierung und wirkt handlungsleitend – „Zum unbeschwerten Leben unserer Kundinnen und Kunden beizutragen". Die Mission zeigt ergänzend zur Vision auf, wofür die TeamBank AG steht, und gibt Antwort auf die Frage: „Was würde der Welt fehlen, wenn es unser Unternehmen nicht gäbe?" Sie lautet: „Mit zukunftsfähiger Technologie und einem herausragenden Team begeistern wir unsere Kundinnen und Kunden …" (TeamBank AG 2021)

Durch die gleichzeitige Verankerung in der Strategie bis hin zur Operationalisierung wird der Servicegedanke auch bei Funktionen, die zum Beispiel nicht im direkten Kundenkontakt stehen, mitbetrachtet. Dies ist ein jahrelanger und kontinuierlicher Prozess, die stringente Ausrichtung am Kunden und den Kundinnen konsequent zu integrieren – von der Produktentwicklung, über Beratungs- und Verkaufsaktivitäten bis hin zu den After-Sales-Services. Und ein Prozess, der auf allen Unternehmensebenen ernst genommen und (vor)gelebt werden muss. Er ist folglich ein essentieller Bestandteil der Managementphilosophie – nur so überträgt es sich in die Kultur eines Unternehmens und wird Bestandteil der DNA.

Nicht nur im Denken, sondern vor allem im täglichen Handeln eines Unternehmens muss sich der Wille zu Service Excellence wiederfinden. Somit wird es ein Managementprozess, der eine Verzielung, Messung sowie einen kontinuierlichen Feedback- und Verbesserungsprozess erfordert. Hierbei sind neben Kennzahlen wie dem Net Promoter Score, auch externe Audits, wie beispielsweise die Service-Excellence-Zertifizierung nach dem DIN-Standard (DIN SPEC 77224:2011) oder perspektivisch der ISO-Norm (ISO 23592:2021), hilfreiche Instrumente. Durch die neutrale Bewertung und Standortbestimmung erhält das Unternehmen Impulse und hinterfragt immer wieder das eigene Denken und Handeln, stellt Abläufe auf den Prüfstand und verändert diese im Sinne der Kundinnen und der Kunden.

Ob dies langfristig erfolgreich gelingt, beurteilt nicht das Unternehmen selbst, sondern der Markt, sprich die Kundinnen und Kunden – dies gilt auch für die TeamBank AG.

4. Mindset und Kultur – Kundenbegeisterung als Spiegel der Firmen-DNA

Genossenschaftliches Werteverständnis als Basis des unternehmerischen Handelns

Neben der Vision, der Mission und der Unternehmensstrategie sind die Werte eines Unternehmens der vierte wichtige Bestandteil zur konsequenten Kunden-/Kundinnen- und Service-Excellence-Orientierung.

Die Unternehmenskultur der TeamBank AG ist fest in den genossenschaftlichen Wertekanon eingebettet. Als Mitglied der Genossenschaftlichen FinanzGruppe Volksbanken Raiffeisenbanken verpflichtet sich die TeamBank AG den genossenschaftlichen Werten wie Solidarität, Fairness, Partnerschaftlichkeit und Förderung der Mitglieder und Kundinnen und Kunden (Bundesverband der Deutschen Volksbanken und Raiffeisenbanken o.J.). Dieses Mindset, welches auf die nachhaltige Förderung seiner Mitglieder ausgerichtet ist, prägt den Gedanken von Service Excellence. Es schafft Freiräume, um in eine hohe Servicequalität und Kundenorientierung zu investieren. Der übergeordnete Grundgedanke dabei ist, dass dauerhafte Kundenbegeisterung zu nachhaltigem wirtschaftlichem Erfolg führt.

Der „ehrbare Kaufmann" – Übersetzung der genossenschaftlichen Werte für die TeamBank AG

Werte schaffen Werte – für die TeamBank AG ist der „ehrbare Kaufmann" das abgeleitete Leitbild für nachhaltige und sozial verantwortliche Unternehmenspolitik. Daran richtet sich das Handeln der Bank aus – Tag für Tag. „Wir sind fair, wir machen es einfach, wir sind persönlich und wertschätzend und wir sind ein Team", heißt es bei der TeamBank AG und symbolisiert die gelebte Unternehmenskultur, welche die Bank bereits seit vielen Jahren als attraktive und mehrfach prämierte Arbeitgeberin auszeichnet. Besonders die Grundgedanken der Fairness und Partnerschaftlichkeit bilden die Grundlage für die hohe Kundenorientierung – mit dem wertschätzenden Umgang und einfachen Lösungen im Sinne der Kundinnen und Kunden (Bundesverband der Deutschen Volksbanken und Raiffeisenbanken o.J.).

Lernkultur und Learning Journeys – von den Besten lernen

Allerdings ist es noch nicht ausreichend zu wissen, was man erreichen will. Vielmehr ist tagtäglich die Frage nach dem „Wie" zu beantworten. Und was eignet sich dafür besser als beim „Wie" von den Besten zu lernen und für das eigene Handeln zu übersetzen beziehungsweise zu adaptieren?

Seit einigen Jahren gibt es aus diesem Grund jährliche Learning Journeys sowohl für das Management als auch für die Mitarbeitenden. Besucht werden Unternehmen vor allem außerhalb der Finanzbranche, die durch herausragende Leistungen wie der Unternehmenskultur oder der Kundenbegeisterung hervorstechen. Beispielhaft sei die Learning Journey bei Zappos genannt, ein amerikanischer Onlinehändler spezialisiert auf Mode mit einer einzigartigen Unternehmenskultur nach den Prinzipien von Holocracy und vor allem einem der höchsten Net Promoter Scores weltweit. Dort werden Kundinnen und Kunden sogar dabei unterstützt, Waren, die das Unternehmen selbst nicht führt, bei anderen Unternehmen zu erwerben – Kundenbegeisterung ist das oberste Ziel. Dies führt zu WOW-Momenten bei ihren Kundinnen und Kunden, die diese Unterstützung nicht erwartet haben. Übersetzt hat die TeamBank AG beispielsweise das Erlebte in sogenannten „WOW-Karten". Diese nutzen die Mitarbeitenden im Kundenservice eigenverantwortlich, um im Nachgang zu einem Telefonat personalisierte, handgeschriebene Karten zuzusenden. Denn jeder Kundenkontakt hat einen Anlass, wie zum Beispiel Namensänderungen zur Hochzeit oder auch finanzielle Herausforderungen aufgrund von Krankheiten. Und hier nicht nur den Bearbeitungsvorfall zu sehen, sondern auch den Menschen dahinter, und dieses durch eine handgeschriebene persönliche Karte im Nachgang des Gespräches zu zeigen, überrascht viele Kundinnen und Kunden und löst durchweg positive Reaktionen aus.

Mitarbeitende – Das Team macht den Unterschied

Die wesentliche Erkenntnis der Learning Journeys ist so trivial wie herausfordernd: die Kultur, das Mindset und das Verhalten der Mitarbeitenden machen gute Unternehmen zu herausragenden.

Wie sieht das bei der TeamBank AG aus? Die Teamorientierung ist nicht nur aufgrund des Namens „TeamBank" Teil der DNA des Unternehmens. Sie bietet ihren Mitarbeitenden viel Gestaltungsspielraum, um in einem modernen Umfeld eigenverantwortlich zu handeln. Die Kolleginnen und Kollegen sind unternehmerische Mitgestalter in einem herausragenden Team. Deshalb bieten sich viele Möglichkeiten, individuelle Schwerpunkte zu setzen und sich in neuen Arbeitsbereichen zu professionalisieren. Dank flacher Hierarchien und schneller Entscheidungsprozesse kann sich jede Mitarbeiterin und jeder Mitarbeiter jederzeit bei Projekten eigenverantwortlich einbringen und diese vorantreiben.

Die offene und dynamische Unternehmenskultur ermöglicht professionelle Nähe und eine einfachere Kommunikation. Dabei steht die fachliche Expertise der Mitarbeitenden im Mittelpunkt und das „Du“ prägt den Umgang miteinander. Im Rahmen des zweimal pro Jahr stattfindenden TeamBarCamps können Mitarbeitende Themen, an denen sie arbeiten oder arbeiten wollen, einbringen. Die Mitarbeitenden entscheiden per Voting gemeinsam darüber, welche Themen sie für relevant halten und welche vorgetragen werden sollen. So kam es zum Beispiel auch vor, dass eine Mitarbeiterin aus dem Vertriebsmanagement einen Vortrag zum Thema „Glück“ halten konnte. Interaktive Formate, wie beispielsweise Fishbowl-Sessions, ermutigen zudem, Fragen und Ideen direkt auch an die Teams, genau wie an Vorstand und Management, zu adressieren – nicht zwangsläufig etwas, was man bei einer Mitarbeiterveranstaltung einer Bank erwarten würde.

Die Teamorientierung spiegelt sich auch in dem einen gemeinsamen Unternehmensziel wider. Anstelle von individuellen Zielen werden alle TeamBankerinnen und TeamBanker an denselben drei gleichwertigen Komponenten gemessen – der ersten Wahl, dem Bestand sowie dem Ergebnis vor Steuern. Und in der Kennzahl „Erste Wahl“ findet sich vor allem die Entwicklung der Kundenzufriedenheit mit dem Net Promoter Score wieder, der monatlich über den gesamten Kundenprozess gemessen und für alle transparent gemacht wird. So wird auch das Handeln eines internen Revisors, eines IT-Softwareentwicklers oder eines Vorstandsmitglieds an der Kundenbegeisterung gemessen und die gewollte nachhaltige Orientierung für Service Excellence unterstrichen.

5. Und jetzt konkret: Wie sieht die Übersetzung aus?

Wirkung der Service-Excellence-Orientierung nach innen – Werte (vor)leben

Die positive Wirkung der Service-Excellence-Orientierung lässt sich auf Seiten der Mitarbeitenden auch nachhaltig beobachten und messen. Die Mitarbeiterzufriedenheit wie auch der Engagement-Index, der jedes Jahr erhoben wird, spiegeln die interne Begeisterung des Teams sowie das Commitment zu dem, was wir tagtäglich tun, wider.

Um immer wieder neue Impulse in die Arbeit zu integrieren, werden neben den bereits vorgestellten Themen, wie dem TeamBarCamp oder der Duz-Kultur, klassische Unternehmensinstrumente explizit hinterfragt, überarbeitet und verändert. So gibt es, untypisch für eine Bank, den

„No Dresscode" in der Zentrale. Oder es wurde die Reisekostenrichtlinie ersatzlos gestrichen. Hier ist das Handeln nach dem Motto „Wir reisen angemessen" als Eigenverantwortung und ganz im Sinne des positiven Menschenbildes an die Mitarbeitenden übergegangen. Und dieses Vertrauen als Unternehmen zu geben, ist keine Selbstverständlichkeit. Natürlich gab es Vorbehalte und Unsicherheiten, die Umstellung zu realisieren. Loszulassen, und Kontrolle abzugeben, ist kein einfacher Schritt. Umso mehr erfreut es, dass sich rückblickend die Reisekosten nicht erhöht, sondern sogar leicht reduziert haben (vor der Corona-Krise). Der verantwortungsvolle Umgang ist klar zu erkennen und stellt die Basis für weitere Übertragung von Verantwortungen dar.

Die Kundenbrille nicht nur aufsetzen, sondern mit den Augen der Kundinnen und Kunden sehen

Um die Kundenperspektive immer wieder aktiv einzunehmen, werden auch bei der TeamBank AG immer häufiger Design-Thinking-Methoden und -Prinzipien angewandt, um Kundinnen und Kunden aktiv in Neuentwicklungen einzubinden. Neben klassischen Konzepten wie der Kundenbefragung gibt es Kundenkonferenzen, bei denen echte Kundinnen und Kunden regelmäßig in die Ideenentwicklung und Feedbacks eingebunden werden. Oder auch Formate, bei denen Mitarbeitende explizit an selbst ausgesuchten Themenstellungen Lösungsideen erarbeiten und ihre Erfahrungen und Erlebnisse beispielsweise auf dem TeamBarCamp teilen und in den Arbeitsalltag integrieren. Fest etabliert in den Projekten haben sich unter anderem auch sogenannte „Family & Friends-Phasen", Sounding-Boards von Partnern und Banken und vieles mehr. Jedes Feedback und jede Erfahrung, die man hierbei erhält, sind ein Geschenk, gerade auch die kritischen.

Übersetzen der Philosophie „unbeschwert" in das Denken und Handeln des Kunden- und Partnerservices

Ein konkretes Beispiel, um das kundenorientierte Mindset tatsächlich auch zum Leben zu erwecken, war die Initiative im Kunden- und Partnerservicecenter „Ein Kontakt – die Lösung" sowie „100+1". Vor circa vier Jahren haben die Mitarbeitenden begonnen sich zu überlegen, wie sie die Vision „unbeschwert" für die Kundinnen und Kunden erlebbar machen können. Vorausgegangen sind dem einige Learning Journeys. Diese, gepaart mit eigenen Kundenerlebnissen der Mitarbeitenden, bildeten den Startpunkt. Kern der Frage war: „Was ist der wirkliche Anspruch der Kundinnen und

Kunden, wenn sie Kontakt mit der TeamBank AG aufnehmen? Und wie kann direkt bei der ersten Kontaktaufnahme das Problem gelöst werden?"

Im Mittelpunkt des Kundenkontakts steht deswegen das „Warum" eines Kundenwunsches. Also nicht das Ziel, nur die Anfrage nach beispielsweise einer Zahlungspause direkt und schnellstmöglich umzusetzen, sondern zu verstehen, warum der Kunde dies wünscht. Welches Problem steckt tatsächlich hinter dem Bedarf? Durch diesen Kundendialog bewerten die Kolleginnen und Kollegen mit den Kundinnen und Kunden gemeinsam, ob das Problem sich dadurch bestmöglich lösen lässt oder andere Optionen das Kundenproblem besser lösen könnten. Gemeinsam wird in einem echten Beratungsgespräch die erfolgversprechendste Lösung gesucht und gefunden. Und dabei ist besonders wichtig, die Lösung im Erstkontakt zu finden – ganz im Sinne „Ein Kontakt – die Lösung".

Doch wie hat sich dieser Anspruch auf den Arbeitsalltag ausgewirkt? Grundlage dafür ist, dass Mitarbeitende umfangreiches und ganzheitliches Know-how über die Produkte und Serviceangebote haben. Und auch die Kompetenzen, dieses auszuschöpfen – also einen größeren Freiheitsgrad erhalten und diesen auch ausleben. In der Konsequenz wurden Vorgaben für beispielsweise die durchschnittliche Länge von Telefonanrufen und standardisierte Gesprächsleitfäden abgeschafft. Es gilt die Devise: „Ein Gespräch dauert so lange, wie es eben dauert" und dies ist nicht unbedingt marktüblich.

Genauso wichtig ist auch der Umgang auf Augenhöhe. Denn auch wenn über die Kosten im Kontext Service oftmals nicht explizit gesprochen wird oder diese bepreist werden, zahlen Kundinnen und Kunden nicht nur für das Produkt. Die Services vor Vertragsabschluss und insbesondere die Services nach Vertragsabschluss sind integraler Bestandteil einer gesamthaften Kundenreise und schaffen als solche eine dauerhafte Kundenbegeisterung.

Um diese ganzheitlichen Lösungen anbieten zu können, wurden der Umfang und die Intensität von Schulungen parallel ausgebaut. Auch gibt es interne Vollzeittrainer und -trainerinnen, die die Teams laufend und individuell begleiten und immer wieder Feedback und Impulse zu echten Kundengesprächen geben – ein tägliches „Training on the Job".

Diese zwei Bausteine – die Art und Weise des Umgangs mit dem Kundenwunsch auf der einen Seite und die Befähigung und Handlungsfreiheit der Mitarbeitenden auf der anderen Seite – führen in Summe zu positiveren Kundenerlebnissen. Die Kundinnen und Kunden belohnen dieses durch Loyalität. Es ist ein Investment in die Zukunft und die Kundenbindung, welche sich mittelfristig für das Unternehmen auszahlen. Gemessen wird dies bei der TeamBank AG mit dem sogenannten Net Promoter Score, kurz NPS.

Der Net Promoter Score zur wirtschaftlichen Bewertung der Kunden- und Serviceorientierung

Der Net Promoter Score (NPS) ist eine Kennzahl, die die Weiterempfehlungsbereitschaft wiedergibt und so Aufschluss über die Kundenzufriedenheit und -loyalität zulässt. Das Messverfahren wird weltweit von vielen Unternehmen verschiedener Branchen bereits genutzt, sodass man sich auch gut mit den neuen Wettbewerbern wie Amazon an dieser neuralgischen Stelle messen kann. Der NPS wird mittels einer kurzen, standardisierten Befragung (zwei Fragen) erhoben. Anhand einer Elfer-Skala (von sehr unwahrscheinlich bis sehr wahrscheinlich) stufen die Kundinnen und Kunden in der ersten Frage ihre Weiterempfehlungswahrscheinlichkeit ein. Je nach abgegebenem Wert zählen sie als Kritiker, passiv Zufriedene oder Promotoren. Die sich aus der Berechnung (Prozentsatz an Promotoren – Prozentsatz an Kritiker) aller Rückmeldungen ergebende Kennzahl kann sich zwischen -100 und +100 bewegen. In der zweiten Frage wird der Hauptgrund für die Bewertung erhoben. Daran lässt sich erkennen, was bereits gut läuft und wo Verbesserungspotenzial besteht. Die Erhebung des NPS erfolgt täglich per Telefon.

Diese Ausrichtung an Service Excellence kostet natürlich Zeit und Geld, jedoch zahlt sich dies sowohl in Richtung der Mitarbeitenden als auch in Richtung der Kundinnen und Kunden aus. Nach jedem Kontakt wird am Ende der Kunde gefragt „Konnte ich Ihr Problem lösen?“ – diese Erstlösungsquote ist in den letzten Jahren deutlich gestiegen und liegt im Durchschnitt bei 90 Prozent. Die positiven Effekte sind durch den NPS messbar. Zusätzlich sind sie durch reduzierte Nacharbeitsaufwände von Kundenanfragen auch in weiteren Einheiten im Backoffice spürbar. So hat sich der NPS über den gesamten Kundenprozess seit 2017 deutlich von 39 auf 48 um 9 Punkte gesteigert (siehe Abbildung 1). Und das Ziel ist auch hier, den Weg konsequent fortzuführen.

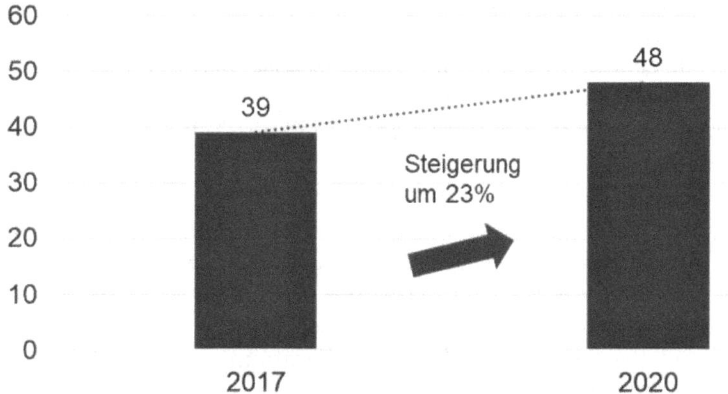

Abb. 1: Positive Entwicklung des Net Promoter Scores seit 2017 um 23 Prozent (Quelle: TeamBank AG 2021)

Auswirkungen der Corona-Krise auf den Net Promoter Score

Die Covid-Pandemie, die ab dem Frühjahr 2020 Deutschland und den Rest der Welt erfasst hat, hat auch vor der Kreditbranche nicht haltgemacht, und bestehende Trends wie die Digitalisierung und deren Konsequenzen verstärkt. Es ist denkbar, in so einer Zeit das Thema exzellenter Service, welches durchaus Aufwände verursacht, zu reduzieren – jedoch wäre dies der falsche Weg.

Auch in der Krise – in welcher sich zu Hochzeiten die Anfragen zu flexiblen Ratenplanänderungen verdreifachten – konnte sich der NPS nochmals zum Vorjahr verbessern. Die meisten Rückmeldungen der TeamBank AG-Kundinnen und -Kunden, die sich explizit auf den Service während Corona bezogen, waren positiv – in diesem Zusammenhang wurden besonders die Hilfestellungen bei finanziellen Engpässen gewürdigt. Die am häufigsten genannten Gründe, sowohl für eine positive als auch negative Bewertung, haben sich durch Corona aber nicht verändert. Positive Erwähnung finden weiterhin die schnelle Auszahlung und Abwicklung, gute Beratung und Unkompliziertheit.

Service Excellence und Corona – Die Ernsthaftigkeit des Handelns zeigt sich in den herausfordernden Zeiten

Die generelle Vertrauenskultur zeigt sich auch in Covid-Zeiten als starker Pfeiler des Unternehmens. Während des ersten Shutdowns im Frühjahr 2020 arbeiteten bis zu 98 Prozent der Kolleginnen und Kollegen der

TeamBank AG aus dem Homeoffice. Und das von heute auf morgen. Möglich war dies auch dadurch, dass alle TeamBankerinnen und TeamBanker bereits seit Jahren mit Laptop und Headsets ausgestattet waren. Damit hat die TeamBank AG so gute Erfahrungen gemacht, dass auch nach Überwindung der Corona-Krise die Regelungen zur Telearbeit und zum mobilen Arbeiten schon im Juni 2020 langfristig mittels Betriebsvereinbarung weiter flexibilisiert wurden und so seitdem alle Mitarbeitenden bis zu 60 Prozent ihrer wöchentlichen Arbeitszeit mobil arbeiten können. Nicht die Hierarchie, sondern das Team entscheidet dabei, welcher Umfang sinnvoll ist. Das hybride Meeting betrachtet die TeamBank als das neue Normal. „Unser easyCredit-Ort wird dabei aber immer auch ein Haus der Interaktion und des Austausches bleiben", kommunizierte der Vorstand Mitte 2020. Das ist eine Reaktion auf die Erfahrungen und Bedürfnisse der Mitarbeitenden.

Ebenfalls sehr früh entschied und kommunizierte die Unternehmensleitung: Entlassungen und Kurzarbeit wird es nicht geben. „Wir bewältigen die Krise aus eigener Kraft und brauchen das gesamte Team, um unseren Kundinnen und Kunden und Partnern zur Seite zu stehen". Selbstverständlich war diese Entscheidung nicht. Denn auch bei der TeamBank AG ging das Geschäft mit dem Hauptprodukt easyCredit, einem Ratenkredit für Verbraucher, aufgrund von Covid-19 zurück. Ein entscheidender Grund dafür war die Sorge der Menschen und der damit verbundene allgemeine Konsumrückgang (Bittelmeyer 2020).

Gleiches gilt in Richtung der Kundinnen und Kunden – auch hier hat die TeamBank AG an der konsequenten Kundenorientierung festgehalten. So wurde besonders im Kundenservice telefonisch und im Chat nach dem Motto „Wir geben unseren Kundinnen und Kunden ein persönliches Ohr" gehandelt, und so dauerten die durchschnittlichen Kundengespräche gerade in den ersten Monaten der Pandemie länger als noch vor der Krise. Ziel war es, die Kundinnen und Kunden mit ihren Sorgen und Ängsten zu verstehen und ihnen ein offenes Ohr zu schenken, bevor es in die Lösung des Anliegens ging. Geholfen hat hier eine sehr zeitnahe Aufstockung des Kundenservicecenters mit internem Personal, das bereits in der Vergangenheit dort gewirkt hat oder qualifiziert und dann dort eingesetzt wurde.

Aber auch spezifische Maßnahmen, die über die gesetzlichen Vorgaben für Stundungen hinausgehen, wurden realisiert. Zu nennen wären hier beispielsweise Zahlungserleichterungen: Für Kundinnen und Kunden, die aufgrund von Corona von Kurzarbeit oder Arbeitslosigkeit betroffen waren, unterstützte die Bank mit zusätzlichen, flexiblen und unbürokratischen Zahlungserleichterungen (TeamBank AG 2021).

6. *Fazit – Die Reise geht weiter*

Auch wenn die TeamBank AG in den letzten Jahren bereits viele Methoden und Instrumente eingeführt hat und von innen heraus tagtäglich lebt, kann dies nur ein Zwischenschritt sein. Zur regelmäßigen Standortbestimmung werden neben dem NPS auch seit Jahren Audits für Service Excellence durchgeführt. Dabei geht es nicht um das Zertifikat am Ende, sondern um den Weg dorthin. Denn Service Excellence ist eine kontinuierliche Reise, bei der es immer wieder gilt, den aktuellen Service zu hinterfragen, durch externes Feedback zu bewerten und weiterzuentwickeln.

Parallel dazu verändern sich Wünsche und Anforderungen von Kundinnen und Kunden. Und auch Erlebnisse, die beim ersten Mal noch überrascht oder die Erwartungen übertroffen haben, werden beim nächsten Kundenkontakt als neuer Standard vorausgesetzt. Die Erwartungen steigen, und es gilt, diese immer wieder neu zu erfüllen und darüber hinauszugehen, um langfristig mit exzellentem Service erfolgreich zu sein.

Es ist keine Alternative, stehenzubleiben und sich auf den Erfolgen der Vergangenheit auszuruhen.

Literaturverzeichnis

Bittelmeyer, A. (2020): New Work bei der TeamBank: Rezeptfrei agil, www.managerseminare.de/MS270AR05, aufgerufen am 31.05.2021.

Bundesverband der Deutschen Volksbanken und Raiffeisenbanken (o.J.): Wer wir sind: Genossenschaftliche_FinanzGruppe, https://www.bvr.de/Wer_wir_sind/Genossenschaftliche_FinanzGruppe, aufgerufen am 01.06.2021.

DIN SPEC 77224:2011: Erzielung von Kundenbegeisterung durch Service Excellence, Berlin, https://www.din.de/de/wdc-beuth:din21:142853363, aufgerufen am 08.06.2021.

ISO 23592:2021: Service excellence — Principles and model, Geneva, Switzerland, https://www.iso.org/standard/76358.html; aufgerufen am 02.06.2021.

TeamBank AG (2021): Lagebericht der TeamBank AG 2020, https://www.teambank.de/wp-content/uploads/2021/06/TeamBank_GB_2020_WEB.pdf, aufgerufen am 03.06.2021.

Service-Excellence-Kultur

Die Kür in der Hotellerie: Eine lebendige Service-Excellence-Kultur schaffen und langfristig verankern

Philippe D. Clarinval

Management Summary

In komplexen und unsicheren Zeiten haben es Tourismus und Hotellerie besonders schwer. Um überlebensfähig zu bleiben, braucht es neben finanziellen Mitteln vor allem eine Kultur, die im Einklang mit der Daseinsberechtigung des Unternehmens steht. Zur Verankerung einer lebendigen Kultur ist es wichtig, sich die richtigen Fragen bezüglich des strategischen Einklangs zu stellen und eine angepasste Führungsweise zu entwickeln. Letzteres bedeutet, dass sich Führungskräfte stets eng an den individuellen Gegebenheiten orientieren und ihre eigene Vision, ihre Werte und Ziele, mit jenen der Organisation in Einklang bringen müssen. Die umsichtige Anwendung von transaktionaler und transformationaler Führung kann ihnen helfen, das eigene Team zu inspirieren und eine relevante Organisationskultur umzusetzen, sofern sie selbst über Weitsicht verfügen und auch eigene Denkmuster überarbeiten.

1. *Warum braucht es überhaupt eine Service-Excellence-Kultur?*

Die Frage mag rhetorisch erscheinen, aber man muss sie sich stellen. Und sie zieht weitere Überlegungen nach sich: Brauchen alle Hotels eine solche Kultur? Und was bedeutet Service Excellence überhaupt? Fragen, auf die ich später zurückkommen werde.

Die Hotellerie, aber ebenso alle anderen Unternehmen in der Dienstleistungsbranche, hat einen bemerkenswerten Einfluss auf die globale Wirtschaft in Bezug auf die soziale und wirtschaftliche Entwicklung. Die innovativsten Volkswirtschaften werden von Dienstleistungen beherrscht, und deshalb ist der Fokus auf die Servicequalität, die „Service Excellence", entscheidend für die Wettbewerbsfähigkeit der einzelnen Unternehmen.

Das Konzept der Servicequalität gibt es schon lange. Eine Service-Excellence-Kultur sollte innerhalb einer Organisationskultur anerkannt werden, weil sie den Ton angibt und sowohl externe als auch interne Konsumenten bedient werden. Eine gute und lebendige Servicekultur wird zur Lebensweise innerhalb eines Unternehmens, indem sie sich nicht nur auf die Organisationskultur, sondern auch auf die Umgangsformen, Verhaltensweisen und Werte sowohl der Mitarbeitenden als auch des Unternehmens bezieht. Eine Service-Excellence-Kultur ist in dem Sinne relevant für ein Hotel, denn nur wenn es eine gibt, entwickeln und entfalten sich die

Mitarbeitenden, haben eine positive Einstellung gegenüber dem Team und bieten eine Grundlage, um Dienstleistungen zu erbringen, die geschätzt werden und ein Alleinstellungsmerkmal darstellen.

Entwicklung eines Modells für eine Service-Excellence-Kultur in der Hotellerie

Das Herzstück des Modells einer hervorragenden Servicequalität bildet die Gestaltung eines erstklassigen und inspirierenden Gästeerlebnisses. Damit ein Hotel eine ausgezeichnete Servicekultur erreichen kann, muss es ein ideales Kundenerlebnis entwerfen, das für den Gast relevant ist, vielleicht sogar sein Konsumverhalten verändert. Im praktischen Paradigma kann jedes Hotel Werte, Manifeste oder Servicegarantien entwerfen, welche die Gäste- und Mitarbeitererfahrungen veranschaulichen. Dieses Paradigma dient dazu, ein hervorragendes Gästeerlebnis zu gestalten. Eines der wesentlichen Grundsatzmodelle ist auf allen Elementen, die in der Servicekette verwickelt sind, aufgebaut. Nicht nur die internen Prozesse und die Customer Journey sollten das Ideale erleben, sondern auch die Einstellung und die Schulung der Mitarbeitenden, die eine ähnlich wertvolle Employee Experience erfahren sollten wie die Gäste. Mitarbeiterzufriedenheit ist schon längst vom Mitarbeiterengagement überholt. Tendenzen sagen sogar voraus, dass Mitarbeiterexperience das neue Schlüsselwort ist für eine gute Grundlage einer relevanten Service-Excellence-Kultur.

2. *Service Excellence im Carlton Hotel St. Moritz*

Das Carlton Hotel St. Moritz ist eines der legendären Hotels, welche die Geschichte der Grande Hotellerie geprägt haben und heute noch prägen. Entsprechend hoch ist die Erwartungshaltung der Gäste an dieses Leading Hotel of the World mit seinen 60 Fünf-Sterne-Suiten. Doch auch die Mitarbeitenden treten ihre Posten mit großen Erwartungen an.

Das Carlton Hotel St. Moritz spielt in der obersten Liga und hat nicht nur in St. Moritz hochkarätige Mitbewerber, sondern auch in anderen berühmten Feriendestinationen wie Gstaad, Courchevel, Kitzbühel oder Aspen.

Als das Hotel 2017 zum ersten Mal und als eines von nur wenigen Hotels durch den renommierten Forbes Travel Guide mit der maximalen Sternezahl belohnt wurde, wussten wir, dass wir auf dem richtigen Weg sind. Welches ist dieser Weg? Geprägt ist er durch die Ambition, sowohl möglichst viele der formellen Sternekriterien zu erfüllen als auch den emotionalen Faktor zu berücksichtigen. Denn was bringt es, wenn wir zwar alle Punkte eines Fragenkataloges erreichen, aber keine Warmherzigkeit ausstrahlen? Ein Gast möchte wahrgenommen werden, dass man seine Bedürfnisse versteht, eine angemessene Formalität oder Gelassenheit zeigt, aber im Hintergrund alle Prozesse meistert, die zur Service Excellence führen. Neben den Standards und den Emotionen muss es aber auch die Bereitschaft geben, zu handeln, alles zu tun, um den Gast oder den Kollegen beziehungsweise die Kollegin zu begeistern. Ohne Geistespräsenz, Antizipation und Handeln helfen keine sterilen Standards und keine wohlgemeinten Emotionen.

Diese Gedankengänge sollten alle Dienstleistungsunternehmen begleiten, nicht nur die Spitzenhotellerie. Die Komplexität der Gästeservice Excellence zeigt sich jedoch in der Hotellerie wohl am deutlichsten, weil das Produktions-Konsum-Kontinuum, das heißt die Zeitspanne zwischen Bereitstellung der Dienstleistung und des Verbrauchs, meist ein simultanes ist. Nach wie vor wird Hotellerie allzu sehr als Handwerk betrachtet, statt als ein Zusammenspiel von Handwerk und Wissenschaft. Zudem sind oft so viele Menschen involviert, dass sich manch eine Führungskraft dieser Komplexität nicht zu stellen vermag und ihre Denkweise daher nicht an die Gegebenheiten in seiner Organisation anpassen kann.

3. Gestaltung einer Service-Excellence-Kultur

Hotels können eine exzellente Servicekultur schaffen, indem sie die Qualität und den Umfang des Service als Hauptunterscheidungsmerkmale nutzen. Sie können eine Kultur schaffen, in der alle Menschen zu Verbesserungen ermutigt werden, Ideen dazu einbringen und entsprechende Maßnahmen umsetzen können. Die Servicekultur im Hotel stellt sicher, dass alle Mitarbeitenden motiviert und engagiert sind, um die Qualität stets zu verbessern. Die Gäste werden loyaler, zufriedener und werden das Hotel weiterempfehlen, was den Gewinn und das Wachstum fördern kann.

Um eine exzellente Servicekultur zu schaffen, kann man drei strategische Phasen anwenden. Der erste Schritt ist die richtige Denkweise. Wenn alle Mitglieder einer Organisation die richtige Einstellung haben, übernehmen sie Verpflichtung, Verantwortung und sind in der Regel engagiert. Sie können sich in verschiedenen Serviceszenarien angemessen verhalten und verfügen über ein gutes Gespür für die richtige Einschätzung von Situationen.

In der zweiten Phase eignen wir uns jene Fähigkeiten an, die für das Erbringen exzellenter Dienstleistungen notwendig sind. Das sind technische Fähigkeiten, die sowohl die Standards beinhalten als auch das Mitdenken fördern, um ein einzigartiges Serviceerlebnis zu liefern, die Bedürfnisse der Kunden zu verstehen und um schließlich lebendige Kundenbeziehungen zu schaffen. So bekommt der Gast, der sich beim Abendessen über Kopfschmerzen beklagt, zum Beispiel ein Fläschchen Pfefferminzöl aufs Zimmer gebracht.

In der dritten Phase geht es darum, Gästeservice Excellence nachhaltig zu gestalten. Hierfür benötigen wir einen strukturierten Prozess, der sicherstellt, dass jedem Berührungspunkt eine herausragende Erfahrung folgt. Dieser Prozess ist abteilungsübergreifend und bricht somit die Silos altbekannter Organigramme auf.

3.1 Die Verantwortung der Führungskräfte

Das Führungsteam spielt eine entscheidende Rolle bei der Schaffung einer exzellenten Servicekultur und ist dennoch oft das schwächste Glied in der Wertschöpfungskette. Die oberste Führungsebene legt die Vision und den Zweck des Hotels oder des Dienstleistungsunternehmens fest und konzentriert sich auf dessen Organisation, beseitigt Hindernisse und belohnt Erfolge. Führungskräfte müssen sicherstellen, dass die Werteversprechen in der Organisation aufrechterhalten werden.

Das Aufrechterhalten, die Organisation und das Management sind jedoch sehr statisch. Der General Manager trägt die Verantwortung, dass gewisse Standards respektiert werden, aber als Führungskraft muss er auch eine Vision für seine Mitarbeitenden sichtbar machen.

Im Carlton Hotel St. Moritz schauen wir selbstverständlich auf sämtliche Key Performance Indicators und andere Metriken, aber dieser Fokus macht uns nicht kurzsichtig. Wir versuchen darüber hinaus, die Standards mit Emotionen und Antizipation zu vereinen und entsprechend zu handeln. Es bringt nichts, die Standards perfekt zu erfüllen, aber keine Emotionen zuzulassen. Die Verantwortung der Führungskräfte ist es daher, innerhalb der Kultur die Gratwanderung zu meistern und die Verbindung von *Standards* und *Emotionen* zu schaffen und zu festigen. Beide müssen koexistieren. Nur das eine oder das andere zu respektieren, führt unfehlbar zu einer Abwertung des Service: Respektieren wir nur die Standards, wirkt der Service steril, und zeigen wir nur Emotionen, stehen wir als liebenswerte, aber nicht sehr kompetente Improvisationskünstler da. Wichtig ist, dass beide Prinzipien harmonisch ineinandergreifen. Wo Standards, Emotionen und wohlwollende Antizipation zusammentreffen und gemeinsame Sache machen, dort entsteht Service Excellence. Letztendlich findet sich hierin auch der Unterschied zwischen Service und Hospitality, denn „Service ist schwarz und weiß, Gastfreundschaft ist bunt".

3.2 Die Wertekette des Hotels

Das Wichtigste für Führungskräfte ist, die eigene Wertekette zu definieren.

Als oberste Prämisse gilt es, den *Zweck* des Unternehmens zu definieren, den „Golden Circle" (Sinek 2011). Mit anderen Worten, jede Führungskraft muss Antworten geben auf die Fragen „Was macht mein Unternehmen?", „Wie schafft mein Unternehmen dies?" und – ganz wichtig – „Warum macht mein Unternehmen das?". Das „Warum" beantwortet die Frage nach dem Zweck. Was ist die Daseinsberechtigung der Organisation? Aufgepasst übrigens: Wir dürfen nicht das *Was* mit dem *Warum* verwechseln. Das Warum ist stets übergeordnet. Profit ist es sicherlich nicht – Profit ist das positive Beiprodukt.

Das Carlton Hotel St. Moritz hat den Zweck, „der Zeit ihren Wert zurückzugeben – durch bewussten Genuss und Erlebnisse, die in Erinnerung bleiben". Heruntergebrochen auf den Dienstleistungsgedanken bedeutet dies konkret, dass unser Service so gut und nahtlos sein soll, dass der Gast keine offenen Wünsche haben darf und sich ganz auf sich und seine Nächsten konzentrieren kann. Eine Warteschlange am Concierge Desk oder an der Rezeption? Inakzeptabel! Darüber hinaus soll der Gast während seines Aufenthaltes Inspiration finden und so eine innere Bereicherung erfahren.

Damit Exzellenz gelebt werden kann, müssen Führungskräfte also kritische Rollen einnehmen. Sie verkörpern den Zweck, geben die Richtung vor und leben die Vision. Das klingt einfacher, als es ist. Für die Vision braucht es erstens eine moralische Verpflichtung und das gemeinsame Verständnis, was die Vision für jeden bedeutet. Zweitens braucht es die Bereitschaft, der Vision zu folgen. Drittens müssen Mitarbeitende die Initiative ergreifen, die Vision umzusetzen. Schlussendlich braucht es den Fokus, sie nie aus den Augen zu verlieren und die Hartnäckigkeit, sie zu verfolgen.

Neben dem *Zweck* und der *Vision* ist das zweite Glied der Kette die Strategie (Trevor 2019). Was tut das Hotel, um den Zweck zu verkörpern und wie kann es durch die Strategie, Service Excellence fördern? Was muss man beginnen zu tun? Wovon braucht es mehr und womit sollte man aufhören? Um diese Fragen zu beantworten, braucht es Aufrichtigkeit und

Ehrlichkeit. Keine politischen Phrasen, die man hören möchte oder die man weitergeben muss. Es braucht knallharte und unverblümte Ehrlichkeit – mit sich selbst und dem Umfeld.

Diese Ehrlichkeit durchleuchtet dann auch die Organisation. Das Sprichwort „get the wrong people off the bus, the right people on the bus, and in the right seats" stimmt, aber man muss sich bewusst sein, welcher Bus es ist, in welche Richtung er fährt und wer der Fahrer ist. Die Organisation zu durchleuchten, ist genauso wichtig, wie sich die Frage zu stellen, welche Kompetenzen es braucht, um Service Excellence zu garantieren. Die Standards und die fachlichen Kompetenzen sollten in der Regel gegeben sein. Nun ist der Punkt, dass die *Kultur*, die im Unternehmen herrscht, das Bindemittel zwischen den Elementen *Zweck*, *Vision*, *Strategie*, *Organisation* und *Kompetenzen* ist. Die Kultur beinhaltet die ungeschriebenen und manchmal doch geschriebenen Gesetze, wie Mitarbeitende miteinander und mit den Gästen umgehen. Welcher Enthusiasmus, Ehrgeiz oder welches Engagement herrscht, ist durch die Kultur im Betrieb geprägt. Sie definiert, inwiefern die überzeugende Servicevision gelebt wird, und hängt von den Führungskräften ab. Diese spielen nämlich eine entscheidende Rolle bei der Einbindung, dem Onboarding, der Fokussierung und Inspiration in der gesamten Organisation. Die sichtbare und aktive Beteiligung der Führungskräfte ist von entscheidender Bedeutung, um eine exzellente Servicekultur zu schaffen. Sie müssen die Wichtigkeit betonen, indem sie sichtbar engagiert sind und die Kulturschaffung als einen holistischen Prozess betrachten. Jedoch muss man bedacht sein, die richtige Art der Führung anzuwenden.

3.3 Transaktionale oder transformationale Führung

Regeln aufstellen, überwachen, dass Standards eingehalten werden, oder Strukturen vorgeben, kennzeichnen in der Regel striktes Management oder gewissermaßen auch *transaktionale Führung*. Sie basiert auf dem Austausch einer Leistung für ein Lob oder einer anderen Gratifikation, das heißt einem Austausch zwischen Managern und Mitarbeitenden, wobei Letztere eine klare Zielvorgabe erhalten und die Regeln kennen müssen, um für eine Leistung Lob zu ernten und Tadel zu vermeiden. In gewissen Situationen ist transaktionale Führung gewiss notwendig, um Standards zu respektieren und Beständigkeit zu gewährleisten. Transaktionale Führung inspiriert Mitarbeitende jedoch in den seltensten Fällen zu herausragender Leistung.

Führungskräfte müssen Vorbilder sein für die Förderung einer exzellenten Servicekultur, sie müssen verstehen, warum eine solche Dienstleistung in der Organisation wichtig ist, und entsprechend handeln. Auch hier ist also das Warum wichtiger als das Wie. Führungskräfte führen transformational, indem sie das Richtige tun, immer motivieren, um die Service Excellence zu verbessern.

Die Pfeiler der transformationalen Führung (Bass/Avolio 1994), die im Carlton St. Moritz gelebt wird, beruhen auf der Tatsache, dass Führungspersonen ihre Mitarbeitenden als Individuen und Persönlichkeiten betrachten und nicht als Funktionen. Mitarbeitende werden intellektuell stimuliert, nicht im Status quo zu verharren, sondern ihn in gesundem Maße infrage zu stellen und durch diese Neuevaluierungen zur Verbesserung der Dienstleistung beizutragen. Zudem sollen sie inspiriert und motiviert werden, um die eigenen Grenzen zu sprengen und das Hotel als großes Ganzes zu sehen, statt nur die Summe der einzelnen Abteilungen. Inspirieren und motivieren können Führungskräfte, indem sie eine Art positiven, altruistischen und charismatischen Führungsstil entwickeln.

Ein Hotel kann fünf beispielhafte Führungspraktiken anwenden, um den Gästeservice zu verbessern. Kouzes und Posner (2017) illustrieren die Führungspraktiken, welche eine Führungskraft besitzen muss. Eine davon ist das Vorleben des Weges. Die Führungskraft muss eine Vision haben, glaubwürdig sein und an sich selbst glauben. Die gemeinsame Vision muss ein aufregendes Bild der Zukunft widerspiegeln und bewundernswert sein. Führungskräfte in Hotels sind in der Regel Abteilungsleiter oder Supervisors. Sie müssen Prozesse infrage stellen können, herausfordern und neue Lösungsansätze finden, die im Einklang mit der Strategie und, ultimativ, mit dem Zweck sind. Sie müssen befugt sein, im Sinne des Zwecks und des Gastes zu handeln, um innovative Ideen für die Service Excellence zu fördern. Schließlich müssen Führungskräfte ein ermutigendes Herz haben, das allen Sicherheit gibt. Ansätze wie „Geben Sie mir keine Probleme, sondern Lösungen!“ können gefährlich sein, weil sie Mitarbeitende einschüchtern und vom Zweck ab- und auf den Pfad der Defensivität oder gar der Vertuschung lenken.

3.4 Die Bedeutung der Arbeit im Zusammenhang mit Service Excellence

Im Carlton Hotel St. Moritz versuchen wir Führung auf eine Metaebene zu heben, die es in der Hotellerie noch zu selten gibt. Mit anderen Worten, wir stellen uns die Frage, was die Hauptgründe einer Zusammenarbeit sind, was unsere Mitarbeitenden in einer Wirtschaftsbranche motiviert, die als Arbeitgeber – nicht erst seit der COVID-19-Krise – größtenteils einen ziemlich schlechten Ruf hat.

Die Antworten, die wir gefunden haben, ergeben das Bild eines mündigen Mitarbeitenden:

Da wäre zunächst ihre eigene *Kompetenz*, die sie befähigt, ihre Arbeit gemäß ihren eigenen Qualitätsansprüchen zu erledigen. Hinzu kommt die *Wahlfreiheit*, diese Arbeit auf ihre Art zu bewältigen – gewiss richten sie sich dabei auch nach Standards, aber unter dem Strich verleihen sie ihrer Arbeit ihren persönlichen Touch. Ferner treibt sie der *Fortschritt* an, den sie miterleben, sowie die eigene Zufriedenheit an einer (beziehungsweise ihrer und somit unserer) hervorragenden Leistung. Der wichtigste Grund für eine Mitarbeit in der Hotellerie scheint für sie jedoch das Bewusstsein der *Bedeutung* ihrer Arbeit zu sein. Spielt Führung eine Rolle dabei? Kann Führung die Bedeutung der Arbeit bewusst(er) machen? Man könnte meinen, dass transaktionale Leader der Arbeit wenig Sinn oder Bedeutung stiften und dass transformationale Führungskräfte das einzige Erfolgsrezept sind. Dem ist jedoch nicht so. Bedeutung ist ein sehr intrinsischer Faktor, den jeder Mitarbeitende in sich trägt und für sich selbst sieht. Eine zarte Blume gewissermaßen, die gepflegt und deren Schönheit zuweilen gepriesen werden muss. Ein schlechter Führungsstil zerstört die Bedeutung der Arbeit in Sekunden, und Gedanken wie „Warum tue ich das überhaupt?" treten schnell in den Vordergrund. In der Serviceindustrie ist es deshalb unumgänglich, dass Führungskräfte sich bewusst sind, welchen negativen Effekt ihr Verhalten und ihre Worte haben können. Mitarbeitende müssen stolz auf ihre Arbeit sein können, sie sollten den Sinn dahinter sehen können und darin auch bestärkt werden. Ihre Tätigkeit hat Einfluss auf andere Menschen. Daher sollte sie stets positiv assoziiert werden, inspirieren und weniger optimale Verhaltensweisen vielleicht sogar zum Guten hin ändern können. Ein Sommelier, der dem Gast etwas Unbekanntes, Überraschendes zeigt, kann inspirieren. Der Concierge, der Wünsche antizipiert, lebt den Zweck des Unternehmens und kann Gäste emotional berühren.

Die Rolle einer Führungskraft ist es, einen Spiegel vorzuhalten und das Team zur Selbstreflexion anzuregen. Den Sinn der eigenen Arbeit zu erkennen, ist nicht gleichbedeutend mit dem Erledigen einer Aufgabe. Oft erkennen Mitarbeitende die Bedeutung ihrer Arbeit gar nicht und nehmen die beabsichtigte Unternehmenskultur um sich herum nicht bewusst wahr, wenn niemand sie an die Hand nimmt und darauf aufmerksam macht. Der „No-news-are-good-news"-Manager sollte deshalb ausgedient haben.

Im Carlton Hotel St. Moritz pflegen wir folglich die Kultur des konstanten Feedbacks und der radikalen Aufrichtigkeit. Wir geben permanentes

Feedback und Feedforward. Wir empfinden Spaß an unserer Arbeit, wir sind füreinander da, wir versuchen unsere Gäste und unsere Kolleginnen und Kollegen durch Herzlichkeit zu bereichern – und das Schönste daran ist: Wir wählen und leben diese Einstellung ganz bewusst.

3.5 Das Bewusstsein im Dienst der Service-Excellence-Kultur

Jene Einstellung auszuwählen, ist ein kognitiver Prozess. Ein Prozess, den man bewusst im vorderen Teil des Gehirns, dem präfrontalen Kortex, durchspielt und der das Vertrauen, die Kreativität und Herzenswärme aller Beteiligten braucht. In einem Umfeld, das oft sehr kompetitiv ist, sind Achtsamkeit, Selbstreflexion und Einklang von persönlichen und Unternehmenswerten unabdingbar, um nachhaltig eine Kultur zu schaffen. Die Art des Umgangs miteinander, die freiwillige Verpflichtung zu höchster Qualität und eine gewisse Kompromisslosigkeit bedürfen zuweilen einer Veränderung persönlicher Gewohnheiten. Aus diesem Grund ist die Neurowissenschaft wichtig. Welche Mikro-Gewohnheiten helfen, Service Excellence zu *leben* – nicht nur zu *leisten*? Wird die Einstellung für höchste Qualität, Gastfreundschaft etwas, das man im Herzen trägt oder nur ein abstraktes Konzept auf einer Job-Description? Solange es nur Letzteres ist, kann man als Unternehmen nicht von Werten sprechen und noch weniger von Kultur.

Es ist die Aufgabe der Führung, gutes Verhalten zu erkennen und zu fördern. Genau wie Eltern stets „Bitte!“ und „Danke!“ von ihren Kindern verlangen, sollten Führungskräfte Gewohnheiten, Denkweisen, intellektuelle Neugier, Ehrgeiz, gesunden Stolz und das Streben nach Verbesserung ermutigen und belohnen. Die Komplexität, Volatilität, Unsicherheit und die Mehrdeutigkeit der aktuellen Lage erfordern ebenfalls, dass sich Mitarbeitende und Führungskräfte stets fragen, was man lernen kann und welche Zusatzschlaufen man dabei machen muss. Was sind die Kundenwünsche, die Trends und Erwartungen von morgen? Der bewusste Gedankengang, was die Daseinsberechtigung ist und inwiefern die Strategie, die Kompetenzen, die Personalbesetzung und die Kultur im Einklang mit dem Zweck des Unternehmens sind, ist mindestens genauso unabdingbar.

4. Der Einfluss von COVID-19 auf Service Excellence

Die Corona-Krise hat die globale Hotellerie aus der Bahn geworfen. Die Märkte haben sich innerhalb kürzester Zeit verändert, und die Erwartungen der Gäste haben sich schnell auf großzügiges Raumgefüge und Sicherheitsmaßnahmen fokussiert. Selbstverständlich ging und geht diese Veränderung auch am Carlton Hotel St. Moritz mit seiner internationalen Gästestruktur und exklusiven Gästenische nicht spurlos vorbei. Von einem Tag auf den anderen durften unsere Gäste nicht mehr reisen, obwohl ihr persönliches Bedürfnis danach ungebrochen war.

Was sich nicht geändert hat, sind die Werte, die ein Unternehmen leben sollte. Die Kompromisslosigkeit an Qualität und Sicherheit bleibt nach wie vor. Einzig muss die Führungskraft die Grauzonen mehr verstehen, die Komplexität der Aufgabe erkennen und weiterhin die Vision verkörpern. Der Fokus und die Hartnäckigkeit weichen leider zu oft der Panik und dem Aktionismus, alles umkrempeln zu wollen. Man darf – man muss – sich fragen, ob das alte Businessmodell noch zeitgemäß ist, ob es nicht zu einer Lethargie in den vergangenen Jahren gekommen ist oder wie man sich neu erfinden kann. Die Daseinsberechtigung sollte in den großen Zügen jedoch bleiben, und der moralische Kompass darf nicht über Bord geworfen werden. Die Zeiten nach COVID-19 werden noch lange sehr herausfordernd. Nicht etwa weil die Gäste ausbleiben, sondern weil die Mitarbeitenden selektiver werden. Sie schauen kritischer auf die intrinsischen Werte der Unternehmen und sind bereit, neue Wege zu gehen. Wenn es der Wirtschaft schlecht geht, geht es der Bildung gut, und Unternehmen müssen sich darauf gefasst machen, Neues zu bieten, weil sich gute Arbeitskräfte in der Zwischenzeit weiterentwickelt haben. Die Zeiten von Mitarbeiterzufriedenheit sind längst passé, genauso wie das Mitarbeiterengagement – „Employee Experience“ ist das neue Zauberwort. Die Mitarbeitenden wollen Bereicherung für die Zeit, die sie der Organisation geben, und es liegt an den Führungskräften, ihren Teams individuell zu begegnen, sie zu stimulieren und sie zu inspirieren.

5. Fazit

Aufgrund der intrinsischen Multidimensionalität der Hotellerie und ihrem Facettenreichtum braucht sie ein starkes kulturelles Fundament, um zu überleben. Darüber hinaus macht es die volatile, komplexe, unsichere und mehrdeutige Außenwelt nicht einfacher. Auf die ursprünglich gestellte Frage, ob es Service Excellence braucht, wäre die Antwort „es kommt darauf an". Es kommt darauf an, von welcher Art Hotellerie man spricht. In der gehobenen und traditionellen Hotellerie ist die Antwort klar, dass diese kein Mittelmaß toleriert. Wenn man jedoch neue Konzepte betrachtet, die vielleicht lockerer sind, bleibt die Frage offen. Es braucht auf jeden Fall einen kohärenten Service, der im Einklang mit der Daseinsberechtigung des Unternehmens ist. Eine Service-Excellence-Kultur ist ein wichtiger Teil der Unternehmenskultur, die es auf jeden Fall braucht, um nicht planlos umherzuirren. Ist es einfach? Nein! Braucht es Zeit? Auf jeden Fall! Keine Führungskraft kann eine Unternehmenskultur von heute auf morgen ändern und langfristig verankern. Aber es ist möglich, wenn man die notwendige Hartnäckigkeit und den Weitblick hat. Zusammenfassend könnte man behaupten, dass die Führung noch komplexer wird und die Führungskräfte differenzierter, filigraner und durchdachter sein müssen. Es gibt kein One-size-fits-all-Leadership mehr (Northouse 2007). Von Führungskräften und ihrer Fähigkeit, die Dreidimensionalität zu verstehen, hängt der langfristig verankerte Erfolg jedes Unternehmens ab. Diese haben einen Welleneffekt auf die gesamte Kultur der Organisation.

Literaturverzeichnis

Bass, B.M./Avolio, B.J. (1994): Improving organizational effectiveness through transformational leadership, Thousand Oaks, CA: Sage Publications.

Kouzes, J.M./Posner, B. (2017): Leadership challenge: How to make extraordinary things happen in organizations, Wiley & Sons, Incorporated, John.

Northouse, P.G. (2007): Leadership: Theory and practice, 6. Aufl., Thousand Oaks, CA: Sage Publishing.

Sinek, S. (2011): Start with why: How great leaders inspire everyone to take action, East Rutherford: Portfolio/Penguin.

Trevor, J. (2019): Align: a leadership blueprint for aligning enterprise purpose, strategy and organisation, London: Bloomsbury Business.

Mitarbeiterengagement

Mitarbeiterengagement erfordert Motivation und Qualifikation: Der Einsatz von Blended Learning zur Umsetzung von Service Excellence

Matthias Gouthier, Matthias Raquet

Management Summary

„Service Business is People Business." Diese Aussage gilt insbesondere bei technischen Dienstleistungen, bei denen die Servicetechniker und deren Engagement im Außeneinsatz beim Kunden über den langfristigen Erfolg eines Unternehmens entscheiden. Um das Konzept der Service Excellence bei der oneservice AG und deren Niederlassungen im In- und Ausland von Beginn an umzusetzen, wurde von den Autoren die Service-Excellence-Akademie ins Leben gerufen. Schon beim Onboarding erfahren die Servicetechniker mittels ansprechender E-Learnings die Key Essentials zu Service Excellence. Danach sorgt der Einsatz weiterer Trainingsmaßnahmen im Rahmen eines Blended-Learning-Ansatzes für die nachhaltige Umsetzung von Service Excellence. Die hierdurch erzielte Begeisterung der Kunden gibt dem Ansatz recht.

1. Mitarbeiterengagement als zentrales Element von Service Excellence

Das Engagement der Mitarbeitenden gilt schon seit jeher sowohl in der Wissenschaft als auch in der Wirtschaft als einer, wenn nicht der ausschlaggebende Erfolgsfaktor von Dienstleistungsunternehmen (siehe zum Beispiel Markos/Sridevi 2010). Umso mehr ist dies der Fall, wenn sich ein Unternehmen mittels exzellenter Dienstleistungen von den Wettbewerbern differenzieren möchte, wie es im Fokus des Konzepts der Service Excellence steht (Mönch/Goller 2010). Dies kommt zum Beispiel explizit in dem europäischen Standard CEN/TS 16880:2015 zum Ausdruck, in dem in der Ursache-Wirkungskette der Service Excellence das Mitarbeiterengagement als Auslöser von herausragenden Kundenerlebnissen und der Kundenbegeisterung gilt (siehe Abbildung 1).

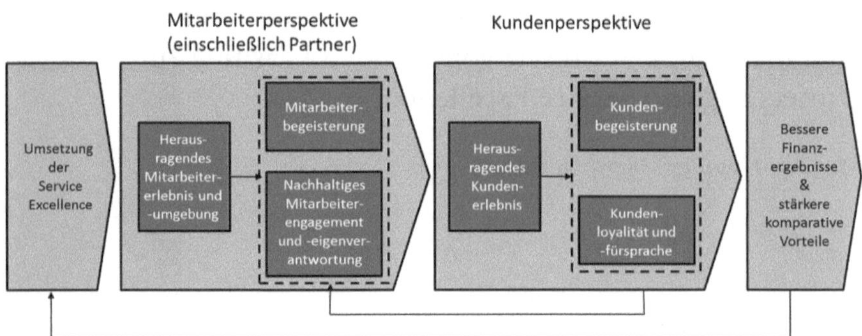

Abb. 1: Mitarbeiterengagement als Auslöser von herausragenden Kundenerlebnissen und Kundenbegeisterung (Quelle: CEN/TS 16880:2015, S. 8)

Betrachtet man insgesamt die Entwicklung der bisherigen Standards zu Service Excellence, findet sich das Mitarbeiterengagement immer als wesentlicher Einflussfaktor, um exzellente Dienstleistungen erbringen zu können, die Kunden begeistern. Schon bei der DIN SPEC 77224:2011 stellen die Ausführungen zu den Mitarbeitenden als zentrale Ressource eines Unternehmens das umfassendste Subelement des gesamten Standards dar. Auch bei dessen Weiterentwicklung auf europäischer Ebene, der CEN/TS 16880:2015, bildet der Mitarbeitende den Erfolgsgaranten. Schließlich stellt das Mitarbeiterengagement auch in der im Sommer 2021 erschienenen ISO-Norm 23592:2021 eines der neun Elemente zur Erreichung von Service Excellence dar. In diesem Element wird gefordert, dass ein Unternehmen Personalprozesse und -instrumente nutzen muss, um gemeinsame Werte, Überzeugungen und Praktiken zu fördern und aufrechtzuerhalten, damit herausragende Kundenerlebnisse geschaffen werden können. Die Relevanz des Mitarbeiterengagements kommt hierbei allein schon dadurch zum Ausdruck, dass es sich um eine verbindliche Anforderung handelt, die in einem Unternehmen gegeben sein muss („shall“). Wenn sich ein Unternehmen nach der ISO 23592:2021 zertifizieren lassen möchte, muss es entsprechend die Erfüllung dieser Anforderung nachweisen. Ferner wird in der ISO 23592:2021 gefordert, dass das Management sicherstellen sollte („should“), dass die Mitarbeitenden begeistert und motiviert sind, um herausragende Kundenerlebnisse zu bieten und ihre Kunden zu begeistern.

Doch was ist überhaupt Mitarbeiterengagement? Auch das wird in der ISO 23592:2021 eindeutig definiert. Demnach handelt es sich bei Mitarbeiterengagement um das Ausmaß, in dem sich die Mitarbeitenden für das eigene Unternehmen engagieren, sich für ihre Arbeit begeistern und sich nach eigenem Ermessen für ihre Arbeit einsetzen (ISO 23592:2021). Dass ein hohes Mitarbeiterengagement einhergeht mit einer höheren Unternehmens-, Team- und/oder Mitarbeiterperformance, belegen verschiedene Studien (siehe zum Beispiel Markos/Sridevi 2010). Einer der bekanntesten Ansätze zur Messung des Mitarbeiterengagements ist der sogenannte „Gallup-Engagement-Index", der zeigt, wie jeder Einzelne mit dem eigenen Unternehmen und den jeweiligen Zielen verbunden ist. Der Gallup-Ansatz Q^{12} zur Messung des Mitarbeiterengagements basiert auf den Antworten der Mitarbeitenden auf zwölf umsetzbare Arbeitsplatzelemente, die nachweislich mit den Leistungsergebnissen verknüpft sind, einschließlich Produktivität, Kundenservice, Qualität, Mitarbeiterbindung, Sicherheit und Gewinn. Der Index gibt einen umfassenden Einblick in die Arbeitswelt, indem er den Prozentsatz der engagierten, nicht engagierten und aktiv unengagierten Mitarbeitenden darlegt. Dabei lässt sich unter anderem aufzeigen, dass Arbeitsgruppen mit einem hohen Engagement – die oberen 25 Prozent – gegenüber Arbeitsgruppen mit niedrigem Engagement – den unteren 25 Prozent – im Schnitt ein zehn Prozent höheres Kundenengagement beziehungsweise eine zehn Prozent höhere Kundenloyalität aufweisen.

2. *Gelebte Service Excellence bei oneservice*

Die oneservice AG wurde im Juli 2017 von den Autoren und weiteren Mitgründern ins Leben gerufen. oneservice ist ein globales und anbieterunabhängiges Dienstleistungsunternehmen, das komplette Managed-Service-Lösungen und Beratungsleistungen für Life-Science-, Diagnostik- und Medizinprodukte anbietet. Sie befasst sich mit dem aufkommenden Trend und den Bedürfnissen des Outsourcings von technischen Dienstleistungen. Das Führungsteam von oneservice setzt sich aus Branchenexperten zusammen, die globale Unternehmen, regionale und lokale Firmen und Regierungsbehörden mit Beratung, Lernkonzepten, Geschäftsprozess- und Outsourcing-Dienstleistungen seit mehr als 25 Jahren bedienen.

Wichtig beim Geschäftsmodell der oneservice ist, für den einzelnen Kunden über den Tellerrand hinaus zu blicken, um die Servicelösungen auf die grundlegenden Bedürfnisse eines jeden Unternehmens hin auszurichten – egal ob der Kunde seine Reichweite und Abdeckung erweitern, sein Serviceangebot ergänzen, einen dedizierten oder gemeinsamen technischen Support anbieten oder Kunden überall und auf jedem Gerät bedienen will. oneservice ermöglicht den Kunden einen kosteneffizienten Service mit dem höchsten Qualitätsstandard. Von daher setzt oneservice auf die Umsetzung einer kosteneffizienten Service-Excellence-Strategie (siehe hierzu auch Gouthier 2016). Als strategischer und langfristiger Partner unterstützt oneservice die grundlegenden Mitarbeiter-, Kunden- und Partnerbeziehungen, die das Geschäft der Kunden vorantreiben. Dazu bedarf es des Einsatzes von Servicetechnikern, die sich nicht als reine Monteure, sondern als Problemlöser verstehen. Mit der perfekten Mischung aus technischen und sozial-kommunikativen Fähigkeiten bewältigen die oneservice-Spezialisten die schwierigsten Situationen, kompliziertesten Fragen und hektischsten Tage mit einem Lächeln, um die Reputation des eigenen Unternehmens in Bezug auf die Erbringung einer überdurchschnittlichen Qualität zu sichern.

Das Headquarter, die oneservice AG, liegt in Feusisberg im Kanton Schwyz in der Schweiz. Daneben unterhält oneservice Niederlassungen in Darmstadt, Dallas und Manchester, von denen aus die europäischen und nordamerikanischen Märkte sowie der britische und irische Markt bedient werden.

Schon von Anfang an liegt eines der zentralen Augenmerke von oneservice auf der Umsetzung von Service Excellence. Dies wird innerhalb der Unternehmensstrategie sowohl in der Vision als auch in der Mission explizit zum Ausdruck gebracht. Demnach ist es die Mission des Unternehmens, Service Excellence mit Best-in-Class-Services neu zu definieren. Dieses Selbstverständnis gilt es bei den Mitarbeitenden einzuprägen, was besonders gut in der Onboardingphase möglich ist. Gerade zu Beginn des Arbeitsverhältnisses sind die Mitarbeitenden neuen Aspekten gegenüber grundsätzlich aufgeschlossener (Gouthier 2013). Folglich fokussiert einer der Unternehmensgrundsätze auf die Mitarbeitenden des Unternehmens. So lautet das Grundverständnis von oneservice in Bezug auf die Mitarbeitenden wie folgt:

- Unsere Mitarbeitenden sind der Schlüssel zum Erfolg und die treibende Kraft hinter jedem Prozess und jeder Partnerschaft.
- Unsere globalen Expertenteams sind bestrebt und haben die Leidenschaft, die zentralen Geschäftsprobleme jedes Kunden zu verstehen und unsere Methoden an die Bedürfnisse unserer Kunden und deren Kunden anzupassen.
- Wir entwerfen mit unseren Spezialisten maßgeschneiderte Lösungen und vertreten unsere Kunden vor ihren Kunden.

Die Frage, die sich entsprechend bereits vor der Gründung der Firma gestellt hat, war die, wie der Leitgedanke der Service Excellence nachhaltig in der Firma verankert werden kann. Als Initiatoren und Mitlenker der Standardisierungsaktivitäten sind die Erkenntnisse aus der Standardisierungs- und Normungsarbeit direkt und unmittelbar in die Gestaltung des Service-Excellence-Konzepts der Firma eingeflossen. In der ISO-Norm 23592:2021 werden in Summe sechs Subelemente beschrieben, die notwendig sind, um Mitarbeiterengagement zu erreichen. Dies sind gemäß der ISO 23592:2021:

1. Einstellung und Einarbeitung neuer Mitarbeitender
2. kontinuierliche Weiterbildung und Entwicklung der Mitarbeitenden
3. Feedback von Kunden auf Mitarbeiter- oder Teamebene
4. Bewertung und Beurteilung der Mitarbeitenden
5. Anerkennungs- oder Bestätigungssystem
6. Mechanismus für Mitarbeiter-Feedback

In diesem Artikel wird der Fokus auf den Aspekt der Vermittlung der relevanten Kenntnisse, Fähigkeiten und Fertigkeiten zu Service Excellence mittels des Ansatzes des Blended Learnings und speziell des Einsatzes von E-Learnings gelegt.

3. *Die Service-Excellence-Akademie*

Schon vor Gründung der oneservice AG stand für die Autoren fest, dass die nachhaltige Umsetzung von Service Excellence häufig an den folgenden drei Faktoren scheitert:

1. Mangelndes Wissen: Sowohl das Management als auch die Mitarbeitenden benötigen ein profundes Know-how, was Service Excellence ist und wie dieses Konzept umgesetzt werden kann.
2. Angst vor zu hohen Kosten: Service Excellence ist ein Langzeitinvestment und erfordert den Einsatz von Ressourcen.
3. Knappe Zeit: Der Aufbau von Service Excellence in einem Unternehmen erfordert Zeit.

Die Frage war entsprechend, wie eine Reduktion der drei Barrieren im eigenen Unternehmen, das heißt der oneservice, möglich ist. Auch nach Gründung der oneservice AG war es wichtig, die Mitarbeitenden, die bei ihrer Einstellung typischerweise das Konzept der Service Excellence noch nicht kannten, schnellstmöglich auf einen qualifizierten Kenntnisstand zu heben. Aus diesem Grund wurde die Service-Excellence-Akademie, zunächst als unternehmensinterne Einheit, ins Leben gerufen.

Um die erste Barriere, die Wissenslücke, zu reduzieren, wurde von den Autoren zuerst ein vereinfachtes Service-Excellence-Modell entwickelt, das sich an dem europäischen Standard, das heißt der CEN/TS 16880:2015, und der ISO 23592:2021 orientiert und entsprechend vier Dimensionen ausweist (siehe Abbildung 2).

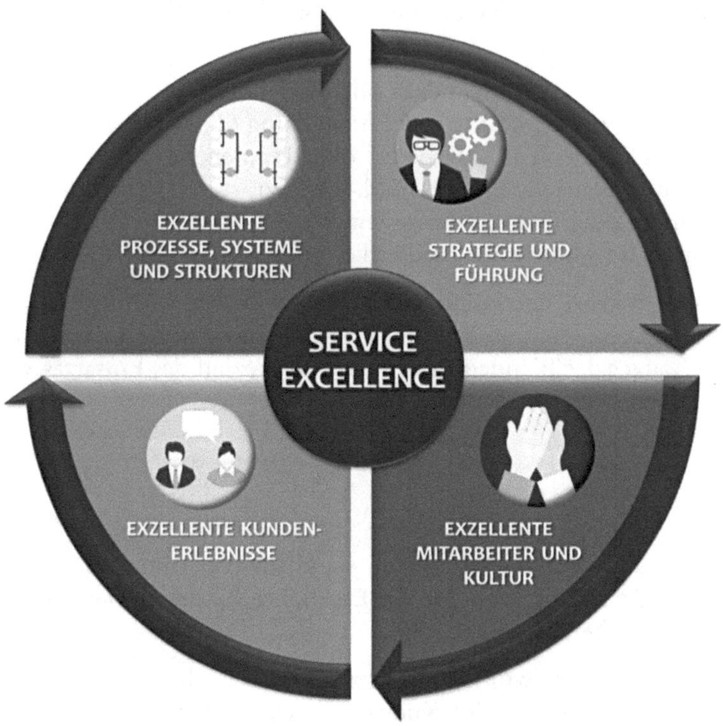

Abb. 2: Das vereinfachte Service-Excellence-Modell der Service-Excellence-Akademie (Quellen: In Anlehnung an CEN/TS 16880:2015 und ISO 23592:2021)

Die zwei weiteren Barrieren, das heißt Kosten- und Zeitproblematik, stellen gerade bei Start-Up-Unternehmen, wie es die oneservice in den Jahren 2017 und 2018 war, gravierende Hemmnisse dar, die einer erfolgreichen Einführung des Service-Excellence-Konzeptes generell entgegenstehen. Als Lösungsansatz wurde von den Autoren sehr schnell das Angebot von E-Learnings gesehen. E-Learnings gehen, insbesondere wenn es sich um Basistrainings handelt, mit Effizienzsteigerungen, aber grundsätzlich auch mit Effektivitätszuwächsen im Vergleich zu Präsenztrainings einher (siehe auch Abbildung 3).

Abb. 3: Vorteile von E-Learnings (Quelle: Service-Excellence-Akademie 2021)

Zentrale Ansatzpunkte bei dem Aufbau der Service-Excellence-Akademie waren folglich die Entwicklung und der Einsatz von E-Learnings. E-Learnings ermöglichen es, Mitarbeitende zeit- und ortsunabhängig für das Thema Service Excellence zu sensibilisieren und deren Wissen zu erweitern. Zudem passen E-Learnings, vor allem wenn diese in ein Blended-Learning-Konzept (siehe Abbildung 4) eingebunden sind, ideal in die heutige Digitalisierungsstrategie.

Der Anteil an Selbstorganisation und die informellen Lernanteile nehmen vom E-Learning bis hin zum Workplace Learning stetig zu. Während im E-Learning vor allem Wissensaneignung stattfindet, steht beim Workplace Learning das Umsetzen von realen Aufgaben im Vordergrund.

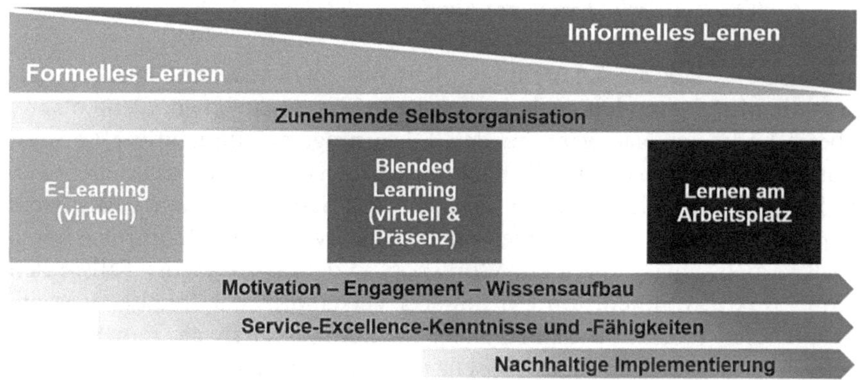

Abb. 4: Blended-Learning-Konzept zu Service Excellence (Quelle: Service-Excellence-Akademie 2021)

Ein typischer Blended-Learning-Ansatz, wie er auch bei oneservice zum Einsatz kommt, besteht aus vier Phasen (siehe Abbildung 5). Zunächst wird über den Einsatz der E-Learnings ein einheitliches Basisverständnis zu Service Excellence geschaffen. Wichtig ist in dieser Phase, dass die E-Learnings nicht nur informativ, sondern gleichermaßen unterhaltsam gestaltet sind. Um dies zu gewährleisten, wurde bei der Entwicklung eine britische Agentur eingebunden, die auf die Produktion von E-Learnings spezialisiert ist. Zudem wurden zwei professionelle Schauspieler, ein US-amerikanischer Darsteller für die englischsprachigen E-Learnings und ein deutscher Schauspieler für das deutsche Pendant, engagiert. Diese Anfangsinvestitionen haben sich bereits mehrfach ausgezahlt, da die Zufriedenheit der Servicetechniker und auch aller sonstigen Mitarbeitenden der oneservice mit den E-Learnings sehr hoch war und ist. Und auch die externen Kunden, die bislang die E-Learnings gebucht haben, waren von deren Qualität begeistert.

Abb. 5: Typischer Ablauf eines Blended Learnings zu Service Excellence (Quelle: Service-Excellence-Akademie 2021)

Wichtig ist, dass die E-Learnings nicht nur Spaß machen, sondern dass sich die Mitarbeitenden auch das relevante Wissen aneignen. Dementsprechend findet im Nachgang zu den E-Learnings ein interaktiver Lerntest statt, um das Erlernte im Gedächtnis zu behalten. Dies stellt die zweite Phase des Blended-Learning-Konzepts der Service-Excellence-Akademie dar. In der dritten Phase werden die bislang erworbenen Kenntnisse nochmals vertieft. Hierzu dient ein Workshop, in dem Best-Practice-Fallstudien zum Einsatz kommen, um ein besseres Verständnis der Inhalte zu erlangen. Dieser Workshop kann gerade in Corona-Zeiten als rein virtuelle oder hybride, aber auch als Präsenzveranstaltung stattfinden. Schließlich rundet die vierte Phase das Blended-Learning-Konzept ab, indem es in einer Art Projekttraining um die Anwendung des Erlernten geht. Hierbei gilt es insbesondere, die Sozial- und Interaktionskompetenzen der Mitarbeitenden zu trainieren, um Momente der Kundenbegeisterung und damit auch der Mitarbeiterbegeisterung zu schaffen. So können Fähigkeiten und Fertigkeiten trainiert werden, die das Erkennen und Erfragen von Kundenwünschen, die professionelle Kommunikation und den professionellen Umgang mit den Kunden verbessern (Gouthier 2013). Nur wenn die gewonnenen Erkenntnisse zu Service Excellence auch in das alltägliche Handeln der Mitarbeitenden eingehen, kann eine derartige Qualifizierungsmaßnahme als Erfolg bezeichnet werden. Die positiven Wirkungen auf die Kundenorientierung der Mitarbeitenden und die Kundenzentrierung des gesamten Unternehmens belegen die Kundenumfragen von oneservice. Demnach lag der Net Promoter Score bei der letzten Kundenbefragung bei +71 Punkte.

4. Anforderungen an die E-Learnings zu Service Excellence und deren Inhalte

Bei jeder Art von Kundenservice und damit auch beim technischen Service spielen die Mitarbeitenden eine wesentliche Rolle, um Kunden zufriedenzustellen und zu begeistern. Dazu können die von der Service-Excellence-Akademie entwickelten E-Learnings als Tutorials genutzt werden, um die Mitarbeitenden effizient und effektiv zur Erbringung von exzellenten Services zu schulen. Das Online-Training ist anregend und einfach zu nutzen, es motiviert erwachsene Lernende und schafft eine sinnvolle Bildungserfahrung. Zudem können die E-Learnings problemlos in ein Lernmanagementsystem (LMS) eingebettet werden.

Letztlich sollen E-Learnings eine effektive, effiziente und somit zufriedenstellende individuelle Zielerreichung für den Nutzer ermöglichen – bei gleichzeitiger Einfachheit der Nutzung, guter Interaktion, Übersichtlichkeit, gutem Design und einer optischen Attraktivität für die Lernenden (siehe Abbildung 6).

Abb. 6: Anforderungen an E-Learnings (Quelle: Service-Excellence-Akademie 2021)

Die E-Learnings zu Service Excellence wurden in deutscher und englischer Sprache produziert, um auch die eigenen Mitarbeitenden in den nicht deutschsprachigen Ländern in Bezug auf Service Excellence fit zu machen. Die E-Learnings bestehen aus vier Modulen mit insgesamt 23 Lektionen. Die Lektionen sind relativ kurz gehalten, ungefähr zwei bis drei Minuten lang, um Ermüdungserscheinungen zu vermeiden. Insgesamt dauern die E-Learnings rund 60 Minuten.

Das erste Modul beschäftigt sich mit allgemeinen Aspekten der Service Excellence (Dimension „Exzellente Strategie und Führung“) und beantwortet in den einzelnen Lektionen die folgenden fünf Fragestellungen:

- Warum ist Service Excellence von Relevanz?
- Was ist der Unterschied zwischen Kundenzufriedenheit und Kundenbegeisterung?
- Welcher Zusammenhang besteht zwischen Service Excellence und Kundenbegeisterung?
- Was ist die Service-Excellence-Pyramide?
- Wie kann Service Excellence in die Vision, Mission und Strategie eines Unternehmens integriert werden?

Das zweite Modul zu Service Excellence fokussiert auf die Mitarbeitenden und die im Unternehmen gelebte Service-Excellence-Kultur. Dementsprechend widmen sich die Lektionen der Beantwortung der folgenden sieben Fragestellungen:

- Wie kann der Kunde konsequent in den Mittelpunkt gestellt werden?
- Was kann ein Mitarbeitender tun, um die richtige Einstellung zu zeigen?
- Wie kann mit dem Kunden auf authentische Weise interagiert werden?
- Was ist der Schlüssel zum Verständnis der Kunden?
- Wie sollte mit kritischen Situationen umgegangen werden?
- Was kann getan werden, um eine persönliche Note zu erbringen?
- Wie kann ein Wow-Effekt erzeugt werden?

Mit der Schaffung von exzellenten Kundenerlebnissen setzt sich Modul 3 auseinander. In sieben Lektionen wird auf die folgenden Fragestellungen näher eingegangen:

- Was ist Service Design?
- Was ist der Mehrwert der Generierung von Personas?
- Wie lässt sich die Customer Journey abbilden?
- Was ist das Kano-Modell?
- Wie können umsetzbare Ideen entwickelt werden?
- Was ist Service-Prototyping?
- Was ist Service-Blueprinting?

Worauf bei der Gestaltung von exzellenten Prozessen, Systemen und Strukturen zu achten ist, wird in Modul 4 näher erläutert. Dabei widmen sich die Lektionen den folgenden vier Fragestellungen:

- Wie können Hindernisse bei der Implementierung von Service Excellence überwunden werden?
- Wie sollten Kundenerlebnisse gemanagt werden?
- Wie können interne Spitzenleistungen erbracht werden?
- Wie kann Kundenbegeisterung gemessen werden?

Mit diesen vier Modulen erhalten die Mitarbeitenden einen generellen Überblick und profunde Einblicke zu den Kerninhalten der Service Excellence. Damit ist eine einheitliche Wissensbasis gelegt, auf der aufgebaut werden kann, um nachhaltig das Konzept der Service Excellence im Unternehmen zu verankern.

5. Fazit

Gerade ein technisches Dienstleistungsunternehmen wie die oneservice AG und deren Tochtergesellschaften leben vom Engagement ihrer Mitarbeitenden. Dabei steht der Kunde im Fokus der unternehmerischen Bemühungen. Um Kunden zu begeistern, müssen die Mitarbeitenden selbst für ihre Tätigkeit leidenschaftlich brennen. Engagement zeigt sich für die Kunden insbesondere in problematischen Situationen. Hier vermögen die Servicetechniker nicht nur durch ihre Fachkompetenz, sondern vor allem durch ihren Einsatz und ihre Empathie den Kunden rational und emotional zu überzeugen. Um dieses Mitarbeiterengagement kontinuierlich zu fördern, setzt die oneservice auf das Konzept der Service Excellence, das mittels E-Learnings, die in ein Blended-Learning-Konzept eingebunden sind, an alle Mitarbeitenden vermittelt wird. Und wie so oft bei erfolgreichen, zunächst rein intern eingesetzten Konzepten, war der nächstlogische Schritt, diese Tools über die Service-Excellence-Akademie auch extern am Markt anzubieten. Erste Kundenprojekte belegen den Erfolg.

Literaturverzeichnis

CEN/TS 16880:2015 (2015): Service Excellence: Schaffung von herausragenden Customer Experiences durch Service Excellence, Brüssel.

Gouthier, M.H.J. (2013): Kundenbegeisterung durch Service Excellence: Erläuterungen zur DIN SPEC 77224 und Best-Practices, 2. Aufl., Berlin.

Gouthier, M.H.J. (Hrsg.) (2016): Kundenbindung durch kosteneffiziente Service Excellence. Strategien – Konzepte – Best-Practices, Band 1 der Reihe Dienstleistungsmanagement | Dienstleistungsmarketing, Baden-Baden.

ISO 23592:2021 (2021): Service excellence: Principles and model, Genf.

Markos, S./Sridevi, M.S. (2010): Employee engagement: The key to improving performance, in: International Journal of Business and Management, 5. Jg., Nr. 12, S. 89–96.

Mönch, B./Goller, M. (2010): Service Excellence: Vom Know-how zum Do-how, in: Keuper, F./Hogenschurz, B. (Hrsg.): Professionelles Sales und Service Management, 2. Aufl., Wiesbaden, S. 283–308.

Service-Excellence-Akademie (2021): Vom Service Management zur Service Excellence: Implementierung verlangt Verstehen und Engagement, internes Dokument, Darmstadt/Feusisberg.

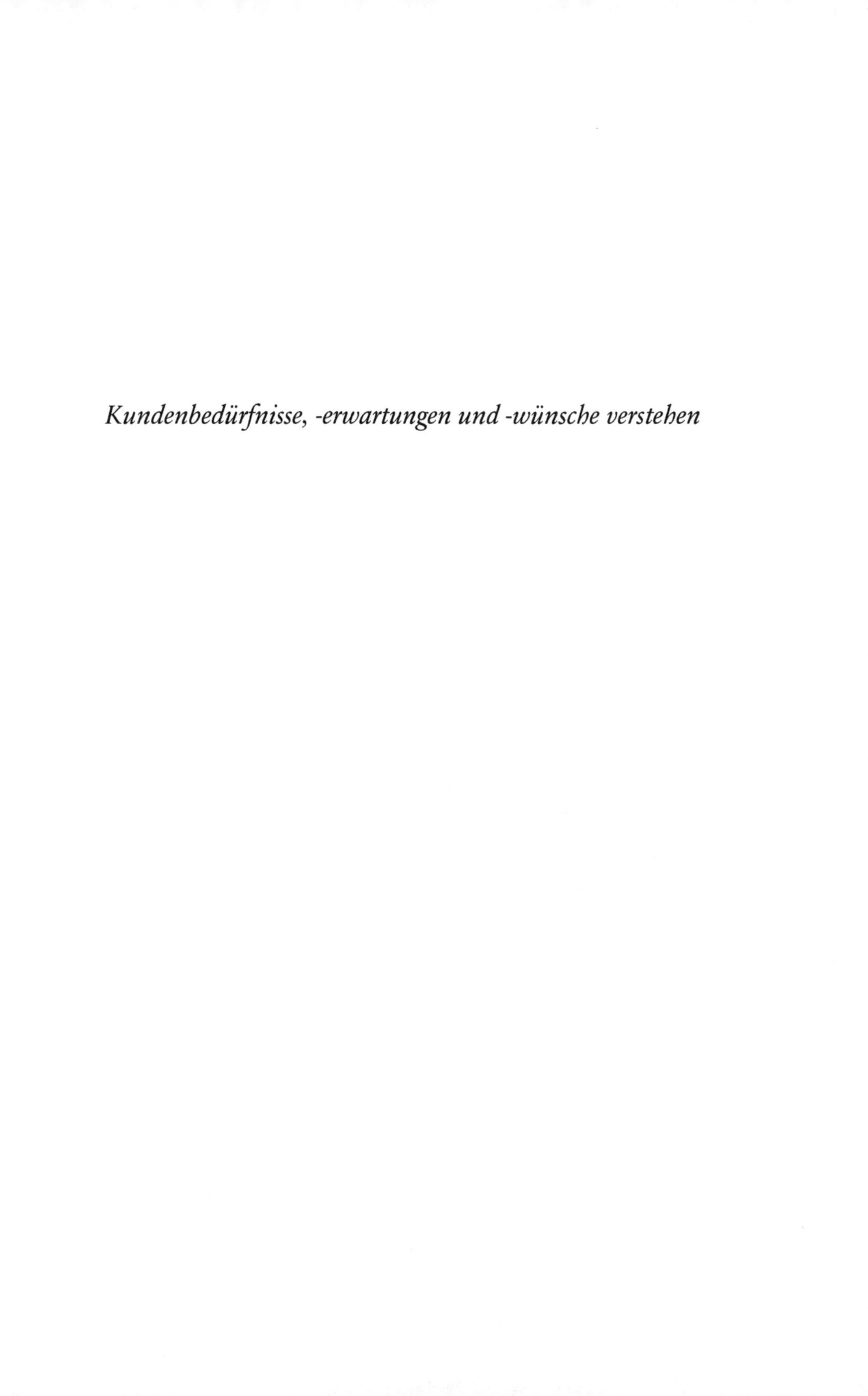

Kundenbedürfnisse, -erwartungen und -wünsche verstehen

Customer Experience Management: Erfahrungen und Empfehlungen von CX-Leadern

Juliane Köninger, Matthias Gouthier

Management Summary

Das Customer Experience Management (CXM) hat in den letzten Jahren einen immensen Aufschwung erfahren und stellt heute einen zentralen Erfolgsfaktor von Unternehmen dar. Dennoch ist vergleichsweise wenig darüber bekannt, was ein erfolgreiches CXM auszeichnet. Um diese praxisrelevante Forschungslücke zu schließen, führte das Autorenduo eine qualitativ-explorative Studie durch und beschreibt in diesem Artikel die wichtigsten Erkenntnisse aus zahlreichen Interviews mit nationalen und internationalen CX-Leadern.

1. Einsichten aus einer internationalen Best-Practice-Studie

In der Wissenschaft wird das Themenfeld der Customer Experience (CX) bisher vor allem aus der Kundensicht analysiert. Die Perspektive des Unternehmens, das heißt das Customer Experience Management (CXM), wird bislang weitestgehend vernachlässigt (Homburg et al. 2017). Von daher wurde von den Autoren eine qualitativ-explorative Studie durchgeführt, um mehr über die Anwendung von CXM in der Praxis zu erfahren und neue wissenschaftliche Erkenntnisse zu generieren. Der Aufbau sowie die zentralen Erkenntnisse dieser Studie werden im Folgenden aufgeführt.

Im Rahmen der qualitativen Studie wurden CX-Experten aus 20 namhaften Unternehmen befragt. Die branchenübergreifende Studie umfasst führende Unternehmen aus den Bereichen Finanzdienstleistungen, Telekommunikation, IT, Versicherungen, Mobilität, Handel, Tourismus und Unternehmensberatung. Die Hälfte der Unternehmen hat ihren Sitz in Deutschland, während die weiteren CX-Experten aus den USA, UK, Frankreich und Asien stammen. Die leitfadengestützten Interviews wurden persönlich, telefonisch oder per Videoanruf durchgeführt. 15 der 20 Experten berichten aus der internen Perspektive, das heißt, sie sind Beschäftigte eines Unternehmens mit beispielsweise einer eigenen CX-Abteilung, die sich intensiv dem Thema CX widmen. Die weiteren fünf Experten stammen von Beratungsunternehmen oder Dienstleistern, die sich auf den Bereich der CX und des CXM spezialisiert haben. Diese nehmen folglich die externe Sicht auf CXM ein. Auf diese Weise konnten mehrwertstiftende

Erkenntnisse bezüglich des Einsatzes des CXM in Unternehmen generiert werden, welche im Fokus des Artikels stehen. Zunächst wird nach einer kurzen Einführung die Relevanz des Themas aufgezeigt. Anschließend werden die Erfolgswirkungen des CXM präsentiert und grafisch zusammengefasst. Darauf folgend werden die Studienerkenntnisse zur Umsetzung von CXM sowie zur Schaffung positiver CX erörtert. Abschließend werden die in den Interviews gewonnenen Erfolgsfaktoren des CXM dargestellt.

1.1 Einführung und Relevanz von CX

In der heutigen Wirtschaftslage, geprägt von intensivem Wettbewerb und wachsenden Erwartungen, gepaart mit einer ausgeprägten Wechselbereitschaft der Kunden, sind insbesondere loyale Kunden essentiell für den langfristigen Erfolg eines Unternehmens. Um nicht nur zufriedene, sondern begeisterte und damit loyale Kunden zu erhalten, ist das Angebot herausragender Kundenerlebnisse notwendig. Die Schaffung positiver Kundenerlebnisse wird somit zu einem entscheidenden Differenzierungsmerkmal und ist sowohl für die Kundengewinnung als auch für die Kundenbindung von hoher Relevanz (Becker/Jaakkola 2020). Eine Studie von Gartner (2019) zeigt auf, dass im Jahr 2019 bereits 67 Prozent der befragten Unternehmen hauptsächlich auf Basis von CX konkurrierten – mit einem erwarteten Anteil von 86 Prozent für das Jahr 2021. Des Weiteren geben 77 Prozent der befragten US-Unternehmen einer anderen Studie an, dass die Verbesserung der CX über die nächsten drei Jahre entweder entscheidend oder sehr wichtig für das Unternehmen sein wird (Qualtrics 2020).

Die Aussagen zur Relevanz von CX werden durch die Ergebnisse der Best-Practice-Studie bestätigt. So bekräftigte einer der befragten Experten den aktuellen Trend, dass sich aufgrund zunehmend austauschbarer Produkte viele Unternehmen nicht mehr über diese differenzieren können – jedoch sehr wohl über das Angebot umfangreicher Services sowie eines hervorragenden Supports. Demnach verfolgen Unternehmen die Zielsetzung, eine überragende CX anzubieten, um sich auf diese Art und Weise von den Wettbewerbern zu unterscheiden. Diese Auffassung stimmt mit der Aussage eines weiteren Experten überein: „[...] competitive differentiation now is driven out of experience. [...] in most industries, reality is that people have roughly similar pricing, similar products and what really differentiates is how easy is it to do business with you. How does the experience look like? [...] We need to provide sort of better experience.“

Ein weiterer Experte begründete die anwachsende Relevanz von CX dadurch, dass Kunden es heutzutage immer einfacher haben, ihre Meinung unter anderem über soziale Medien oder Online-Foren kundzutun und damit grundsätzlich ein großes Publikum erreichen. Denn jeder unzufriedene Kunde hat das Potenzial, andere Kunden davon in Kenntnis zu setzen und negative Mundpropaganda zu betreiben.

In Summe weisen alle befragten Experten dem Thema CX derzeit und auch in absehbarer Zukunft einen hohen Stellenwert zu. Beispielsweise wird es als „eine der strategischen Prioritäten" beschrieben. Bei allen Unternehmen der Studie sind die Themen CX und CXM Teil der Unternehmensstrategie. Bei einer Minderheit wird nicht direkt der Begriff CX verwendet, jedoch stellen sie im Rahmen ihrer Strategie den Kunden in den Mittelpunkt. Damit übereinstimmend bekräftigte einer der externen Experten dieses Bild wie folgt: „In sehr, sehr vielen Unternehmen, [...] definiert als größer 90 Prozent würde ich mal sagen, ist es wirklich inzwischen Gott sei Dank Teil der Unternehmensstrategie. [...] in vielen Unternehmen auch schon das zentrale Thema."

1.2 Erfolgswirkungen des CXM

Die Relevanz von CX und CXM begründet sich letztlich in den Erfolgswirkungen, die in Abbildung 1 grafisch dargestellt sind. Die Struktur der CXM-Erfolgskette beruht auf einer generellen Erfolgskette des Relationship Marketing von Bruhn (2016) und einer Erweiterung der von Löffler und Gouthier (2017) entwickelten CXM-Erfolgskette, welche auf Basis zusätzlich gewonnener Erkenntnisse aus den Interviews adaptiert und ergänzt wurde. Ausgangspunkt dieser Erfolgskette ist das unternehmensintern verankerte CXM. Durch ein systematisches CXM, in größeren Unternehmen meist umgesetzt durch eine CX-Abteilung, soll eine verbesserte und vor allem positive CX beim Kunden hervorgerufen werden. Unternehmensintern sorgt das CXM für eine Steigerung der Kundenorientierung beziehungsweise Kundenzentrierung des gesamten Unternehmens, welche einen positiven Einfluss auf die CX nimmt (Lemon/Verhoef 2016). Hierdurch wird unter anderem bei der Entwicklung und fortlaufenden Optimierung von Services und Produkten konsequent die Kundenperspektive eingenommen. Zwischen dem CXM als Ausgangspunkt und der vom Kunden wahrgenommenen positiven CX spielen weitere interne Faktoren, wie beispielsweise die Unternehmenskultur, eine entscheidende Rolle. Diese Erfolgsfaktoren des CXM werden im weiteren Verlauf dieses Artikels präsentiert und sind als Mediatoren einer positiven CX zu verstehen. Mit der Erhöhung der positiven CX geht die Erfolgskette über in die externen Wirkungen beim Kunden. In der Regel führt eine positive CX zu einer höheren Kundenzufriedenheit und im Idealfall zur Kundenbegeisterung (Gouthier et al. 2012). Diese münden wiederum in einer gestiegenen Kundenloyalität, welche letztendlich einen positiven Einfluss auf den ökonomischen Unternehmenserfolg nimmt (Homburg et al. 2017).

Zusätzlich werden die genannten Effekte von weiteren positiven Resultaten begleitet. Der obere Teil der Grafik bezieht sich auf die Umsatzerhöhungen, während der untere Teil auf die Kostenreduktion Bezug nimmt. Sowohl Umsatzerhöhung als auch Kostenreduktion haben letztendlich einen positiven Einfluss auf den wirtschaftlichen Unternehmenserfolg. Zufriedene und insbesondere begeisterte Kunden sind tendenziell weniger preissensibel und weisen eine höhere Zahlungsbereitschaft auf. Zudem ist es sehr wahrscheinlich, dass eine positive CX via Kundenzufriedenheit und -begeisterung zur Weiterempfehlung führt. Daneben sind Wiederkauf sowie Cross- und Up-Buying weitere Potenziale, die einen positiven Einfluss auf den Unternehmenserfolg haben (Reichheld 2003; Kranzbuehler et al. 2018). Der untere Teil der Grafik zeigt auf, dass aufgrund von positiven beziehungsweise im Idealfall von herausragenden CX weniger Beschwerden eingehen. Ein Rückgang der Anzahl an Beschwerden bedeutet ebenso eine Kostenreduktion. Des Weiteren kostet es deutlich weniger, einen Kunden zu binden als einen neuen Kunden zu gewinnen. Folglich haben auch die eingesparten Akquisitionskosten einen positiven Effekt auf den Unternehmenserfolg (Reichheld/Sasser 1990).

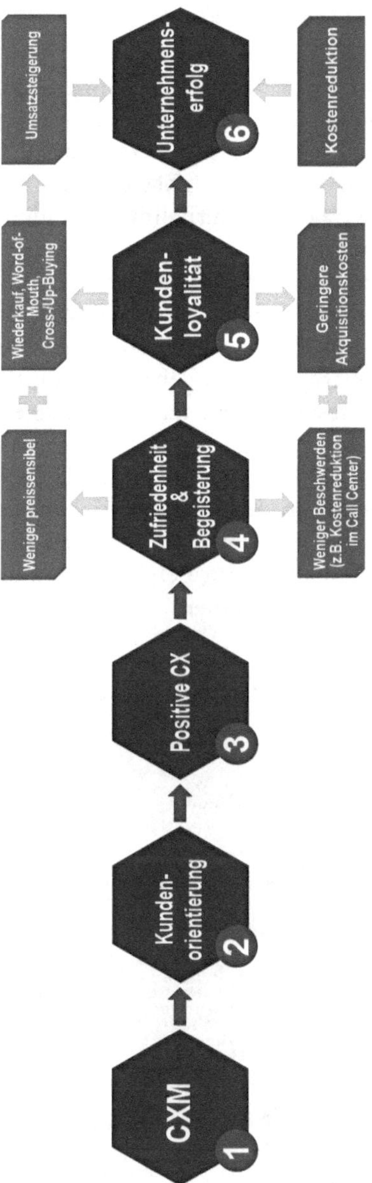

Abb. 1: Erfolgswirkungen des CXM (angelehnt an Bruhn (2016), S. 73 und Löffler/Gouthier (2017) sowie basierend auf den Interviewergebnissen)

2. Umsetzung von CXM in Unternehmen

Um ein erfolgreiches CXM betreiben zu können, muss es aktiv im Unternehmen umgesetzt werden (Gouthier et al. 2012). Dieses Kapitel stellt die Haupterkenntnisse der Studie zur Umsetzung des CXM vor. In Abbildung 2 werden die zentralen Daten zur CXM-Umsetzung veranschaulicht. Die große Mehrheit der befragten Unternehmen hat ein dediziertes Team oder eine Abteilung, die sich für das CXM verantwortlich zeigt. Die CX-Abteilung ist dabei in den meisten Fällen entweder im Marketing oder im Service verortet. Bei den befragten Unternehmen ist die Berichtsstruktur der CX-Abteilung in der Regel eine Ebene oder zwei Ebenen unter dem Vorstand und somit relativ hoch aufgehängt. Bei international ausgerichteten Unternehmen ist festzustellen, dass es meist ein zentrales CX-Team in der Unternehmenszentrale gibt. Je nach Unternehmensgröße sind dies circa zehn bis 15 Personen. Ergänzend zu den CX-Managern in der Unternehmenszentrale arbeiten in den lokalen Märkten dedizierte CX-Manager an der Verbesserung der CX. Im Schnitt haben diese Unternehmen die CX-Abteilung um das Jahr 2016 ins Leben gerufen und demnach mit dem Fokus auf das Thema CXM begonnen.

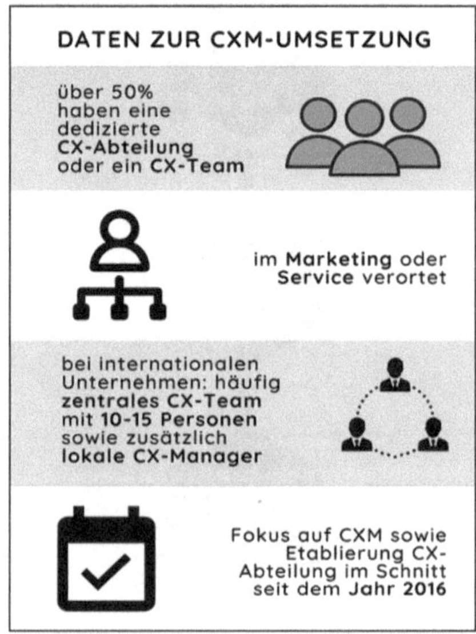

Abb. 2: Daten zur CXM-Umsetzung bei Best-Practice-Unternehmen

In diesem Zusammenhang ist ein Blick über die Ländergrenzen hinweg spannend. So treffen die geschilderten Daten vor allem für hoch entwickelte Länder zu. Einer der Befragten erläuterte diesbezüglich: „Je entwickelter ein Markt ist, desto mehr sind die Märkte […] schon verteilt und die Kunden auch schon auf die Unternehmen. Da wird dann grad so was, wie die eigenen Kunden erst einmal zu behalten oder ans eigene Unternehmen zu binden, natürlich immer wichtiger. Je schwerer es wird, neue zu gewinnen, desto wichtiger ist es einfach, die alten zu behalten. Das sehen die Unternehmen auch und verschieben sozusagen ihre Budgets, um die Kunden entsprechend ihres Markenversprechens zu bedienen." Folglich gilt es insbesondere in den entwickelten Ländern, die Kunden an das Unternehmen zu binden. Der Experte betonte diesbezüglich: „Der einzige Weg, das wirklich nachhaltig zu machen, ist, einfach den Kunden gut zu bedienen. Damit wird ganz automatisch Customer Experience Management zu einer zentralen strategischen Frage."

Ein CX-Experte aus einem technischen Unternehmen erläuterte, dass der Fokus hin zu CX und die Verankerung in der Strategie „ein Prozess über die letzten Jahre" war, besonders da es sich in seinem Fall um ein „ingenieurlastiges" Unternehmen handelt. Diesbezüglich hob er hervor: „Ich sag mal, vor sechs, sieben Jahren wäre so etwas wie gestern, dass wir dem kompletten Aufsichtsrat unsere Produkte und unsere Experience zeigen, nicht passiert". Dieses Beispiel verdeutlicht, dass für die Etablierung eines nachhaltigen und erfolgreichen CXM Ausdauer und Kontinuität gefordert sind.

In den Interviews wurden des Weiteren die Aufgabenbereiche einer CX-Abteilung identifiziert. Diese beinhalten unter anderem das Customer Experience Design sowie das Customer Journey Mapping, bei welchem die Touchpoints des Kunden mit dem Unternehmen identifiziert, analysiert und optimiert werden. In der Regel werden hierbei vorab Personas definiert und die Customer Journeys für die jeweilige Persona betrachtet. Eine weitere Aufgabe des CXM ist es, die CX zu messen, Customer Insights zu generieren und damit die „voice of the customer" zu berücksichtigen. Hierzu gehören neben dem Einholen der Kundenmeinung die Analyse der Daten und beispielweise die Anwendung von Predictive Analytics. Zusätzlich ist es die Aufgabe des CXM, die gewonnenen Insights innerhalb des Unternehmens zu dokumentieren und zu verbreiten. Darüber hinaus führen einige Unternehmen Workshops mit anderen Fachabteilungen durch, um das kundenzentrierte Denken und Handeln zu fördern und die Kundenperspektive einzunehmen. Des Weiteren werden auf Basis des Kundenfeedbacks Maßnahmen abgeleitet, um das Kundenerlebnis zu verbessern. Je nach Unternehmen gehören zur CX-Abteilung zusätzlich das Customer Contact Team und/oder das Produktmanagement sowie das Social Media Team.

Die gewonnenen Erkenntnisse spiegeln in Summe einen typischen Managementansatz wider, wie er für das CXM beispielsweise von Mayer-Vorfelder (2012) beschrieben wird. Dieser wurde basierend auf den Experteninterviews angepasst, erweitert und in ein strategisches sowie operatives CXM unterteilt. Abbildung 3 stellt die strategischen und operativen Ebenen sowie Prozessschritte des CXM dar, welche zudem untereinander im Austausch stehen. Der Ausgangspunkt des strategischen CXM ist die Entwicklung der Strategie. Hierbei werden die Ziele, Leitlinien, KPIs und Strategien im Rahmen des CXM definiert. Idealerweise findet darüber eine Verknüpfung mit der Unternehmensstrategie statt. Auf der zweiten Ebene, die sich Technologien und Prozessen widmet, sind die Auswahl und der Einsatz von CX-Technologien und Tools verortet. Dabei gilt es, nahtlose und konsistente Prozesse aufzusetzen. Insbesondere müssen die Prozesse aus der Kundenperspektive einfach gestaltet sein, auch wenn sie intern komplex sind. Die dritte Ebene des strategischen CXM beschäftigt sich mit der Governance. Hierbei werden die Regeln, Rollen und Verantwortlichkeiten festgelegt. Zudem sollte idealerweise das Thema CXM beim Topmanagement verantwortet werden. Die vierte Ebene befasst sich mit dem Themenbereich Kultur und Organisation. Für ein erfolgreiches CXM wird eine passende Unternehmenskultur benötigt, die sich der Customer Centricity widmet und agile Strukturen zulässt. Zudem ist eine CX-Abteilung oder ein CX-Team notwendig, um das Thema CX voranzutreiben. In diesem Zusammenhang ist der Einsatz bereichsübergreifender CX-Ambassadors von Vorteil, um das Thema CX unternehmensweit zu verankern.

In Bezug auf die operativen Prozessschritte des CXM lassen sich gleichermaßen vier Managementphasen unterteilen. In der ersten Phase, der Analysephase, werden die relevanten Touchpoints der Kunden mit dem Unternehmen identifiziert. Dies geschieht beispielsweise durch qualitative Kundeninterviews. Des Weiteren werden auf Basis dieser ersten Kundeninterviews Kunden-Personas bestimmt. Darüber hinaus werden Customer Journey Maps entwickelt. Hierbei werden je nach Unternehmen personaspezifische Customer Journey Maps erstellt. Diese Customer Journey Maps bieten einen guten Ausgangspunkt für die Entwicklung von Service Blueprints, welche die Kundenreise um die Abbildung der internen Prozesse ergänzen. Daraufhin folgt die Planungs- und Entwicklungsphase. Diese widmet sich dem CX-Design, welches zur Aufgabe hat, dem Kunden ein nahtloses Kundenerlebnis über alle Kanäle hinweg zu bieten (Lemon/Verhoef 2016). Für neue Produkte oder Services wird die CX neu designt. Bei existierenden Produkten oder Services erfolgt zuerst ein Soll-Ist-Abgleich, wodurch anschließend das CX-Design optimiert und angepasst wird. In der Umsetzungsphase wird kontinuierlich Kundenfeedback an verschiedenen Touchpoints und Kanälen eingeholt. Des Weiteren erfolgt in dieser Phase auch eine Erlebnismessung an den Touchpoints, beispielsweise durch Echtzeit-Befragungen. Hieraus lassen sich ebenso wichtige CX-Kennzahlen ermitteln. Dieses Feedback wird anschließend analysiert und die Erkenntnisse an die zuständigen Fachabteilungen verbreitet. Insbesondere sollten die Erkenntnisse in aggregierter Form auch dem Topmanagement und zudem allen Mitarbeitenden mit Kundenkontakt zur Verfügung gestellt werden. In dieser Phase gilt es ferner, mit dem Kundenfeedback zu arbeiten und die Services und Produkte zu optimieren sowie entsprechende Maßnahmen einzuleiten, um letztendlich die CX zu verbessern. In der Evaluierungs- und Anpassungsphase sollten die beschriebenen Maßnahmen im Sinne einer Erfolgskontrolle kontinuierlich überprüft werden. Gegebenenfalls findet hierbei eine entsprechende Anpassung statt, um den gewünschten Effekt beim Kunden zu erzielen. Da der Managementprozess ein fortlaufender Prozess ist, geht diese Phase wieder direkt in die erste Phase des operativen Kreislaufs über (Löffler/Gouthier 2017).

3. *Schaffung einer positiven CX*

Eine weit verbreitete Definition von CX stammt von Lemon und Verhoef (2016, S. 71), die CX wie folgt beschreibt: „[...] a multidimensional construct focusing on a customer's cognitive, emotional, behavioral, sensorial, and social responses to a firm's offerings during the customer's entire purchase journey." Diese Definition unterstreicht den subjektiven und individuellen Charakter einer CX. Dabei geht es beim CXM insbesondere darum, positive bis hin zu herausragenden Kundenerlebnissen zu schaffen. Letztere werden in der ISO 23592 als „significantly better than usual customer experience" definiert (ISO 23592:2021, S. 2). In diesem Zusammenhang ist hervorzuheben, dass Unternehmen lediglich die Grundlage für eine positive CX erzeugen können (Becker/Jaakkola 2020). Letztendlich entscheidet allein der jeweilige Kunde, inwiefern eine Interaktion zwischen ihm und einem Unternehmen als positiv, neutral oder negativ eingestuft wird. Darüber hinaus ist zu erwähnen, dass zudem vorherige Erfahrungen einen Effekt auf die gegenwärtige und zukünftige CX haben (Lemon/Verhoef 2016).

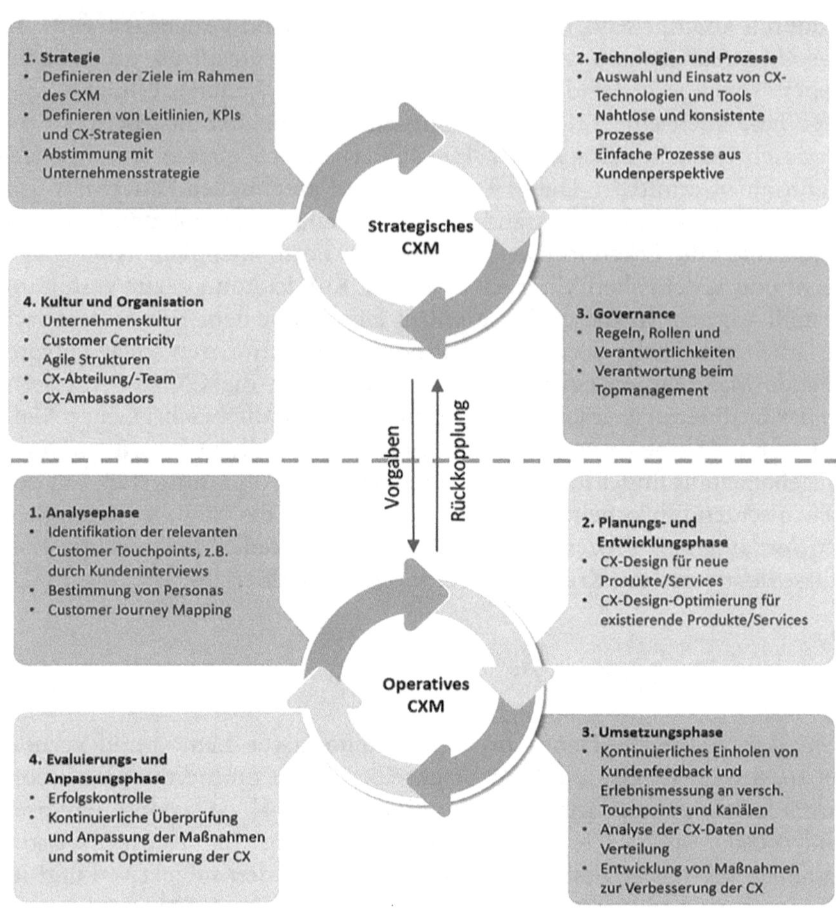

Abb. 3: Ebenen und Prozessschritte des CXM

Im Rahmen der Experteninterviews wurden die CX-Leader nach ihrer individuellen Definition beziehungsweise Beschreibung einer herausragenden CX gefragt. Demnach sollten in erster Linie zentrale Basis-Determinanten erfüllt sein, damit die CX als positiv empfunden wird und darauf aufbauend als herausragend beurteilt werden kann. Als Basis-Determinanten sind unter anderem Kompetenz, Freundlichkeit, Preis-Leistungsverhältnis, Schnelligkeit, Einfachheit und Qualität zu nennen. Ein Experte fasste es wie folgt zusammen: „[...] wenn mein Gegenüber, quasi die Firma, die diese Experience für mich liefert, wenn die kompetent sind, wenn die freundlich sind, [...] wenn sie auch ein faires Preis-Leistungsverhältnis haben, wenn sie mich nicht ewig warten lassen [...], wenn die Prozesse simpel sind und die Qualität gut ist." Des Weiteren ist für einige Experten das „In-Loop-Halten" für eine positive CX von Relevanz, wodurch ihnen der aktuelle Status im Kundenprozess bekannt ist und transparent dargelegt wird. In diesem Zusammenhang erläutert ein Experte wie folgt: „[...] wenn für mich klar ist, was die nächsten Schritte sind."

Damit die CX als überragend empfunden wird, konnten in den Interviews Determinanten für eine herausragende CX identifiziert werden. Beispielsweise sind Proaktivität und Antizipation hier zu nennen. So schilderte ein Experte wie folgt: „Also, die beste Customer Experience für mich ist, wenn ich mich eigentlich gar nicht mehr explizit darum kümmern muss, was da gerade passiert, sondern das irgendwie zu mir kommt." Für einen weiteren Interviewpartner zeichnet sich eine herausragende CX dadurch aus, dass das Unternehmen „ein Stück weit auch meinen Kundenprozess antizipiert. Dass mir sozusagen Services angeboten werden oder auch, dass das Unternehmen schon weiterdenkt und mich, zum Beispiel bei einem Kauf, bei meiner Kaufentscheidung entsprechend auch unterstützt." Ein anderer CX-Experte betont die Flexibilität und das Eingehen auf die Kundenbedürfnisse: „[…] wenn besonders auf Bedürfnisse eingegangen wurde. Wenn da vielleicht die Person, mit der man interagiert hat, […] einfach mal von Skripten abgewichen ist und jetzt nicht so den Standard durchgezogen hat während der Interaktion."

Des Weiteren wird das Schlagwort „Human Brilliance" genannt und wie folgt von einem Experten erläutert: „[...] wenn du einen Mitarbeiter, einen Servicemitarbeiter hast, dem du begegnest und der macht das alles intuitiv, dass er dir quasi deinen Wunsch von den Lippen abliest oder sogar noch einen Schritt weiterdenkt. Und gar nicht, weil es in irgendeinem Lehrbuch steht oder sonst irgendwas, nicht, weil es scripted ist, sondern weil er einfach genau versteht, was du willst und da noch sogar einen Schritt weitergeht und dich dadurch begeistert." Auf ähnliche Weise stellt es ein internationaler CX-Experte dar: „I think what is really central to customer experience is the human in the middle. [...] ultimately, customer experience is relative to whoever you deliver it to. So, great customer experience to me is understanding who is the human and tailoring it to the preference, expectation and emotional state and everything else around the person." Ein weiterer CX-Experte teilt dieselbe Ansicht: „I think to me it's being familiar without being overfamiliar. It's like, you know who I am and you know what I need as a customer and you make it easy for me to get those things. But it never feels invasive. [...] It's like you find just the right line of making sure I have everything I need as a customer, but you never step over that line." Darüber hinaus hoben die Experten das

Thema Wertschätzung für die Bildung einer herausragenden CX hervor. Beispielsweise sprach einer der Experten von positiven Effekten, wenn sie sowohl zufriedene als auch unzufriedene Kunden nach ihrer Feedbackmitteilung kontaktieren: „Ich zeige dem Kunden Wertschätzung, indem ich ihn anrufe und sage: Danke für Ihr Feedback, was können wir Ihnen noch Gutes tun? Und so weiter und so fort." So beschrieb ein anderer Experte seine herausragende CX wie folgt: „Ich habe mich dabei immer wertgeschätzt gefühlt."

Immer wieder wurde auch ein Überraschungsmoment, ein „Wow-Erlebnis", und das Übertreffen der Erwartungen genannt: „Überragend ist es dann, wenn Dinge passieren, [...] mit denen der Kunde gar nicht gerechnet hat." Ein weiterer Experte berichtete auf ähnliche Weise wie folgt: „Wenn die Leute auch noch freundlich sind und die Extrameile gehen und mich total in meiner Erwartung übertreffen." Folglich prägen diese Wow-Erlebnisse die CX, wodurch der Kunde in der Regel emotional berührt wird. Dieses Erlebnis bleibt dem Kunden zudem länger in Erinnerung. In diesem Zusammenhang sei eine Aussage eines Experten zu erwähnen: „Es helfen eben genau die Kundenerfahrungen, an die ich mich später noch erinnere und wenn dann eine Entscheidung ansteht, welches Unternehmen ich für das nächste Jahr wähle."

Abbildung 4 fasst die genannten Determinanten einer positiven CX überblicksartig zusammen. Hierbei sind die hellgrauen Determinanten als eine notwendige Basis für eine positive CX zu verstehen, während die dunkelgrauen Determinanten fördernd für eine herausragende CX sind.

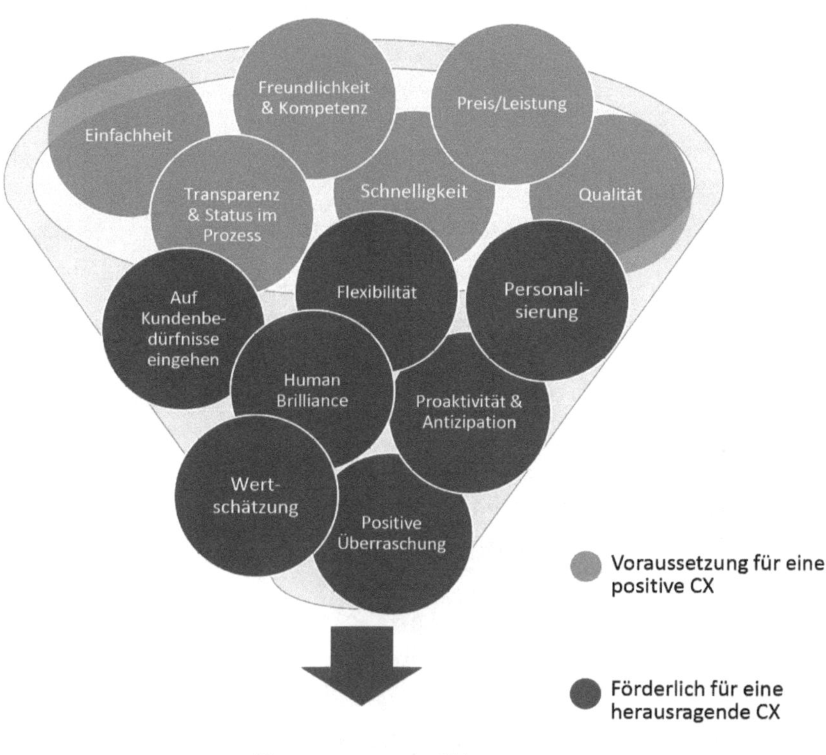

Abb. 4: Determinanten einer positiven bis hin zur herausragenden CX

4. *Erfolgsfaktoren des CXM*

Schließlich wurden in den Experteninterviews sechs zentrale Erfolgsfaktoren des CXM identifiziert. In diesem Kapitel werden die Erkenntnisse bezüglich dieser Erfolgsfaktoren präsentiert. Abbildung 5 fasst diese graphisch zusammen.

Abb. 5: Erfolgsfaktoren des CXM

4.1 Topmanagement-Support

Ein entscheidender Erfolgsfaktor des CXM ist der Support des Topmanagements. Zur Untermauerung seien die folgenden Aussagen der CX-Leader aufgeführt: „Es muss immer vom Topmanagement gewollt sein, dass ein Unternehmen sich auf den Kunden ausrichtet." Und ergänzend: „Von der Firma her absolutes Management-Buy-in. Da müssen das gesamte obere Management und auch das mittlere Management dahinterstehen, dass das funktioniert." Ein weiteres, sehr ehrliches Zitat eines CX-Experten sei an dieser Stelle ebenso angeführt: „Ich bin eigentlich sonst nicht so ein Typ, der sagt, erst einmal muss es der Vorstand machen, aber das gehört an der Stelle schon auch dazu, dass es vorgelebt wird."

Ein Experte, der Unternehmen bezüglich CX berät, erwähnte in diesem Kontext: „The best ones I've seen are the ones that the C-suite are involved, you know, there's a program sponsor, there's a clear roadmap [...]. And once you have the right stakeholder on the top, then everything else like resourcing, budget and everything tends to be unlocked." Darüber hinaus wird die Relevanz des Topmanagements von einem weiteren Experten wie folgt dargelegt: „Ich kann den einzelnen Mitarbeitern noch so viel erzählen, dass sie ihr Verhalten ändern sollen, solange das nicht vom Vorstand kommt, dass sie das tun müssen. Solange der nicht voll dahintersteht und mit gutem Beispiel vorangeht, es irgendwelche Awards vielleicht gibt, der Vorstand selbst öfter mal auf die Fläche geht und irgendwie mitarbeitet und so weiter, nicht auch andere KPIs daraufhin ausgerichtet werden, wird es nicht funktionieren." Zudem sind eine Kontinuität und eine langfristige Strategie, die vom Topmanagement getragen wird, wichtig für den nachhaltigen Implementierungserfolg.

4.2 Unternehmenskultur

Um ein erfolgreiches CX-Programm umzusetzen, bedarf es einer passenden Unternehmenskultur. Dies betonen bereits Homburg et al. (2017), was im Rahmen der vorliegenden Studie bestätigt wurde. In den Interviews war immer wieder von Bedeutung, dass das Thema CX im Unternehmen verwurzelt und im Unternehmen gelebt werden muss, um erfolgreich zu sein. So machte einer der Experten deutlich: „Wenn die ganze Organisation sich nicht dafür interessiert und es nicht lebt und es nicht umsetzt in ihrem täglichen Tun, dann bringt mir eine dedizierte Abteilung an der Stelle nichts. Die einfach nur eine schöne PowerPoint malt, aber es eben nicht im Operativen gelebt wird." Die Notwendigkeit wird ebenso durch folgende Aussage verdeutlicht: „Und die Mitarbeiter in der Organisation, die muss man mitnehmen und die müssen das leben. Sonst bringt ja das ganze Tool und die tolle Technik nichts. Und da sehe ich immer [...] als Problem [...], dass viele immer denken, nur, weil sie jetzt irgendeine „fancy" Kundenmessung eingeführt haben, wird jetzt alles gut und der Rest tut sich von allein. Genau der Rest ist eigentlich das Anstrengende."

Um ein CXM erfolgreich im Unternehmen zu etablieren, ist laut einem CX-Berater oftmals eine Transformation nötig. Dies erläuterte und begründete er wie folgt: „[...] es geht oft einher mit einer Transformation. Denn vom Kunden her zu denken und sozusagen auch Abteilungsgrenzen zu überwinden, liegt jetzt nicht direkt in der Natur von Unternehmen. [...] für diese Kundenerfahrungen, für diese Verbesserungen müssen die das aber. Und deshalb sind solche Customer-Experience-Projekte häufig Transformation, und deshalb sprechen wir in dem Kontext auch häufig von Transformationsprojekten." Klare Worte zur Notwendigkeit der Verbindung von CX mit der Unternehmenskultur finden sich schließlich in folgendem Zitat: „Wenn ich versuche, Customer Experience nur in Messmethoden, Daten und Fakten zu packen und das als KPI betrachte, den ich managen möchte, ohne dass das Teil der Unternehmenskultur ist und ohne dass ich daran glaube, dass es klappt, dass es gut ist und wichtig ist, ein gutes Verhältnis zu den Kunden zu haben, dann werde ich wahrscheinlich an der Stelle verlieren."

4.3 Engagierte Mitarbeitende

Bei der Entstehung einer positiven oder negativen CX spielt der Mitarbeitende eine besondere Rolle. So schilderte ein Experte: „Die größte Herausforderung ist der Mensch, und der größte Erfolgsfaktor ist der Mensch. Vor allem im Service, weil der macht den Unterschied, positiv und negativ." Ergänzend betonte ein weiterer Experte: „Happy Employee – happy Customer, [...] dass man sich auch um das Wohl der Mitarbeiter kümmert, weil das einen Einfluss hat." Auf eine ähnliche Weise stellte einer der befragten Experten den Zusammenhang wie folgt dar: „Unter der Hypothese, dass die Customer Experience nie besser sein kann als die Experience von den Mitarbeitern, die die Kunden betreuen. Weil, wenn der Mitarbeiter verunsichert ist und im Chaos steckt, dann spürt der Kunde das ja, dann kann die Customer Experience schon auch nicht mehr einwandfrei sein." Folglich ist der Mitarbeitende ein entscheidender Erfolgsfaktor für eine positive CX.

4.4 CX-Messung

Um mehr über die Wahrnehmung des Kunden bezüglich der CX herauszufinden, ist es unerlässlich, den Kunden nach seinem Empfinden und seiner Meinung zu fragen. So erhält man als Unternehmen die reale Kundensicht. Die Wichtigkeit der CX-Messung wurde in der Wissenschaft unter anderem durch Lemon und Verhoef (2016) hervorgehoben, welche ebenso durch die qualitative Studie bestätigt werden konnte. In diesem Zusammenhang verdeutlichte einer der Experten: „Früher haben wir […] immer selber gemacht und haben gedacht, das müsste gut sein für den Kunden, aber ja, der wollte das Ganze nicht.“ Auf ähnliche Weise bekräftigte ein anderer Experte: „Es ist häufig sehr schwer zu erkennen, was der Kunde gut findet, ohne den Kunden zu fragen, was er gut findet.“ Denn wie einer der Experten erläuterte: „Man muss auch das greifbar und messbar machen.“ Folglich wenden die CX-Leader sowohl qualitative als auch quantitative Methoden an, um die CX zu messen. Die meistgenutzte Methode ist dabei die Kundenbefragung. Bei den Befragungen ist indes der Trend des Live-Feedbacks festzustellen, um ohne Zeitversatz die Meinung des Kunden zu erfahren. Sinnvollerweise werden die CX-Daten an einem Ort, wie beispielsweise in einem Dashboard, gesammelt. Hieraus werden CX-Kennzahlen, wie beispielsweise der Net Promoter Score (NPS), der Customer Satisfaction Score (CSAT) beziehungsweise Customer Satisfaction Index (CSI) oder der Customer Effort Score (CES), entnommen und übersichtlich über die Zeit hinweg verglichen. Zudem lässt sich durch den Einsatz von Social Media Analytics und Semantics mehr über die CX erfahren, ohne den Kunden direkt zu befragen. Darüber hinaus sind die eigenen Mitarbeitenden mit direktem Kundenkontakt eine nicht zu vernachlässigende Informationsquelle. Um ein umfassendes CX-Bild zu erhalten, ist es nutzenstiftend, die CX-Daten mit den operativen Daten zu verbinden und zu analysieren. Hierbei können die Daten auch an ein CRM-System angebunden werden, um einen 360-Grad-Blick des Kunden zu gewinnen. In diesem Zusammenhang betonte einer der Experten: „Das Messen ist schön und gut, aber das Messen ist für mich nur […] vielleicht 20 Prozent des Customer Experience Managements. Das andere ist tatsächlich damit zu arbeiten und etwas zu verbessern.“ Diese Aussage führt uns zum nächsten Erfolgsfaktor des CXM.

4.5 Nutzung der CX-Daten

Die eben beschriebene CX-Messung ist essentiell, um CX managen zu können. Jedoch werden ohne aktive Datennutzung keine Fortschritte bezüglich der Verbesserung der CX erzielt. An dieser Stelle seien zwei Zitate aus den Interviews zu nennen: „[…] aus meiner Sicht ist es immer wichtig, dass man nicht misst, um zu messen, sondern um Maßnahmen abzuleiten.“ Zudem „[…] ist das Messen nicht das Ende von etwas, sondern der Start von etwas“. Folglich sollte das Unternehmen mit den gewonnenen

CX-Insights intensiv arbeiten und Maßnahmen ableiten, um letztendlich die CX optimieren zu können. Hierzu ist es wichtig, dass die gewonnenen Erkenntnisse aktiv im Unternehmen geteilt und den relevanten Fachabteilungen zur Verfügung gestellt werden. Darüber hinaus sollten, wie bei Becker und Jaakkola (2020) dargestellt und in dieser Studie bekräftigt, fortlaufend die getroffenen Maßnahmen und deren Erfolge überprüft und gegebenenfalls angepasst werden.

4.6 Funktionsübergreifendes Arbeiten

Ein weiterer Erfolgsfaktor ist das funktionsübergreifende Arbeiten mit dem Ziel der Schaffung eines positiven Kundenerlebnisses. Die Notwendigkeit eines multidisziplinären Ansatzes untermauerten bereits die Autoren Lemon und Verhoef (2016), was von den befragten Experten bestätigt wird. Ein Experte betonte diesbezüglich: „[…] nicht seine eigenen Abteilungsinteressen voranstellen, sondern alle arbeiten ja im Auftrag des Kunden, und nur wenn der Kunde glücklich ist, können Gehälter bezahlt werden." Hierbei ist es wichtig, dass die einzelnen Abteilungen nicht einem „Silo-Denken" verfallen, sondern gemeinsam ein nahtloses und unbeschwertes Kundenerlebnis ermöglichen. Zu diesem Zweck können Teams beispielsweise vorübergehend zusammengebracht oder ein dauerhafter Regelaustausch zwischen verschiedenen Abteilungen etabliert werden. So verdeutlichte einer der Experten: „[…] beispielsweise muss man die Produktleute zusammenbringen mit den Leuten, die den Service hinten raus machen, sodass man Produkte entwickelt, die im Service einfacher zu bedienen sind." Für den Kunden ist es irrelevant, wie viele verschiedene Abteilungen daran arbeiten, denn für ihn sollte die Experience durchgängig sein, wofür ein bereichsübergreifender Austausch, meist initiiert durch die CX-Abteilung, benötigt wird. Im Einklang dessen untermauerte ein Experte das Vorhandensein eines zentralen Teams wie folgt: „[…] du brauchst ein zentrales Team, das das Ganze steuert und treibt und mit dem richtigen Mindset darangeht."

5. Fazit

Durch austauschbare Produkte und einen steigenden Wettbewerb nimmt das Generieren positiver bis hin zu herausragender CX eine entscheidende Rolle bei der Differenzierung eines Unternehmens und bei der Bindung dessen Kunden ein. Mithilfe des CXM wird das Entstehen positiver CX beeinflusst. Die von den Autoren durchgeführte explorativ-qualitative Studie liefert nutzenstiftende Erkenntnisse bezüglich der Umsetzung des CXM im Unternehmen sowie zu den Erfolgsfaktoren des CXM. Da ein Unternehmen zufriedene und begeisterte sowie insbesondere loyale Kunden benötigt, um erfolgreich am Markt bestehen zu können, wird das Thema CXM auch in Zukunft eine entscheidende Rolle spielen.

Literaturverzeichnis

Becker, L./Jaakkola, E. (2020): Customer experience: fundamental premises and implications for research, in: Journal of the Academy of Marketing Science, 48. Jg., S. 630–648.

Bruhn, M. (2016): Relationship Marketing: Das Management von Kundenbeziehungen, 5. Aufl., München.

De Keyser, A./Lemon, K.N./Klaus, P./Keiningham, T.L. (2015): A framework for understanding and managing the customer experience, Marketing Science Institute Working Paper Series, 2015, Report Nr. 15–121.

Gartner (2019): Gartner for Marketers: 2019 Customer Experience Management Study: Marketers take more control as CX expectations and budgets rise, https://emtemp.gcom.cloud/ngw/globalassets/en/marketing/documents/2019-cx-managementstudy-research.pdf, aufgerufen am 06.05.2021.

Gouthier, M.H.J./Giese, A./Bartl, C. (2012): Customer Experiences, Kundenbegeisterung und Service Excellence: Die Spezifikation DIN SPEC 77224, in: Bruhn, M./Hadwich, K. (Hrsg.): Customer Experience, Wiesbaden, S. 63–83.

Homburg, C./Jozić, D./Kuehnl, C. (2017): Customer experience management: Toward implementing an evolving marketing concept, in: Journal of the Academy of Marketing Science, 45. Jg., Nr. 3, S. 377–401.

ISO 23592:2021: Service excellence – Principles and model, Genf, Schweiz.

Kranzbuehler, A.-M./Kleijnen, M.H.P./Morgan, R.E./Teerling, M. (2018): The multilevel nature of customer experience research: An integrative review and research agenda, in: International Journal of Management Reviews, 20. Jg., S. 433–456.

Lemon, K.N./Verhoef, P.C. (2016): Understanding customer experience throughout the customer journey, in: Journal of Marketing, 80. Jg., Nr. 6, S. 69–96.

Löffler, M./Gouthier, M.H.J. (2017): Strategie-Initiative „Customer Experience Management“ – Kundenbegeisterung bei der Porsche AG, in: Marketing Review St. Gallen (MRSG), 34. Jg., Nr. 1, S. 54–63.

Mayer-Vorfelder, M. (2012): Customer Experience Management im Dienstleistungsbereich, in: Bruhn, M./Hadwich, K. (Hrsg.): Customer Experience, Wiesbaden, S. 133–157.

Qualtrics (2020): Insight report, The global state of XM, 2020: Survey of 1,292 executives from Australia, Canada, France, Germany, Japan, Singapore, U.K., and U.S., April 2020, https://www.qualtrics.com/xm-institute/global-state-of-xm-2020/, aufgerufen am 05.07.2021.

Reichheld, F.F. (2003): The one number you need to grow, in: Harvard Business Review, Dezember 2003, Reprint R0312C, S. 1–11.

Reichheld, F.F./Sasser, W.E. (1990): Zero defections: Quality comes to services, in: Harvard Business Review, 68. Jg., Nr. 5, S. 105–111.

Herausragende Kundenerlebnisse designen und erneuern

Hospitality 4.0 – Wie digitale Services das Reiseerlebnis verbessern

Björn Becker

Management Summary

Die Reisebranche ist, trotz der überdurchschnittlich hohen emotionalen Involvierung ihrer Kunden, zu großen Teilen standardisiert und durch intensiven Preiswettbewerb geprägt. Neben Netz und Konnektivität sind exzellente Services, Informationen und Angebote, die den Gast auf seiner Reise situationsbezogen begleiten, unterstützen und so das Erlebnis verbessern, Hebel für Differenzierungen in diesem Markt. Das gilt insbesondere, wenn man die Jahre 2020 und 2021 betrachtet, in denen die Covid-19-Pandemie das Wettbewerbsumfeld dramatisch verschärft und ein gutes Gefühl zu reisen noch wichtiger gemacht hat. Die Umsetzung erfordert im Kontext einer stückkostengetriebenen Industrie den effizienten und integrierten Einsatz unterschiedlicher Servicekanäle, um so die Chancen der Digitalisierung im Informations- und Servicebereich umsetzen zu können. Die Lufthansa Group Airlines verfolgen eine solche Servicestrategie zur Wettbewerbsdifferenzierung.

1. Vorstellung der Lufthansa Group

Die Lufthansa Group gehörte 2019 mit 36 Milliarden Euro Umsatz und über 138.000 Mitarbeitenden zu den größten Aviation-Konzernen der Welt. In dem Jahr erwirtschaftete der Konzern 2 Milliarden Euro EBIT und gehörte mit einer EBIT-Rendite von 5,6 Prozent zum wiederholten Male zu den profitabelsten Aviation-Konzernen im Markt. Der Konzern investierte über 3,5 Milliarden Euro in neue Produkte, Services, Flugzeuge und Produktionsstätten (Lufthansa 2020). Im Jahr 2020 ist der Umsatz, bedingt durch die Corona-Pandemie, um 63 Prozent auf 13,5 Milliarden Euro gesunken (Lufthansa 2021).

Kern der über 500 Firmen umfassenden Group sind die Airlines, darunter die größten Lufthansa, Swiss, Austrian Airlines, Eurowings und Brussels Airlines.

Die Lufthansa Group hat sich in den letzten Jahren einem intensiven Modernisierungsprozess unterzogen, um sich für die Herausforderungen im durch Überkapazitäten und Preiskampf charakterisierten Luftfahrtmarkt zu rüsten. Nicht zuletzt diesem intensiven, zum Teil auch schmerzhaften Prozess ist es zu verdanken, dass bis 2019 sehr gute wirtschaftliche Ergebnisse erzielt wurden und die Lufthansa Group eine aktive und gestaltende Rolle im laufenden Marktkonsolidierungsprozess spielen konnte.

Ein Aspekt dieser Modernisierung ist die konsequente Nutzung der digitalen Möglichkeiten im Vertrieb und Service. Während die Rationalisierungsprojekte der 1990er-Jahre vor allem Stückkosten-Optimierungen, meist unter Inkaufnahme reduzierter Serviceumfänge (zum Beispiel durch 1:1-Verlagerung von Prozessen auf den Gast), erzielen sollten, liegt die Chance der Digitalisierung in der Kombination aus verbessertem Kundenservice mit gleichzeitig optimierten Stückkosten. Die Lufthansa Group Hub Airlines (Marken Lufthansa, Swiss und Austrian Airlines) haben in den letzten Jahren intensiv an der Verbesserung und digitalen Unterstützung ihrer Services gearbeitet, was sich auch in entsprechenden Auszeichnungen (zum Beispiel Future Travel Experience Most innovative Airline Europe 2017, IATA Fast Travel Platinum Status, Skytrax 5* Airline) widerspiegelt.

Die Covid-19-Pandemie hat auch in der Lufthansa Group zu existenziellen Herausforderungen geführt. Aber auch in dieser Zeit, in der nahezu alle Projekte gestoppt werden mussten, hat man die Digitalisierung und den Strukturwandel vorangetrieben, um bei Wiederanlaufen des Verkehrs mit effizienten Strukturen und differenzierenden Services neu starten zu können. Darüber hinaus haben digitale und damit kontaktlose Services während der Pandemie vor dem Hintergrund des Infektionsschutzes weiter an Bedeutung gewonnen.

2. *Servicestrategien als Differenzierung im Airline-Markt*

Der Markt für Flugreisen zeichnet sich seit vielen Jahren durch Überkapazitäten, fallende durchschnittliche Ticketpreise und Standardisierung der Services aus. Jenseits der Grundbedürfnisse Sicherheit (inklusive Infektionsschutz), Verlässlichkeit und Netzqualität, sind viele Fluglinien aus Sicht ihrer Kunden austauschbar. Excellence im Kundenservice ist somit eine der wenigen Möglichkeiten, sich zu differenzieren, und stellt einen wichtigen Teil einer Strategie gegen einen reinen Preiswettbewerb dar. Dabei bietet das häufig emotional aufgeladene Reiseerlebnis (positiv, zum Beispiel eine gelungene Urlaubsreise, wie negativ, zum Beispiel bei Unregelmäßigkeiten) viele Möglichkeiten, Service Excellence zu praktizieren. Vom personalisierten Überraschungsmoment bis zu einer schnellen, professionellen und kulanten Service Recovery.

Betrachtet man die Produktion des Services Flugreise, gibt es viele Abhängigkeiten zu Systempartnern (zum Beispiel Flughäfen, Flugsicherung, zu- und abführende Transporte am Boden), die eine wesentliche Rolle spielen, aber von den meisten Fluglinien nicht direkt beeinflusst werden können. Gerade Infrastrukturen können häufig mit dem seit Jahren stetigen Passagierwachstum von circa fünf Prozent jährlich (IATA 2017) nicht mithalten. Diese Entwicklung, die durch den Rückschlag 2020 und 2021 gebremst, aber wohl nicht grundsätzlich gestoppt wurde, und der dauerhafte Stückkostendruck durch die sinkenden Ticketpreise führen zu einer steigenden Innovationsnotwendigkeit. Diese hat das Ziel, immer bessere und individuelle Services, unabhängig von lokalen Infrastrukturen, zu geringeren Stückkosten anzubieten und gleichzeitig den persönlichen menschlichen Service als echten Differenzierungsfaktor gezielter einzusetzen.

Richtig eingesetzt, kann die Digitalisierung in dem Spannungsfeld aus Service Excellence, Kostendruck, Infektionsschutz und Infrastruktur-Knappheit einen wesentlichen Beitrag leisten.

3. Digitale Transformation und die Chancen für Service Excellence

Der Begriff „Digitale Transformation" definiert sich als „erhebliche Veränderung des Alltagslebens, der Wirtschaft und der Gesellschaft durch die Verwendung digitaler Technologien und Techniken sowie deren Auswirkungen" (Pousttchi 2020).

Die digitale Transformation bezieht sich demnach nicht nur auf die Entwicklung in IT-Projekten. Es ist vielmehr ein ganzheitlicher Ansatz, Organisationen auf agile Arbeitsmethoden und schnellere Aktions- und Reaktionsgeschwindigkeit einzustellen, um den schnelllebigen Anforderungen der Gesellschaft und damit deren Kunden gerecht zu werden. Das beginnt bei häufig langwierigen Planungs- und Budgetprozessen, geht über Entscheidungs- und Freigaberegularien bis hin zum Know-how und zur Einstellung der handelnden Personen, vor allem in Bezug auf Governance, Planung, Markteinführung und Entscheidung unter Unsicherheit.

Es gibt gleichzeitig wenige Themenkomplexe, die so stark von oberflächlichen Abhandlungen geprägt sind, wie die Digitalisierung und die digitale Transformation. Die abstrakte Ebene mit Schlagwörtern wie „Disruption", „Agilität", „Innovation" et cetera wird zu selten verlassen, um konkret über Chancen dieser Entwicklungen für die Geschäftsprozesse und Services zu sprechen. Die Hintergründe dieser Situation sind vielfältig: Zum einen herrschen durch die recht rasanten Entwicklungen der letzten Jahre nach wie vor großes Unwissen und Unsicherheit: 92 Prozent der Dax-Vorstände hatten laut einer Studie keine nachweislichen Erfahrungen über die Herausforderungen und Chancen der Digitalisierung (Die Zeit 2017), und auch auf den Managementebenen darunter war und ist die

Situation häufig nicht wesentlich besser. Zum anderen entsteht durch tatsächliche und vermeintlich drohende Disruptionen ein hoher Reaktions- und Veränderungsdruck. Viele Unternehmen suchen in dieser Gemengelage ihren Weg – eine holistische und gleichzeitig operationalisierbare Strategie, wie die Digitalisierung für die Unternehmensziele genutzt werden kann, findet sich dabei aber zu selten (Meyer-Gossner 2015).

Pousttchi (2020) definiert die drei Dimensionen Value Creation, Value Proposition und Customer Interaction, auf die die digitale Transformation im Unternehmen wirkt. Value Creation bezieht sich dabei auf die interne Optimierung der Prozesse und Strukturen, die notwendig ist, um die Vorteile der Digitalisierung zu materialisieren. Die Wirkung der digitalen Transformation auf die Value Proposition bezieht sich auf die Produkte, Dienstleistungen und Erlösmodelle, also sowohl auf die Verbesserung bestehender Services als auch auf die Optimierung der zugehörigen Erlösmodelle. Die Dimension Customer Interaction bezieht sich schließlich auf die Potenziale in der direkten Kundenkommunikation und -interaktion. Alle drei Dimensionen sind hochgradig relevant für ein Dienstleistungsunternehmen wie zum Beispiel eine Fluggesellschaft.

Die Lufthansa hat ihre digitale Transformation durch die Unterteilung in Horizonte systematisiert (siehe Abbildung 1): die Digitalisierung der operativen Prozesse, Serviceverbesserungen für den Kunden und neue Geschäftsmodelle.

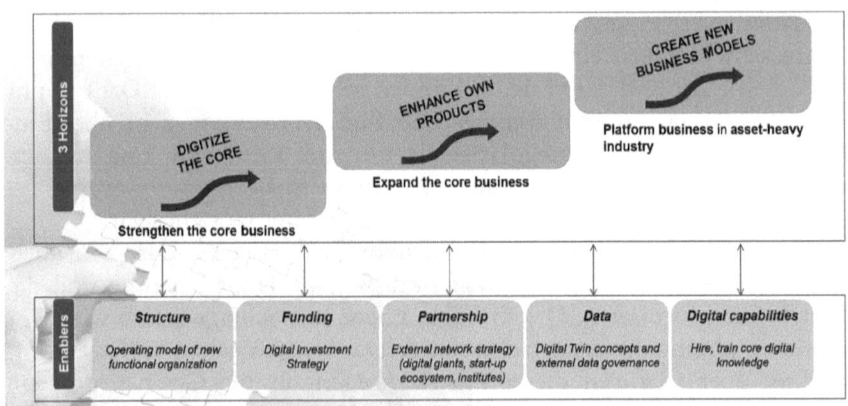

Abb. 1: Die drei Horizonte der Digitalisierung

Während der erste und der zweite Horizont auf die Verbesserung des vorhandenen Kerngeschäftes abzielen, beschäftigt sich der dritte Horizont mit Chancen und Risiken neuer Geschäftsmodelle, die tatsächlich disruptives Potenzial haben könnten. Beispiele für solche Geschäftsmodelle sind der von Amazon geprägte Online-(Buch-)Handel, innovative Beförderungskonzepte (zum Beispiel Uber) oder Musik-Streamingdienste (zum Beispiel Spotify). Ihnen allen ist gemein, dass sie den bestehenden Markt mit seinen Geschäftsmodellen in seiner grundlegenden Funktionsweise (zum Beispiel den stationären Buchhandel) angegriffen und verändert haben. Das bedeutet nicht zwingend, dass dieser Markt sich gänzlich auflöst. Seit 2005 ist der Marktanteil des stationären Buchhandels in Deutschland von 54,8 Prozent auf 46,2 Prozent in 2019 gesunken, also keineswegs eingebrochen (Börsenverein 2016; 2020). Es erhöht aber deutlich den Druck auf bestehende Marktteilnehmer, ihre Unique Selling Proposition für die Kunden herauszuarbeiten und sich zu differenzieren. Marktteilnehmer, die hier nicht schnell reagieren und ihr Geschäftsmodell und ihre Kundenbeziehungen anpassen, verschwinden vom Markt. Die pandemiebegründeten Entwicklungen seit Anfang 2020 beschleunigen viele dieser Veränderungen zusätzlich. So steigt der Veränderungsdruck im Handel durch die Verschiebung zum Versandhandel, ebenso wie der auf die Fluggesellschaften durch die Gewöhnung zum Beispiel an Videokonferenzen oder den Urlaub im Heimatland. Kundenbindung, zum Beispiel über einen hohen Net Promoter Score (NPS), wird in wachstumsschwächeren Phasen umso wichtiger.

Im ersten und zweiten Horizont erschließen sich signifikante Potenziale für Serviceverbesserungen, operative Prozessverbesserungen und gleichzeitige Kostensenkungen und damit Wettbewerbsvorteile, die im Kampf um Marktanteile helfen. Der erste Horizont fokussiert sich auf die Digitalisierung von operativen Kernprozessen, zum Beispiel in der Produktion des Industriesektors oder der Leistung von Services im Dienstleistungsbereich. Bei Fluggesellschaften finden sich hier zum Beispiel operative Prozesse am Gate, beim Check-in durch Personal, in den Contact Centern oder für die Flugzeugabfertigung. Im zweiten Horizont geht es vor allem um Produkte und Services, die am Kunden direkt wirken. Bei Fluglinien werden diese Services typischerweise über digitale Kanäle wie Apps oder Messenger sowie Automaten an den Flughäfen ausgespielt.

Die digitale Transformation ist dabei kein Selbstzweck, sondern ein Mittel zum Zweck – hier der Service Excellence. Dazu ist es notwendig, sowohl die internen, operativen Prozesse als auch die Kunden-Touchpoints digital zu unterstützen und diese untereinander zu verbinden. Erst dadurch wird das volle Potenzial der Digitalisierung gehoben. Zu vergleichen ist dieser Ansatz mit dem Industrie 4.0-Konzept, das alle Beteiligten einer Produktionskette digital und in Echtzeit verknüpft und somit Effizienzsteigerungen in der Logistik und Produktionssteuerung materialisiert (BMBF 2017).

Übertragen auf die Reisekette beschreibt Hospitality 4.0 folglich ein Servicekonzept basierend auf der Vernetzung zwischen der Fluggesellschaft und ihren Gästen unter Nutzung digitaler Endgeräte der Gäste, der Mitarbeitenden an Bord und Boden und der Infrastruktur am Flughafen, wie zum Beispiel Check-in- oder Gepäckabgabe-Automaten. Services sind hierbei sowohl reaktiv, also problemlösend, als auch vorausschauend, also problemvermeidend. Diese intelligente und vorausschauende Verbindung der digitalen und persönlichen Services und Kontakte ist ein wesentlicher Erfolgsfaktor für die Entwicklung eines holistischen Servicekonzeptes aus Kundensicht, wie im kommenden Absatz beschrieben.

4. *Service Design der Lufthansa Group Airlines*

4.1 *Servicestrategie*

Die Methoden der Serviceentwicklung haben sich mit den Chancen der Digitalisierung gewandelt: Während bis vor wenigen Jahren Automatisierung und Rationalisierung (und damit vor allem das Ziel der Kostensenkung) im Vordergrund vieler neuer Selfservices standen, bietet die Digitalisierung die Chance, Services zu entwickeln, die günstigere Stückkosten mit besserer Customer Experience verbinden.

Abbildung 2 zeigt, dass Fluggesellschaften Services entlang der Reisekette über mehrere Kanäle ausspielen. Zum Einsatz kommen neben dem klassischen persönlichen Service, zum Beispiel am Schalter, persönliche Services per Telefon, E-Mail, Social Media, Online-Kontaktformularen oder auch immer noch Brief und Fax. Hinter diesen analogen und digitalen Kanälen steht ein menschlicher Servicemitarbeiter, der die Anfragen entgegennimmt, Hintergründe recherchiert und Lösungen erarbeitet und anbietet, indem er mit dem Gast wieder über den gleichen oder einem alternativen Kanal in Kontakt tritt.

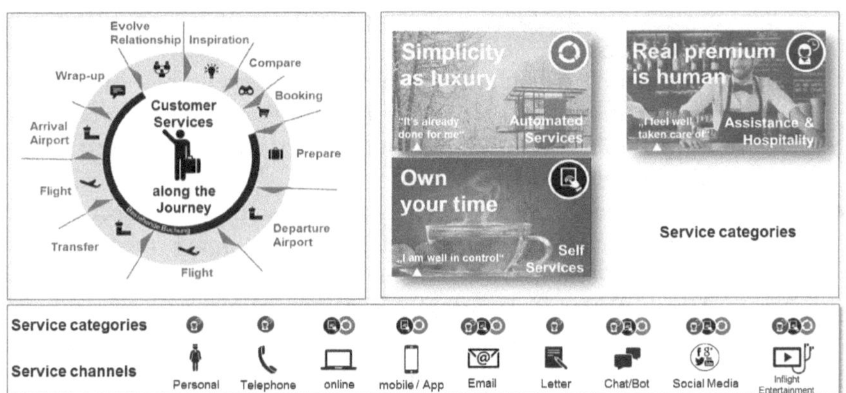

Abb. 2: Servicekategorien und -kanäle in der Reisekette

Weitere Kanäle sind Selfservices auf Websites (zum Beispiel www.swiss .com), Apps (zum Beispiel Lufthansa App) oder Automaten (Check-in- oder Self-Bag-Drop-Automaten an den Flughäfen). Das Wesen dieser Services ist, dass sie den Gast halbautomatisch durch einen User-Flow führen und je nach Kanal mehr oder weniger große Unabhängigkeit von Infrastrukturen und Öffnungszeiten bieten.

In den letzten ein bis zwei Jahren kommen immer mehr vollständig automatisierte Services dazu, vor allem gestützt durch Chatbots, die in Social-Media-Kanälen, auf Websites oder in Apps arbeiten. Hier beantwortet initial nicht mehr ein Mensch die Fragen oder führt für den Gast Transaktionen aus, sondern ein Computer, der ähnlich einem Menschen agiert und kommuniziert (futurezone.at 2017).

Zur Umsetzung des Hospitality 4.0-Konzeptes über diese unterschiedlichen Kanäle während der Reise sind grundlegende Aspekte im Servicedesign zu beachten. Services sollen zielgerichtet, integriert, intuitiv und vorausschauend sein:

- Die unterschiedlichen Touchpoints müssen *zielgerichtet* eingesetzt werden. Einfache, standardisierte Transaktionen können über digitale Kanäle im Selfservice erbracht oder sogar komplett automatisiert und nur ihr Ergebnis ausgespielt werden. Ein Beispiel ist der einfache Check-in, der vom Gast im Selfservice vorgenommen oder sogar komplett automatisiert werden kann (der Gast erhält dann 24 Stunden vor Abflug automatisch seine Bordkarte per In-App-Nachricht, E-Mail, SMS oder in einem Social Media Messenger).

In beiden Fällen ist der Gast unabhängig von der Flughafen-Infrastruktur und vorgegebenen Zeiten und erhält somit mehr Freiheiten in seiner Reiseplanung. Gleichzeitig kann die Fluggesellschaft die knappe Infrastruktur und das Angebot persönlicher Services am Flughafen auf komplexere Fälle, notwendige Hilfestellungen und Gastlichkeit fokussieren und somit zielgerichteter einsetzen.

- Die Kanäle müssen aus Kundensicht *integriert* sein. Beim Wechsel zwischen Kanälen, zum Beispiel vom Chatbot zu einem menschlichen Contact-Center-Agenten (zum Beispiel da der Fall für den Chatbot nicht zu lösen ist), muss ein integriertes Erlebnis, unter anderem durch Datenübergaben, geschaffen werden. Der Gast sollte sein Anliegen nicht an jedem Touchpoint noch einmal formulieren müssen. Alle Touchpoints müssen den gleichen Sachstand zu der bisherigen Reise und den für den Service relevanten Erlebnissen haben, um empathisch und informiert auf den Gast eingehen zu können.
- Kommunikation und Transaktionen müssen *intuitiv* sein. Reisen ist – insbesondere seit Beginn der Pandemie – ein komplexer Service, bei dem viele unterschiedliche Anforderungen erfüllt werden müssen. Neben den Sicherheitsanforderungen der Airlines selbst, sind es Informations- und Sicherheitsanforderungen der beteiligten Staaten (zum Beispiel Visa-, Gesundheits- und Einreiseverfahren), integrierte Gepäcklogistik, Gruppenreisen, Tarifsysteme et cetera. Daraus entsteht ein komplexes System mit vielen Beteiligten und zum Teil untereinander abhängigen Prozessschritten. Services müssen diese Komplexität vor den Gästen „verstecken", die Gäste führen und so ein positives, sicheres Erlebnis schaffen.
- Services sollten *vorausschauend* sein, in zwei Ausprägungen: Zum einen bekommt der Gast den für ihn individuell sinnvollen nächsten Schritt vorgeschlagen und gegebenenfalls auch direkt notwendige Informationen oder passende Angebote ausgespielt. Wichtig ist dabei, dass dieser Service nicht nur personalisiert, sondern auch situationsbezogen ist, denn der gleiche Gast kann in unterschiedlichen Situationen unterschiedliche Bedürfnisse haben (zum Beispiel als Geschäftsreisende bekannte Kunden, die mit der Familie in den Urlaub fliegen).

Die zweite Ausprägung ist die sogenannte „Predictive Problem Prevention", also die vorausschauende Vermeidung von Problemen in den nächsten Schritten der Reisekette. Der Ansatz ist zum Beispiel vergleichbar mit dem Predictive-Maintenance-Ansatz aus dem Industrie 4.0-Konzept. Basierend auf Datenanalysen historischer Reiseerlebnisse sowie der aktuellen operativen Situation (zum Beispiel Verspätungen) werden Probleme in der Reisekette des einzelnen Gastes vorhergesagt und Lösungen erarbeitet beziehungsweise angeboten. Für das Top-Kunden-Segment bieten die Lufthansa Group Airlines einen solchen Service bereits an, indem die Reiseverläufe der Gäste gescannt und vorherzusehende Probleme präventiv gelöst werden (zum Beispiel die Maschine, mit der der Gast morgen von New York nach München fliegen soll, ist aus einem anderen Umlauf verspätet, kann diesen nicht mehr aufholen und wird entsprechend eine verspätete Ankunft in München haben, die wiederum zum Verpassen eines Anschlussfluges führen würde. Darauf aufbauend werden Lösungen gesucht und der Gast mit einem entsprechenden Vorschlag kontaktiert, obwohl er bisher nicht einmal wusste, dass er ein Problem haben wird). Weitere Möglichkeiten sind vorhersehbare lange Wartezeiten an Kontrollstellen, auf die man früh genug aufmerksam machen kann. Die Möglichkeiten der Digitalisierung und Data Analytics bieten hier die Chance, solche Services auch für größere Kundensegmente und damit mehr Gäste zu skalieren.

Die Lufthansa Group Airlines haben diese Grundsätze über die drei in Abbildung 2 zu sehenden Servicekategorien Automatisierte, Self und Assistance & Hospitality Services operationalisiert.

Automatisierte Services

Um den Gästen die Reise so komfortabel und einfach wie möglich zu gestalten, werden Services automatisch erbracht. Möglich ist das immer, wenn alle notwendigen Informationen vorhanden sind und der Gast keine Auswahl treffen muss beziehungsweise sie schon getroffen hat. Im oben genannten Beispiel des automatisierten Check-in muss der Gast bei der Buchung entsprechend alle notwendigen Reiseinformationen und gegebenenfalls auch eine Sitzplatzpräferenz angegeben haben. Der Leitsatz dieser Servicekategorie ist „It’s already done for me“ – ich muss mich als Gast nicht mehr kümmern, der nächste Schritt in meiner Reisekette oder die Lösung eines Problems wird mir automatisch zugestellt. Ein weiteres Beispiel dieser Kategorie sind automatische Umbuchungen oder Hotelreservierungen im Falle von Unregelmäßigkeiten. Der Gast bekommt in dieser ohnehin unschönen Situation damit zumindest nicht nur ein Problem, sondern direkt auch einen Lösungsvorschlag präsentiert, den er akzeptieren oder selbst noch einmal anpassen kann (über Self oder Assistance Services, siehe unten).

In diese Servicekategorie fallen auch die reisebegleitenden Notifikationen, die den Gast über seine Reise und die nächsten Schritte informiert halten (zum Beispiel Gate Changes, Boarding Start, Gepäckstatus et cetera).

Wichtig ist ein intuitives Servicedesign, sodass der Gast versteht, dass ihm eine Aktion abgenommen wurde. Ansonsten kann es gerade bei unerfahrenen Reisenden schnell zu Unsicherheiten führen. Der Grundsatz der vorausschauenden Services wird in diesem Kontext durch gezielte Information und Handlungsempfehlung für den nächsten Schritt sowie Tipps zu möglichen Problemfeldern (zum Beispiel Wartezeiten an Sicherheitskontrollen zum Abflugzeitpunkt) beim Ausspielen des Serviceergebnisses (zum Beispiel der Bordkarte) umgesetzt.

Selfservices

Wenn noch Informationen beziehungsweise Wahlmöglichkeiten bestehen oder Interaktionen notwendig sind, ist für wenig bis mittelmäßig komplexe Services ein Selfservice die erste Wahl. Meist basieren diese Services auf Notifikationen (zum Beispiel Einladung zum Check-in, Gepäckstatusmeldung), auf die der Gast mit einer Aktion, zum Beispiel auf seinem mobilen Endgerät, reagiert. Der Leitsatz für diese Kategorie ist „I'm well in control". Das bedeutet, dass die Services dem Gast die Freiheit geben zu entscheiden, wo und wann er sie nutzen möchte. Check-in und die Vorbereitung des Gepäckstückes sind nicht mehr notwendigerweise am Flughafen zu erledigen. Der Gast hat die Wahl, sie zu Hause oder im Hotel mit Self Check-in und Self Baggage Tagging so weit vorzubereiten, dass er vor der Sicherheitskontrolle keine Wartezeiten mehr einkalkulieren muss. Gerade in Pandemiezeiten mit komplexen Einreisebestimmungen entsteht der für Reisende zusätzliche Nutzen, dass sie in einer Art Checklisten-Verfahren schon vor Reiseantritt die Sicherheit bekommen, dass alle notwendigen Vorbereitungen getroffen wurden und die Dokumente ausreichend sind.

Assistance & Hospitality Services

In Zeiten der fortschreitenden Digitalisierung bilden die persönlichen Services einen strategischen Eckpfeiler zur Differenzierung und zur Erreichung von Service Excellence. Auch andere Fluggesellschaften haben die Wichtigkeit der Mitarbeitenden als Gastgeber und Problemlöser erkannt und in den Vordergrund gestellt (siehe zum Beispiel Wirtz et al. 2015). Wichtig ist hierbei, dass der limitierte, kurzfristig wenig skalierbare und vergleichsweise kostenintensive persönliche Service zielgerichtet eingesetzt wird – auf Gastgeber-Services, vor allem im Premium-Bereich und auf Hilfestellungen in komplexen oder emotionalen Situationen (zum Beispiel Anschlussflug im unbekannten Ausland verpasst), in der menschliche und persönliche Ansprache den Gästen Unsicherheit nehmen und das Gefühl geben, dass sich jemand um sie kümmert.

Ein solcher Auftrag stellt die Mitarbeitenden vor zum Teil erhebliche Veränderungen: Während klassische Einsatzgebiete für die Mitarbeitenden durch ein fachlich begrenztes Expertenwissen charakterisiert waren (zum Beispiel der Check-in-Agent), bedarf es hier Generalisten, die den Prozess zum Teil über mehrere Flugsegmente übergreifend verstehen und Lösungen konzipieren können. Dabei müssen sie nicht in allen Sachgebieten selbst Experte sein, sondern benötigen entsprechende Back-Office-Kontakte, die bei Bedarf helfen. Wichtig sind hier vielmehr ein Prozessdenken, starke Service-Excellence-Fokussierung und Lösungsorientierung, denn der Anspruch im persönlichen Service ist, dass dem Gast beim Erstkontakt geholfen wird, egal an wen er sich wendet.

Diese Fokussierung der Touchpoints wird nur gelingen, wenn man alle Servicekanäle und -kategorien zielgerichtet einsetzt, wie Abbildung 3 zeigt.

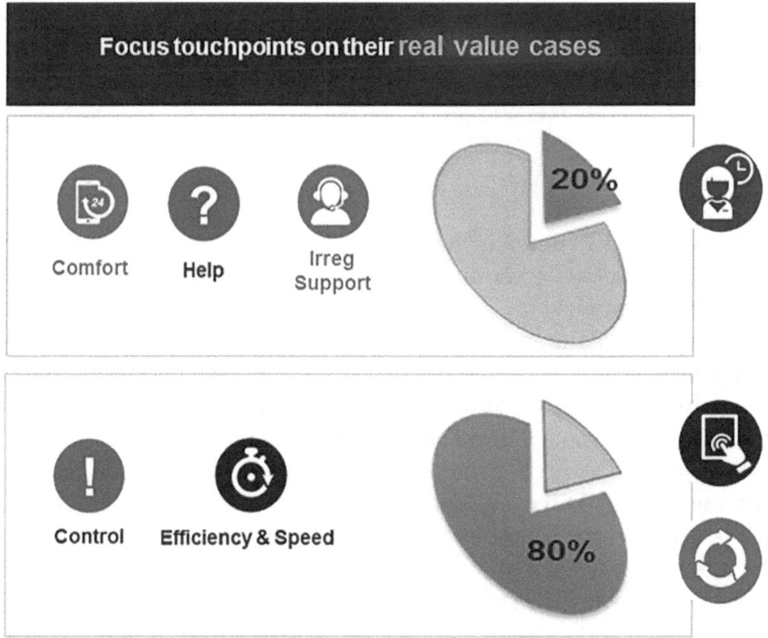

Abb. 3: Zielgerichteter Einsatz der Servicekanäle und Touchpoints

Nur wenn der Großteil der standardisierten Transaktionen über automatisierte Services und Selfservices abgewickelt werden kann, ist es möglich, den persönlichen Service für die notwendige Differenzierung einzusetzen. Dabei gilt nicht, dass zum Beispiel in Unregelmäßigkeitssituationen nur persönliche Betreuung hilft. Gerade hier braucht es, durch die limitierte Skalierbarkeit der persönlichen Betreuung, eine Unterstützung durch die anderen Servicekategorien, um den Gästen schnell und effizient Informationen und Lösungen anbieten zu können.

Eine in diesem Kontext erwähnenswerte Entwicklung sind auch die neuen Möglichkeiten, die sich durch die Konnektivität an Bord ergeben. Gerade in Europa und in den USA, aber auch auf den Langstrecken über die Ozeane, entwickeln sich die technischen Möglichkeiten rasant voran und ermöglichen, dass alle genannten Servicekategorien bald auch während des Fluges neben Infotainment angeboten werden können. Dadurch ergeben sich aus Kundensicht neue Möglichkeiten, gerade im Service-Recovery-Fall, aber auch Social Services. Es ist abzusehen, dass sich mit dieser Entwicklung auch das Servicekonzept an Bord über die aktuelle Sicherheit, Gastfreundlichkeit und Essens- und Getränkeversorgung weiterentwickeln muss.

4.2 Service-Design-Methoden

Services werden bei den Lufthansa Group Airlines nach der Customer-Journey-Management-Methode und unter Anwendung von Design-Thinking-Ansätzen entwickelt. Dabei werden auf unterschiedlichen Abstraktionsebenen und mit unterschiedlichen Detailtiefen Reisen in (Teil-)Journeys dargestellt, um so Situationen, Informationsbedürfnisse, Erlebnisse und Gefühlszustände der Gäste in den unterschiedlichen Situationen entlang der Reise zu erfassen und Schwachstellen herauszuarbeiten.

Dabei wird nach einem prototypischen Modell vorgegangen, indem zunächst sogenannte Discover- und Describe-Zirkel mithilfe der Customer-Journey-Management-Methode durchlaufen werden, um dann in Ideation- und Prototyping-Workshops die gefundenen Schwachstellen zu adressieren. Nach Kolko (2015) steht beim Design Thinking vor allem die Empathie mit dem Erlebnis des Gastes im Vordergrund. Vor diesem Hintergrund werden die Customer-Journey-Management-Workshops anhand dreier sehr intuitiver Leitfragen durchgeführt:

1. Was erlebt unser Gast gerade?
2. Welche Fragen und Informationsbedürfnisse hat unser Gast gerade?
3. Wie fühlt sich unser Gast gerade?

Die Fokussierung auf die drei oben genannten Kernfragen hilft, die Perspektive des Gastes zu behalten und sich in seine Erlebnisse hineinzuversetzen. Insbesondere diese konsequente Einnahme der Kundenperspektive im Serviceerlebnis ist eine Herausforderung, da Projektteams häufig Gefahr laufen, in prozess- und produktionsorientierte Denkweisen zu verfallen und die Perspektive des Gastes auf der gesamten Reisekette zugunsten von Partikularoptimierungen im Kontext des eigenen Projektes aus dem Auge zu verlieren.

Im Kontext der Einführung dieser Arbeitsmethode bei den Lufthansa Group Airlines wurden Rollen geschaffen, die sowohl fachlich für Teiljourneys unserer Gäste verantwortlich sind, als auch Rollen, die in Workshops auf die Einhaltung der Arbeitsmethode achten. So ist eine effiziente Organisation entstanden, die neben dem fachlichen Expertenwissen auch neue Arbeitsmethoden fokussiert und so neue Erkenntnisse und Serviceverbesserungen herausarbeitet.

5. *Zusammenfassung und Ausblick*

Die Serviceentwicklung hat durch die Digitalisierung sowie durch die Einführung neuer Arbeitsmethoden wie Design Thinking und Customer-Journey-Management in den letzten Jahren deutliche Fortschritte gemacht und ist Standard in allen kundenzentrierten Unternehmen. Die Digitalisierung wird der Serviceindustrie als Unterstützung in internen und kundenzentrierten Prozessen auch weiter große Chancen bieten, Services zu verbessern und gleichzeitig Kosten zu senken. Unabhängig von der konkreten Industrie werden diejenigen Anbieter erfolgreich sein, denen es am besten gelingt, die Chancen und Stärken der unterschiedlichen Servicekategorien auszuspielen und zu integrieren, um sich im Wettbewerb zu differenzieren.

Die Lufthansa Group Airlines haben sich auf den Weg gemacht, diese Methoden und Möglichkeiten zu nutzen, um deutliche Verbesserungen im Kundenservice zu erreichen. Auch wenn dieser Anspruch noch nicht überall und in jedem Fall erfüllt werden kann, ist ein klares Ziel vorgegeben, der Weg eingeschlagen und viele Verbesserungen zeigen sich – sowohl im Industriefeedback und in der Marktposition als auch, und als Allerwichtigstes, im täglichen Feedback unserer Gäste.

Literaturverzeichnis

BMBF (2017): Industrie 4.0 – Innovationen für die Produktion von morgen, Bundesministerium für Bildung und Forschung, www.bmbf.de, aufgerufen am 18.04.2021.

Börsenverein (2016): Buch und Buchhandel in Zahlen 2016, Börsenverein des Deutschen Buchhandels e.V.

Börsenverein (2020): Das Buch in Zeiten von Corona – Perspektiven für den Markt, Börsenverein des Deutschen Buchhandels e.V., https://www.boersenverein.de/tx_file_download?tx_theme_pi1%5BfileUid%5D=5485&tx_theme_pi1%5Breferer%5D=https%3A%2F%2Fwww.boersenverein.de%2Fmarkt-daten%2Fmarktforschung%2Fwirtschaftszahlen%2F&cHash=fbcae2ddefcbf1a8897e3e6c4a9c3c4, aufgerufen am 18.04.2021

Die Zeit (2017): Aus der alten Welt, in: Die Zeit, Nr. 40 vom 28.09.2017.

futurezone.at (2017): Austrian Airlines starten Chatbot im Facebook Messenger, https://futurezone.at/digital-life/austrian-airlines-starten-chatbot-im-facebook-messenger/225.247.034, aufgerufen am 05.08.2021.

IATA (2017): Economic performance of the airline industry – end 2017 update, www.iata.org/economics, aufgerufen am 05.08.2021.

Kolko, J. (2015): Design Thinking comes of age, in: Harvard Business Review, September 2015.

Lufthansa (2020): Lufthansa Group – Geschäftsbericht 2019, https://investor-relations.lufthansagroup.com/fileadmin/downloads/de/finanzberichte/geschaeftsberichte/LH-GB-2019-d.pdf.

Lufthansa (2021): Lufthansa Group – Geschäftsbericht 2020, https://investor-relations.lufthansagroup.com/fileadmin/downloads/de/finanzberichte/geschaeftsberichte/LH-GB-2020-d.pdf.

Meyer-Gossner, M (2015): Digitalstrategie: Der Plan fehlt, aber die Marke wird reformiert, www.digitalstrategie.com, aufgerufen am 05.08.2021.

Pousttchi, K. (2020): Digitale Transformation, in: Enzyklopädie der Wirtschaftsinformatik, https://www.enzyklopaedie-der-wirtschaftsinformatik.de/wi-enzyklopaedie/lexikon/technologien-methoden/Informatik--Grundlagen/digitalisierung/digitale-transformation/digitale-transformation/?searchterm=digitale%20transformation, aufgerufen am 05.08.2021.

Wirtz, L./Heracleous, N./Pangarkar, N. (2015): Managing human resources for service excellence and cost-effectiveness at Singapore Airlines, in: Managing Service Quality, 18. Jg., Nr. 1, S. 4–19.

Eine gesunde Zukunft, die schmeckt! Culinary Excellence als innovatives Kundenerlebnis in den Helios Kliniken

Carsten K. Rath, Enrico Jensch

Management Summary

Die Gesundheit der Menschen ist spätestens seit Covid-19 weltweit das Thema Nummer eins in Politik und Gesellschaft. In einer zunehmend regulierten Gesundheitsindustrie wird gegenwärtig ohne Sinnhaftigkeit die Rekommunalisierung von privaten Krankenhäusern als Heilmittel nach Covid-19 kontrovers diskutiert. Doch die Zukunft kann nicht der Rekommunalisierung und weiterer Regulation gehören, sondern neuen ganzheitlichen, sektorübergreifenden digital ergänzten Versorgungsformen und dem Service. Davon sind Carsten K. Rath, Unternehmer und „Service-Experte Nr. 1 in Deutschland“ (n-tv), und Enrico Jensch, COO der Helios Kliniken, überzeugt. Mit dem Pilotprojekt „6 Köche, 12 Sterne“ sind die beiden Experten einen mutigen ersten Schritt gegangen. Medizinische Qualität wird heute erwartet, Service und Culinary Excellence jedoch noch nicht. Der Erfolg bei der Verfolgung dieses Ansatzes und viele zufriedene Patienten geben Ansporn für die weitere Verfeinerung des in Deutschland einzigartigen und vor allem schmackhaften Projektes.

1. *Service Excellence als Chance für die zunehmend regulierte Gesundheitsindustrie*

1.1 *Die Gesundheitsindustrie in Deutschland stagniert*

2020 und 2021 sind herausfordernde Jahre, die die weltweite Gesundheitsindustrie auf eine harte Probe stellen. Funktionieren die althergebrachten Strukturen und Vorgehensweisen auch in belastenden Situationen wie der Covid-19-Pandemie? Spätestens jetzt kommen bislang verschwiegene Mängel ans Tageslicht. Außerdem zeigt die Pandemie sehr deutlich, wer im internationalen Vergleich für die medizinische Zukunft ausgerichtet ist und wer den (digitalen) Trends hinterherhinkt.

Im Vergleich zur deutschen Gesamtwirtschaft ist die industrielle Gesundheitswirtschaft kontinuierlich gewachsen. Gleichzeitig galt sie als krisensichere Branche. Bis vor Kurzem jedenfalls. Das Berliner Wifor-Institut deckt auf, dass diese ehemals konstante Entwicklung rückläufig ist. Bereits vor der Pandemie sank der Gesamtwert der Waren und Dienstleistungen der Gesundheitsindustrie um 400 Millionen Euro. Auch die Beschäftigungszahlen sind bereits vor der Pandemie von 2018 auf 2019 leicht zurückgegangen. Dabei haben rund 12.500 Medizintechnikunternehmen und 360 Pharma- und Biotechnologieunternehmen nahezu so viele Arbeitsplätze wie die deutsche Automobilindustrie geschaffen (Hempel 2020).

Diese Zahlen klingen zunächst vielversprechend. Ernüchternd ist jedoch der internationale Vergleich: Der Ruf, Deutschland sei die Apotheke der Welt, verliert im direkten Vergleich zu anderen Ländern, wie den USA und asiatischen Staaten, an Bedeutung. Innovationen im Gesundheitswesen in so wichtigen Bereichen wie der klinischen Forschung, der Digitalisierung oder Bio-Tech-Neugründungen finden verstärkt außerhalb Deutschlands statt. Ein Trend, der sich bisher nur leise abzeichnet, aber ein wichtiger Schritt in eine moderne Gesundheitszukunft ist, ist die Ausrichtung auf Gesundheitsspezial-Zentren nach amerikanischem Vorbild (Klöckner 2021; Olk 2020).

Der Klinikalltag wird gerade zu Pandemiezeiten, die jetzt schon seit über einem Jahr andauern, vom effizienten Einsatz der Ärzte und des Pflegepersonals sowie durch politische Beschlüsse bestimmt. Effizienz schwebt wie ein Damoklesschwert über den Köpfen, die eigentlich nur eines im Sinn haben: für bestmögliche Gesundheit und schnelle Genesung ihrer Patienten zu sorgen.

Neue Konzepte im Klinikumfeld brauchen vor allem jetzt eines: Mut, eine klare Vision und eine durchsetzungsstarke Stimme, die eine neue, zukunftsorientierte Haltung in der Branche etabliert.

Diesem Ruf folgen die Helios Kliniken seit vielen Jahren und setzen auch mit ihrem neuen Pilotprojekt „6 Köche, 12 Sterne“ ganz neue und vor allem genussvolle Maßstäbe. Es ist das erste von weiteren Projekten in den Helios Kliniken, die das Ziel „Service Excellence“ in allen Bereichen verfolgen.

1.2 Die Helios Kliniken – Wirtschaftliches Wachstum trifft Qualitätsmanagement

„Wir geben Menschen Lebenswert. Ein Leben lang.“

Diese Vision von Europas führendem privaten Krankenhausbetreiber, den Helios Kliniken, stellt den Menschen, den Patienten, in den Mittelpunkt und richtet sich nach ihm aus. Die Dinge aus der Sicht des Patienten zu sehen, Prozesse, Abläufe und Erwartungen aus seiner Sicht zu antizipieren, ist die große Herausforderung, der es sich zu stellen gilt. Gleichzeitig richten sich die Experten der Kliniken fortwährend auf die

Zukunft aus, bringen sich bei dem Denken um sektorübergreifende, neue Versorgungsmodelle ein.

Die Mission, höchste Ergebnisqualität durch Professionalität und enge Zusammenarbeit zu bieten, setzen rund 73.000 Mitarbeitende täglich um. Jährlich lassen sich circa 5,2 Millionen Patienten in 89 Kliniken, in 123 Medizinischen Versorgungszentren und sechs Präventionszentren bei Helios behandeln. Helios greift auf ein kompetentes und medizinisch umfangreich aufgestelltes Netzwerk zurück: Das Unternehmen gehört zum Gesundheitskonzern Fresenius. Zudem ist Helios Partner des Kliniknetzwerks „Wir für Gesundheit" und entwickelt neue Kompetenzen im Bereich der Fertilität und auch der Arbeitsmedizin.

Ein ausgeprägter Innovationsantrieb und weit mehr als eine Dosis Mut, neue Wege zu gehen, liegen Helios buchstäblich im Blut. 1994 gründete Dr. med. Lutz Helmig die Helios Kliniken GmbH mit den vier Kliniken Bad Schwartau, Bochum, Volkach und Bleicherode. Innerhalb der nächsten Jahre entwickelte sich die Helios Kliniken GmbH vom kleinen innovativen Klinikträger zum größten Klinikunternehmen in Europa (o.V. 2021). Stetiges Wachstum, Transparenz und Innovation sind neben der Gesundheit der Patienten die zentralen Unternehmenswerte. 2005 erweitert beispielsweise Fresenius das Unternehmen durch die Wittgensteiner Kliniken Gruppe. 2014 übernimmt Helios 41 Kliniken der RHÖN-Klinikum AG und stellt sich auch bundesweit auf eine breitere Basis.

Den Patienten immer im Blick, war Helios bereits 1998 Vorreiter im Bereich Qualitätsmanagement. Das System aus „Messen – Verbessern – Veröffentlichen" wird in ähnlicher Form heute in über 410 Kliniken in Deutschland und der Schweiz angewandt. Zusätzlich wurde 2008 die „Initiative Qualitätsmedizin" (IQM) ins Leben gerufen. Seither überprüfen und verbessern die 500 Mitglieder des IQM im Peer-Review-Verfahren kontinuierlich die medizinische Qualität in den Kliniken.

„Helios steht für beste medizinische Ergebnis-Qualität – dies belegen wir transparent und für unsere Patienten sichtbar über unsere Qualitätskennzahlen", betont Enrico Jensch. Die Entwicklungen in der Gesellschaft zeigen jedoch, dass der Krankenhausmarkt in Deutschland einem Strukturwandel unterliegt. Die meisten Patienten nehmen medizinische Qualität in Deutschland heute als selbstverständlich an und entwickeln abseits von der medizinischen Behandlung neue Bedürfnisse. „Im Gesundheitswesen muss ein Umdenken stattfinden: Wir müssen unsere Patienten viel mehr als Kunden denken. Unsere Angebote sind mit denen anderer Kliniken vergleichbar. Gut informierte Kunden sind heute viel selbstständiger in ihren Entscheidungen und suchen ein Mehr an Leistung und Service – sie erwarten niedrigschwelligere Service- und Gesundheitsangebote. Unsere Anstrengung muss sich deshalb ergänzend zunehmend dahin richten, eine Kundenreise zu gestalten und es zu schaffen, dass die Menschen gern eines der zahlreichen Helios-Gesundheitsangebote annehmen und der Marke lange treu bleiben. Wir sind überzeugt, dass Service eine entscheidende Rolle auf diesem Weg spielt und sozusagen die neue Qualität von morgen ist." (Jensch 2020)

Dieses Umdenken erfolgt zum einen über neue Servicekonzepte, die die Patienten als Kunden wahrnehmen, und zum anderen über ein Neudenken althergebrachter Strukturen. So widmen sich beispielsweise die neuen Geschäftsbereiche bei Helios seit 2018 dem Ausbau der Angebote der Helios Kliniken. Darunter fallen die Medizinischen Versorgungszentren, die Helios Arbeitsmedizin, das Helios Prevention Center und digitale Angebote. Alle Bereiche nutzen das deutschlandweite Netzwerk und vorhandene Expertisen, um schnell und unkompliziert neue Wege zu gehen. Ein wichtiger Aspekt ist dabei die Überwindung der oftmals starren Sektorengrenzen – im Krankenhausbereich beispielsweise unterteilt in „ambulant" und „stationär".

Enrico Jensch betont: „Wir möchten es unseren Patienten ermöglichen, dass sie Dienstleistungen aus einer Hand erhalten – sich nicht für das eine oder gegen das andere entscheiden müssen. Sei es ein präventiver Gesundheits-Check-up, arbeitsmedizinische Beratung, eine stationäre Aufnahme oder eine Nachbehandlung bei einem Hausarzt oder in einer Reha-Klinik – entscheidend soll sein, was die Patienten brauchen und nicht, durch welche Tür sie zuerst gehen. Es muss bedarfsgerecht geleistet werden können im Interesse der Patienten." Unterstützt wird dieser Ansatz durch digitale Plattformen wie das Helios Patientenportal, das Patienten zahlreiche digitale Services bietet.

„Unser Handeln ist darauf ausgerichtet, Menschen die bestmögliche Medizin anzubieten – sie dabei zu unterstützen, gesund zu werden und zu bleiben", resümiert Enrico Jensch.

1.3 Gesundheit – aber bitte mit exzellentem Service

Wenn Sie nun die Medienberichte über die Gesundheitsindustrie verfolgen, lesen Sie vor allem: Zahlen, Daten, Fakten. Wirtschaftliche Stagnation einerseits, steigende (und zuletzt pandemiebedingt durch die ausgesetzten Behandlungen in Summe sinkende) Patientenzahlen und Fachkräftemangel andererseits. Das Qualitätsmanagement als Nukleus im Gesundheitsbetrieb findet in der öffentlichen Medienwelt keine oder bestenfalls zu wenig Beachtung.

Längst hat ein Wandel dahingehend stattgefunden, dass die Zufriedenheit nach einer Behandlung nicht mehr nur von der Qualität der medizinischen Behandlung, sondern auch vom Genesungsprozess abhängt. Dies schließt zahlreiche Faktoren von Unterbringung über Verköstigung, persönliche Begegnungen und Kommunikation mit ein. Die zwischenmenschlichen Beziehungen sind auf eine besondere Haltung zurückzuführen. Auf eine Serviceorientierung. Denn: Service ist eine Haltung, die branchenübergreifend gilt und entsprechend auch branchenübergreifend positive Resultate erzielt.

Als Serviceexperte weiß Carsten K. Rath, was im öffentlichen Diskurs fehlt: Die Kunden- oder in diesem Fall richtiger, die Patientenorientierung. Nur wer den Patienten in den Mittelpunkt und noch vor die meist eingefahrenen Prozesse stellt, erreicht ein zufriedenstellendes Ergebnis: die schnelle Genesung und Gesundheitsprävention. „Der Prozess dient dem Menschen und nicht umgekehrt", kommentiert Carsten K. Rath.

Die angebotenen Serviceleistungen sind dabei nur so gut, wie sie vom Empfänger, also dem Patienten, emotional wahrgenommen werden. Und Emotionen sind bekanntlich ein wichtiger Aspekt, wenn es um Zufriedenheit geht. Der Patient spürt es sofort, mit welcher Haltung ihm die Pflegekräfte und Ärzte gegenübertreten. In dem Moment, in dem er sich in medizinische Versorgung begeben muss, nimmt er eine erwartbare Leistung in Anspruch, die er an vielen verschiedenen Stellen beziehen könnte. Seine Entscheidung trifft er selten auf Basis wirtschaftlicher Zahlen, sondern auf der von Emotionen. Er möchte so schnell wie möglich gesund werden und dabei als Kunde mit vielen Bedürfnissen erkannt werden. Auch ein Patient wünscht sich, mit einer Haltung der Service Excellence behandelt zu werden.

Vermutlich assoziieren Sie Service Excellence eher mit einer Dienstleistung, die Ihnen beispielsweise im Urlaub in einem schönen Resort zuteilwird. Oder Sie denken dabei an ganz andere Dienstleistungen, die Sie in Ihrem Alltag häufiger in Anspruch nehmen, wie einen Friseurbesuch oder die Reparatur Ihres Wagens. Ein Arztbesuch oder gar ein Krankenhausbesuch kommen Ihnen zunächst wohl eher nicht in den Sinn.

„Dabei wirkt Service Excellence branchenübergreifend und ist ganz unabhängig vom Erfahrungsgrad oder den beruflichen Rängen und amerikanisierten Titeln der Ausführenden. Empathie, Aufmerksamkeit und kundenorientiertes Auftreten sind die Schlüssel einer exzellenten Haltung. Entscheidend ist weniger das ‚Was', sondern vielmehr das ‚Wie', die Haltung eben", erklärt Rath.

„Haben Sie das Gefühl, dass Ihr Leben nach einer in Anspruch genommenen Dienstleistung ein klein wenig schöner und freudvoller ist? Dann sind Sie ihr voraussichtlich begegnet – der Service Excellence." (Rath 2018a; 2018b)

2. *Service mit Geschmack: Das Pilotprojekt der Helios Kliniken „6 Köche, 12 Sterne"*

2.1 *Krankenhaus und Kulinarik – ein Widerspruch in sich?*

Dass der Begriff „Krankenhausessen" im Deutschen als Metapher für „schlechtes Essen" verwendet wird, hat Helios früh erkannt und der Speisenversorgung seit jeher eine wichtige Rolle gegeben. Die Mitarbeitenden des eigenen Catering-Services arbeiten beständig an der Qualität und der Auswahl der Speisen und haben bereits frühzeitig mit sogenannten Cook-and-Chill-Verfahren moderne Prozesse geschaffen, um die zahlreichen Patienten deutschlandweit bestmöglich zu versorgen – bei wachsender Qualität des Speisenangebotes.

„Als wir das Projekt „6 Köche, 12 Sterne" gestartet haben, war unsere Speisenversorgung bereits auf einem sehr guten Stand. Jedoch: Auch andere Klinikbetreiber hatten nachgezogen, und es bedurfte aus unserer Sicht eines neuen und frischen Ansatzes für die zukünftige Ausrichtung unseres Speisenangebotes. Da war ein externer Blick gefragt – und letztlich ein sehr gutes externes und internes Team, das die neue Herausforderung intern in gewohnter Qualität und Menge an die Patienten bringt", sagt Enrico Jensch über den Start des Projekts.

2.1.1 *Visionen auf den ersten Blick: Carsten K. Rath und Enrico Jensch legen einen kulinarischen Grundstein*

Die Liebe für qualitativ hochwertiges Essen, das Freude bereitet, dem Gaumen schmeichelt und auch noch gesund ist, verbindet Enrico Jensch und Carsten K. Rath bereits lange bevor sie sich 2018 begegnen. Enrico Jensch erlebt schließlich 2018 auf einer Helios-Jahrestagung den Serviceexperten Carsten K. Rath auf der Bühne, wie er dem Publikum begeistert sein Herzensthema Service Excellence näherbringt.

Der sprichwörtliche Funke ist übergesprungen und bringt den imaginären Kochtopf zum Brodeln, die Basis für eine spannende Zusammenarbeit ist angerichtet.

Obwohl der Entrepreneur Carsten K. Rath den Schwerpunkt seiner Keynote nicht auf Kulinarik legte, wird diese schnell zum Fokusthema in den folgenden Gesprächen. Service Excellence nimmt branchenübergreifend unterschiedliche Gesichter an und möchte sich in mannigfaltigen Facetten ausleben.

Die Patienten erwarten in den Helios Kliniken Sicherheit und Service immer vor dem Hintergrund, dass sie das Krankenhaus in einem besseren Zustand verlassen, als sie es betreten haben. Eine gut schmeckende und gesunde Küche erleichtert ihnen den Krankenhausaufenthalt und macht den Genesungsprozess deutlich angenehmer – darin sind sich die beiden Experten einig.

2.1.2 *Die Basis-Zutat, die aus scheinbar unüberbrückbaren Gegensätzen etwas Neues entstehen lässt*

Einen Krankenhausaufenthalt und eine gute Verköstigung mit höchsten kulinarischen Ansprüchen empfanden viele bis 2019 noch als Widerspruch. Doch aus dem „das haben wir schon immer so gemacht" darf auch etwas Neues entstehen. Etwas Innovatives, vielleicht sogar auch etwas Wagemutiges, Verrücktes. Wenn eine neue Idee auf den Tisch gebracht wird und erste Kritiker die Köpfe schütteln, dann können Sie gewiss sein, dass Sie einem neuen Potenzial auf der Spur sind.

Fortschritt möchte farbenfroh neue Akzente setzen oder geschmacklich begeistern.

2.2 *Von der Bühne auf den Teller: Projektmeilensteine des kulinarischen Konzeptes*

2.2.1 *Von der Idee zum Konzept*

Enrico Jensch entscheidet nach besagter Helios-Jahrestagung, künftig kulinarische Excellence in den Helios Kliniken zu etablieren. Damit wagt er einen mutigen Schritt auf ein für den Krankenhausbetrieb noch nicht betretenes Terrain. Doch er weiß aus der bisherigen Helios-Historie, es sind genau diese unkonventionellen Denkansätze, die letztlich die Unternehmensmarke Helios prägten und zu immer neuen Wachstumsmöglichkeiten anspornten.

Sechs Köche der Spitzenklasse sollen es sein. Jeder ein leidenschaftlicher Profi in seiner Disziplin, charmant, humorvoll und bereit, ein innovatives Konzept mit Freude in einer außergewöhnlichen Umgebung voranzutreiben. Das Team ist schnell gefunden: Sechs Spitzenköche, die unterschiedlicher nicht sein könnten, gestalten mit ihren Gerichten einen schmackhaften Meilenstein in der Kulinarik der Gesundheitsindustrie.

Mit am Kochtopf sind unter anderem die Spitzenköche Thomas Bühner, Christoph Rüffer, Nils Henkel, Hendrik Otto und zukünftig auch Sophia Rudolph und Paul Ivic. Enrico Jensch und Carsten K. Rath begleiten das Projekt als Strategen und nehmen dabei die kritische Konsumentenperspektive ein.

In diesem hochkarätigen Team finden Sie alles, nur keine Ideen von der Stange. So werden eigens von den Sterneköchen erprobte und favorisierte Gerichte konzipiert und ausgewählt: Die Sterneköche kreierten insgesamt zwölf wohlschmeckende und gesunde Mittagsgerichte. In den Helios Kliniken verbinden die Experten so erstmalig die genussvolle Welt der Spitzengastronomie mit der häufig schmerzvollen Erfahrung eines Krankenhausaufenthaltes. Gleichzeitig setzen die Experten einen neuen Meilenstein im Gesundheitswesen.

2.2.2 Vom Show-Teller in die Klinik

Wie wird nun ein Gourmet-Teller für den Krankenhausbetrieb übersetzt? Die Antwort auf die wohl größte Herausforderung in diesem Projekt liefert die Menü-Manufaktur Hofmann, die bereits seit vielen Jahren mit Helios zusammenarbeitet. Täglich liefert die Hofmann Menü-Manufaktur bis zu 22.000 Mahlzeiten tiefkühlfertig an die Helios Kliniken. Die Bandbreite der Gerichte ist groß – sowohl traditionelle als auch vegane und vegetarische Kost sowie speziell auf die Bedürfnisse der Patienten ausgerichtete Sonderkost sind im Portfolio.

Qualität ist auch in der Menü-Manufaktur oberste Prämisse: Jedes Gericht unterliegt einem strengen Reinheitsgebot und durchläuft verschiedene interne Qualitätskontrollen. Gemeinsam mit den Sterneköchen werden die Sterne-Gerichte direkt vor Ort in Boxberg ausgetüftelt und immer wieder abgeschmeckt und verfeinert, bis alle vom Ergebnis begeistert sind.

2.2.3 *Corona als Inspirationsgeber – aus den heimischen Küchen ins Krankenhaus*

Ein nicht geplanter Meilenstein des Projektes ist die Corona-Krise. Auch die Profiköche verbannte sie ins Homeoffice oder an den heimischen Herd. Sollte diese weltweite Krise nun das Ende des Projektes einleiten, noch bevor es richtig gestartet ist?

Innovative Ideen basieren auf einer klaren Vision. Gibt es unvorhergesehene Zwischenfälle, so zeigt sich, wie tragbar diese Vision auch im Alltag oder in Stresssituationen ist. Manchmal erweitern unvorhergesehene Ereignisse sogar die eigentliche Perspektive, wie in diesem Projekt.

Die Sterneköche zogen ihre Kochschürzen an und nutzten nun die bevorstehende Homeoffice-Zeit am heimischen Herd und kochten dort ihre Lieblingsgerichte. Wenn ein Profikoch in seiner eigenen Küche kocht, dann ist dies sicher noch nicht besonders überraschend oder inspirierend. Es sei denn, man kommt selbst in den Genuss der angerichteten Mahlzeit. Oder man installiert Kameras in der Küche, sodass auch Außenstehende in den Genuss einer ganzen Kochshow kommen.

Alle sechs Profiköche freuten sich auf diese einmalige Chance, ihr Können und ihre Passion ganz unkonventionell im heimischen Ambiente aufzunehmen. Per Handykamera, einem professionellen Stativ und vor allem mit jeder Menge Enthusiasmus kochten die Profis ihre Lieblingsgerichte in ihren privaten Küchen. Diese sehr spontan initiierte Videodokumentation konserviert das Experiment und avanciert zum Publikumsliebling, noch bevor das „6 Köche, 12 Sterne"-Projekt in den Lifetime-Test vor Ort in den Kliniken gestartet ist. Für die Zuschauer entsteht so die Grundlage für eine perfekte Ernährungswoche, da die Gerichte wöchentlich freigeschaltet werden.

Die Aufnahmen sind dabei so unterschiedlich wie die Köche und die jeweiligen Gerichte selbst: Christoph Rüffer verbindet seine Heimatlieben mit Matjestatar auf Reibekuchen in einem Gericht und teilt ein klassisches Fischrezept: Scholle Finkenwerder Art mit Gurkensalat. Kreativität und traditionelle Kochkunst sind für ihn die Eckpfeiler am Herd.

Der Sternekoch Hendrik Otto kombiniert den Geschmack aus früheren Kindheitstagen mit den Aromen der Welt und nimmt seine Gäste stets mit auf eine Reise. Denn: „Schmackhafte Gerichte zu kochen, ist etwas Emotionales, sollte Spaß machen und unkompliziert sein", erklärt Otto. Mit seinem Rezept für „Arme Ritter" begeistert er alle Süßspeisenliebhaber. Aber der Koch bringt natürlich auch Deftiges auf seine Teller: Mit seinen Krautfleckerln kombiniert er kroatische, österreichische und böhmische Küche.

Sternekoch Nils Henkel verfolgt mit seinen Kreationen seinen ganz eigenen Ansatz, ob zu Hause oder im Restaurant. Bekannt wurde er durch seine „Pure Nature“-Küche – neue deutsche Küche überrascht mit außergewöhnlichen Texturen und Aromen. Sein Spargel mit Mascarpone und Gartenkräutern überrascht mit einer zusätzlichen Zutat: Kaffee. Fruchtig und sommerlich leicht wird sein Getreidesalat durch die Zugabe von saftigen Pfirsichen, Kefir und Fichtensprossen.

Für den Spitzenkoch Thomas Bühner ist das Ergebnis auf dem Teller eine kulinarisch komponierte Symphonie – die großen Gefühle werden durch das Zusammenspiel des gesamten Orchesters, der verwendeten Zutaten und Aromen, geweckt. Das von ihm kreierte Rote-Bete-Gazpacho mit geräuchertem Lachs ist in zehn Minuten auf den Teller gezaubert und ein echtes Powerfood. Energiereich sind auch seine Vollkornnudeln mit Parmesan und Pinienkernöl.

Das Ergebnis des ungeplanten Home Cookings sind nahbare und sehr persönliche Homestorys – in Form einer YouTube-Video-Reihe. Die Zuschauer werden dazu inspiriert, mit nur wenigen Zutaten eine ganz besonders wohlschmeckende und gesunde Mahlzeit für die perfekte Ernährungswoche am eigenen Herd zu kochen. Die Gerichte werden Schritt für Schritt erklärt und sind somit sehr einfach umsetzbar. Mit den ausgewählten Zutaten und der richtigen Kombination der Aromen sind sie geschmacklich dennoch raffiniert und unterscheiden sich von den haushaltsüblichen Mittag- und Abendessen. Alle Zutaten sind im Supermarkt um die Ecke erhältlich und schonen sogar die Haushaltskasse.

Denn Gesundheit, die schmeckt, soll in jeder Küche ohne Hürden einen festen Platz finden.

2.2.4 Erfolgreicher Launch des Lunches und ein Kochbuch to go

Nach den diversen Testings und Verkostungen in den heimischen Küchen sowie vor Ort in der Menü-Manufaktur Hofmann werden die tafelfertigen Gerichte erstmals Anfang 2020 in der Helios Klinik Bad Saarow serviert. Hier und in fünf weiteren Kliniken gaben 70 Patienten bereits beim Probelauf die Schulnote 1,8. Mit einer Patientenzufriedenheit von 95 Prozent hat niemand gerechnet.

Geschmackliche Höhenflüge, die die Gesundheit fördern und vor allem bei den Patienten überdurchschnittlich gut angenommen werden, dieses überwältigende Resultat spornt zum Weitermachen an.

Die Patienten in den Helios Kliniken können nun selbst entscheiden, ob sie das klassische oder das von den Sterneköchen inspirierte Menü während ihres Aufenthaltes genießen möchten. Haben Sie schon einmal Zitronen-Kartoffel-Gnocchi mit Artischocken in würziger Gemüsebrühe im Krankenhaus bekommen? Für jeden Geschmack wird ein passendes, gesundes Gericht vorbereitet.

Doch damit nicht genug. Dem Team von Helios und dem Projektteam ist es ein wichtiges Anliegen, dass die konzipierten Gerichte auch über den Krankenhausaufenthalt hinaus wirken. Genesende und ihre Angehörigen können sich auch weiterhin nach dem Vorbild der Kochprofis ernähren, indem sie sich die Tutorials der Kochvideos anschauen oder eines der limitierten Kochbücher mit nach Hause nehmen.

In diesem finden Interessierte die zusammengefasste Kompetenz: Die ausführlichen Rezepte, die für den Klinikaufenthalt entwickelt wurden, werden ebenso präsentiert wie die Lieblingsgerichte der Köche aus den Homestorys (Rath 2020).

Das Shooting für das farbenfrohe Kochbuch leitet das geschmackvolle Dessert des Projektes ein: Auf Einladung von Hendrik Otto treffen sich alle Spitzenköche zum gemeinschaftlichen Anrichten des Kochbuchs im Hotel Adlon Kempinski in Berlin. Die Spitzenköche kochen abermals ihre Lieblingsrezepte, die professionell festgehalten werden. Hintergrundinterviews mit den einzelnen Köchen runden das Leseerlebnis des Kochbuches ab.

Das Ergebnis ist ein umfangreiches Kochbuch mit nachkochbaren gesunden Gerichten und Tipps von den Gesundheitsexperten. Wertvolles Hintergrundwissen zu jedem Rezept liefert der Helios-Gesundheitsexperte Prof. Dr. med. Michael Ritter, Chefarzt für Angiologie, Diabetologie und Endokrinologie im Helios Klinikum Berlin, gemeinsam mit der Helios-Diätassistentin Jana Wolf. Sie kommentieren die Rezepte und erklären, warum die verwendeten Zutaten so gesund sind.

3. *Culinary Excellence als wachsender USP in den Helios Kliniken*

3.1 *Aufgewärmte Gerichte schmecken nicht. Weiterentwickelte Kreationen schon*

Wenn das Projekt „6 Köche, 12 Sterne" eines gezeigt hat, dann dass sich mutige Schritte auszahlen und ehemals gegensätzliche Kombinationen wie Krankenhaus und Kulinarik zu einem faszinierenden und wohlschmeckenden Erlebnis verschmelzen können. Eigentlich ist das Projekt nun abgeschlossen. Die konzipierten Gerichte könnten ohne Weiteres jährlich wieder angeboten werden. Die wenigsten Patienten werden überdurchschnittlich lange Klinikaufenthalte haben, sodass die umfangreiche Gerichtauswahl zu schnell eintönig würde.

Doch der Patient und nunmehr auch die Verpflegung stehen bei Helios im Mittelpunkt. Gerade in den noch andauernden, herausfordernden Zeiten werden die Servicequalitäten zu 100 Prozent auf den Patienten ausgerichtet. So werden die Gerichte nicht jährlich wieder aufgewärmt, das würde der auferlegten Servicequalität deutlich widersprechen. Das kulinarische Konzept wird vielmehr weiterentwickelt, verbessert und natürlich auch jährlich variiert.

Denn selbst die Kulinarik unterliegt dem Helios-Prinzip: messen, auswerten, verbessern oder in diesem Fall erneut abschmecken und würzen. In der neuen Auflage des Projektes treffen sich abermals sechs Spitzenköche und bringen gemeinsam mit der Hofmann Menü-Manufaktur neue, gesunde Gerichte auf die Teller der Patienten sowie als nachkochbare Rezepte in die exklusiv produzierten Kochbücher.

Homestorys und Hintergrundinterviews entstehen dieses Mal nicht durch eine externe Krise, sondern werden ganz bewusst in das Konzept mit aufgenommen.

Mit der Neuauflage von „6 Köche, 12 Sterne“ wird auch in der nächsten Saison dem manchmal länger als geplanten Genesungsprozess der bittere Beigeschmack genommen und von einer wohlschmeckenden Klinik-Cuisine abgelöst. Gesundheit geht eben auch durch den Magen und kann sich durch die drei Säulen der Service Excellence noch deutlich steigern.

3.2 Ausblick

Die Zukunft von Helios ist digitaler, internationaler und noch fokussierter auf Servicequalität in den einzelnen medizinischen Einrichtungen und Geschäftsbereichen – wir wollen *die* Gesundheitsplattform 24/7/365 für die Menschen bieten und der Begleiter auf einer langen Reise sein.

Die Culinary Excellence als ein Teil der Service Excellence wird nach dem so erfolgreichen Pilotprojekt zum festen Bestandteil in allen 89 deutschen Helios Kliniken und Bestandteil aller Gesundheitsangebote bei Helios werden. Die Pandemie hat der Umsetzung des Projektes nicht geschadet oder die Initiatoren gar zum Abbruch gezwungen.

Das Gegenteil war der Fall. Durch die veränderten äußeren Umstände – durch die Politik erzwungenen elektiven Einschränkungen in den Krankenhäusern – konnte die Dimension des gesundheitlichen Themas auf eine noch persönlichere Ebene gehoben werden. Die Homestorys der Köche inspirierten Enrico Jensch und Carsten K. Rath dazu, einen weiteren

Schritt zu gehen und die Idee der gesunden, schmackhaften Küche in jeden interessierten Haushalt zu bringen. Können Patienten und Mitarbeitende nicht zu uns kommen, gehen wir also zu ihnen. Die Zielgruppen haben sich somit sogar um ein Vielfaches erweitert.

Innovationen entstehen immer durch vorangegangene Probleme, die gelöst werden wollen. Eine Krise, ganz gleich in welcher Form sie sich äußert, ist immer auch eine Chance für die Mutigen. Die Frage ist nur, wie diese Chance zum Wohle des Kunden und Patienten genutzt wird. Die Helios Kliniken richten sich mit dem neuen kulinarischen Angebot an Patienten, die sich in klinische Betreuung begeben haben.

Gleichzeitig können Interessierte nun auch außerhalb eines Krankenhausaufenthaltes oder -besuches an der geschmacklichen Entwicklung teilhaben: Ein extra initiierter Merchandise Web-Shop bietet Kunden neben dem Kochbuch zahlreiche weitere Artikel an, die den Fokus auf körperlich und geistiges Wohlbefinden legen. Jeder weiß, dass eine gesunde Ernährung wichtig für die Zellregeneration ist. Dennoch brauchen wir manchmal eine sanfte Erinnerung in der Alltagshektik. Diese darf durchaus Freude bereiten und uns erreichen, noch lange bevor der Körper Warnsignale schickt.

Unter dem Motto „Anleitung zum Gesundbleiben" finden Kunden auf der Website www.helios-kochbuch.de alle Hintergrundinformation zum Projekt „6 Köche, 12 Sterne" inklusive Rezeptvideos, Interviews und Informationen rund um die Kochprofis. Ein zusätzlicher Kalender, ein Samenpflanzenset oder eine Kräuterdose dienen als Reminder für die eigene Gesundheit und können auch an Angehörige und Freunde weiterverschenkt werden.

Die Culinary Excellence und generell die Serviceorientierung im Klinikalltag sind vergleichbar mit dem Servicegedanken in der Hospitality-Branche (Jensch 2020). Es ist die Aufgabe eines jeden Mitarbeitenden, das Leitbild des Unternehmens in seinen täglichen Arbeitsabläufen zu leben und den Menschen ein gutes Gefühl zu geben (Rath 2017). Wann beginnt die Haltung einer Service Excellence? In der Hospitality bereits bevor das Restaurant besucht oder das Hotelzimmer bezogen wird. Ein freundlicher erster Kontakt via E-Mail oder Telefon hinterlässt den berühmten ersten Eindruck und ebnet den Weg für weitere Serviceerlebnisse (Rath 2018a; 2018b).

Ähnlich ist es bei einem Klinikaufenthalt. Die Gesundheitsdienstleistungen fangen deutlich vor einem Krankenhausbesuch an und werden während des gesamten Aufenthalts vom Patienten wahrgenommen. Das Helios-Team bietet jedem die zusätzlichen Dienstleistungen an, der sie in Anspruch nehmen möchte. Der Fokus liegt dabei auch im präventiven

Bereich. Oberstes Ziel ist es, dass die Patienten gesund bleiben oder es schnell wieder werden. Wenn ein Thema nachhaltig wirken soll, dann muss es wachsen und braucht eine ständige professionelle Begleitung. Stetige Schritte führen zu einem profunden Ergebnis.

„Unser Versprechen „Bester Service" gilt für unsere Patientinnen und Patienten ebenso wie für unsere Mitarbeitenden", kommentiert Corinna Glenz, Geschäftsführerin Personal. Service Excellence ist ebenso wie das Gesundheitsmanagement komplex und mehrdimensional. Service kann nur beim Patienten ankommen, wenn er in der Haltung und den Gedanken der Mitarbeitenden verinnerlicht und täglich gelebt wird. Eine exzellente Führung ist wichtige Voraussetzung. Auch der Mitarbeitende ist wie ein Patient ein Individuum mit unterschiedlichen Potenzialen und Wünschen. Wer diese im Unternehmen ignoriert, erntet auf lange Sicht ebenso Ignoranz und bestenfalls eine 9-to-5-Attitude. Motiviertes Fachpersonal, das sich genügend Zeit für den Patienten und auch die eigene Weiterbildung nehmen kann, unterscheidet eine Standard-Klinik von einer herausragenden Klinik wie Helios.

Dass die Mitarbeitenden die Leitlinien ebenso passioniert mittragen, verdeutlichen die Zahlen: Im Durchschnitt arbeiten die Helios-Angestellten rund 10,6 Jahre im Unternehmen. Für die schnelllebige, digitalisierte Zeit ist das ein wirklicher Erfolg in Sachen Service. Das Team ist die treibende Kraft, wenn es darum geht, die Gesundheit der Patienten zu verbessern. Auch der Personalbereich steht im Gesundheitswesen vor großen Herausforderungen. Helios setzt daher auf eine zukunftsfähige Personalstrategie und stellt sich nicht gegen die Veränderungen in der Arbeitswelt, sondern wächst mit ihnen.

Alles ist im Wandel. Zukunftsträchtige Unternehmen wie die Helios Unternehmensgruppe nutzt ihn, um auf allen Ebenen – der unternehmerischen, der personellen, der medizinischen und auch der geschmacklichen – immer wieder erneut über sich hinauszuwachsen.

Das zeichnet Innovationen aus. Das ist der perfekte Nährboden für praktische gelebte Service Excellence.

Literaturverzeichnis

Hempel, M. (2020): Gesundheitsindustrie: Motor für die deutsche Wirtschaft. Internetpublikation des Bundesverbandes der Deutschen Industrie e.V., https://bdi.eu/artikel/news/ueberdurchschnittliches-wachstum-unterdurchschnittliche-wertschaetzung/#:~:text=Rund%2012.500%20Medizintechnikunternehmen%20und%20360,mehr%20als%20210.000%20Arbeitspl%C3%A4tze%20geschaffen, aufgerufen am 14.04.2021.

Jensch, E. (2020): Service ist die Qualität von morgen, in: Rath, C.K./Westermann, R. (2020): Die 101 besten Hotels Deutschlands 2020/2021, Köln.

Klöckner, J. (2021): Gesundheitsindustrie sieht Standort Deutschland in Gefahr. Internetpublikation im Handelsblatt: https://www.handelsblatt.com/inside/digital_health/bdi-strategiepapier-gesundheitsindustrie-sieht-standort-deutschland-in-gefahr-/27002054.html?ticket=ST-1230957-qBe1mWuqijiLBfNAXZks-ap5, aufgerufen am 14.04.2021.

o.V. (2021): Helios – das Unternehmen. Internetpublikation der Helios Unternehmensgruppe: https://www.helios-gesundheit.de/unternehmen/, aufgerufen am 03.05.2021.

Olk, J. (2020): Gesundheitsindustrie warnt: Attraktivität Deutschlands als Forschungsstandort sinkt. Internetpublikation im Handelsblatt: https://www.handelsblatt.com/politik/deutschland/studie-gesundheitsindustrie-warnt-attraktivitaet-deutschlands-als-forschungsstandort-sinkt/26617394.html, aufgerufen am 14.04.2021.

Rath, C.K. (2017): Ohne Freiheit ist Führung nur ein F-Wort. Mitarbeiter entfesseln. Kunden begeistern. Erfolge feiern, Gabal Verlag.

Rath, C.K. (2018a): 30 Minuten Service Excellence, Gabal Verlag.

Rath, C.K. (2018b): Für Herzlichkeit gibt's keine App. Service-Excellence in digitalen Zeiten, 3. Aufl., Gabal Verlag.

Rath, C.K. (2020): 6 Köche, 12 Sterne. Unsere Lieblingsgerichte für Ihr Zuhause, Köln.

Dienstleistungsinnovationsmanagement

Best Practice Deutsche Telekom – Re-Invent Service: So machen wir Kunden zu Fans

Ferri Abolhassan

Management Summary

Für große Veränderungen braucht es in der Regel einen radikalen Ansatz – ob im Sport oder in der Wirtschaft. Um den Kundenservice der Deutschen Telekom auf ein exzellentes Niveau zu heben, erfinden wir ihn gerade an einigen Stellen grundlegend neu – mit mehr Kundennähe, mehr Fachlichkeit und mehr Services, die konsequent vom Kunden her gedacht sind. Mit unserem „Re-Invent" wollen wir unsere Kunden in Deutschland zu echten Fans machen. Eine Day-One-Mentalität, Beidhändigkeit und ein radikaler Kundenfokus sind hierbei unsere Schlüssel zum Erfolg.

1. *Einführung*

Richard Fosbury wird 1947 in Portland (Oregon) geboren. Seine Freunde nennen ihn nur Dick. Mit seinen 1,93 Metern ist er ein echter Schlaks und scheinbar wie geschaffen für den Hochsprung. Tatsächlich ist er jedoch ein „unkoordinierter Möchtegern-Athlet", wie er selbst von sich sagt. Mit der üblichen Sprungtechnik kommt er überhaupt nicht klar: Beim Straddle überquert der Springer die Latte bäuchlings, das Schwungbein wird in einem Bogen nachgezogen. Bei 1,60 Meter ist für Dick schon Ende – höher kommt er bei keinem Sprung. Also fängt er an, zu experimentieren.

Während alle anderen vorwärts abspringen, versucht es der Student der Oregon State University einfach rückwärts. Das hat zuvor noch keiner gemacht. Sein Heimtrainer Bernie Wagner ist wenig begeistert: „So wird nichts aus dir! Es wäre besser, du gehst zum Zirkus." Aber Dick lässt sich nicht beirren und springt schnell zehn Zentimeter höher als mit dem Straddle. Darum verfeinert er seine Technik immer weiter: Er nimmt einen bogenförmigen Anlauf, dreht seinen Rumpf beim Absprung, fliegt mit dem Kopf zuerst rückwärts über die Latte und landet auf dem Rücken.

„Wenn Kinder versuchen, ihn zu imitieren, wird er eine ganze Generation von Hochspringern auslöschen, weil sie sich alle das Genick brechen", warnt Payton Jordan, Chefcoach des amerikanischen Olympiateams. Auf sportwissenschaftlichen Konferenzen wird darüber diskutiert, warum diese Sprungtechnik nicht funktionieren kann. Doch allen Unkenrufen zum Trotz tritt Dick mit seiner unkonventionellen Technik 1968 bei den olympischen Spielen in Mexico City an. Zunächst lacht die Konkurrenz über ihn, dann staunen alle: Bis 2,22 Meter hat Dick keinen Fehlversuch. Im Finale schafft er als einziger Springer sogar die 2,24 Meter und gewinnt die Goldmedaille – mit neuem olympischem Rekord.

„Er springt wie jemand, der aus einem Fenster im dreißigsten Stock fällt“, schreibt ein Reporter. „Sein Stil ist spektakulär, aber auch sehr individuell. Ich glaube nicht, dass er die Zukunft des Hochsprungs stark beeinflussen wird“, meint der sowjetische Trainer Jurij Djatschkow – und irrt sich gewaltig. Denn Dicks außergewöhnliche Sprungtechnik lässt sich leicht erlernen: Vier Jahre später in München springt die erst 16-jährige Ulrike Meyfarth völlig überraschend zum Weltrekord und Olympiasieg – mit seiner Technik. In den Folgejahren wird der „Fosbury Flop“ zum neuen Standard im Hochsprung und der Weltrekord bis auf 2,45 Meter geschraubt. Solche Höhen wären mit dem Straddle niemals möglich gewesen.

Ich bin ein großer Fan von Dick Fosbury und seiner Geschichte. Warum? Weil sie uns zeigt, dass es sich lohnt, mutig zu sein, Bestehendes zu hinterfragen, seinen eigenen Weg zu finden und den dann auch konsequent zu gehen – ganz egal, was andere davon halten oder dazu sagen. Ich muss da immer an diesen Kalenderspruch denken: „Alle sagten, das geht nicht! Dann kam einer, der wusste das nicht und hat es einfach gemacht.“ Genauso ein Typ war Dick Fosbury. Er ist da ganz unbedarft rangegangen, hat herumexperimentiert, ohne Scheuklappen, ohne Denkverbote, und hat sich dabei von kritischen Weggefährten nicht entmutigen lassen. Er hat es einfach anders gemacht und dabei an sich und seine Sache geglaubt. Nur auf diese Weise ist es ihm gelungen, den Hochsprung grundlegend neu zu erfinden.

2. *Die Dick Fosburys der Wirtschaft*

Auch in der Wirtschaft finden sich immer wieder Dick Fosburys, denen bestehende Standards und Konventionen egal sind. Die unkonventionell vorgehen, die „out of the box“ denken und so Innovationen vorantreiben, die zum Teil für disruptive Erschütterungen in der gesamten Branche sorgen: Braucht ein Smartphone Tasten, um darauf schreiben zu können? Bis 2007 hätte jeder an Geräte wie den Nokia Communicator gedacht und „ja klar“ gesagt. Wie soll das gehen ohne Tasten? Doch dann kam Steve Jobs und hat mit dem iPhone den Markt komplett auf den Kopf gestellt.

Seither sind Touchscreens der neue Standard und Smartphones ohne Tasten völlig normal. Aber das intuitive Bedienkonzept des iPhone und die damit verbundene hohe Benutzerfreundlichkeit gelten bis heute als unerreicht. Aus diesem Grund liegt Apple mit seinem iPhone 11, iPhone 12 und iPhone SE auf den ersten drei Plätzen der zehn meistverkauften Smartphones 2020.

Springen wir noch mal zurück ins Jahr 1985. Da wird in Dallas die erste Blockbuster-Videothek gegründet. Die Kette wächst schnell und kommt in der Spitze auf rund 9.000 Filialen und 60.000 Mitarbeitende. Einer der Kunden ist Reed Hastings. Eines Tages ärgert der sich darüber, dass er 40 Dollar Strafe zahlen muss, weil er „Apollo 13“ zu spät zurückgegeben hat. Also gründet er 1997 selbst einen Online-Filmversand und verlangt von seinen Kunden bewusst keine Gebühren für die verspätete Rücksendung der DVDs. Schnell fügt er ein Abo-Modell hinzu, bei dem seine Kunden so viele DVDs ausleihen können, wie sie möchten. Und der DVD-Versand läuft erfolgreich, doch Hastings denkt schon einen Schritt weiter und konzentriert sich ab 2007 auf Streaming-Inhalte, auf die seine Kunden übers Internet direkt zugreifen können. Mit Erfolg: Mit seinem innovativen Video-on-Demand-Konzept und seiner radikalen Kundenorientierung krempelt Hastings die gesamte Unterhaltungsindustrie um. Heute ist Netflix der führende Streaming-Entertainment-Anbieter. 2020 übertraf der Börsenwert des Unternehmens mit 195 Milliarden US-Dollar erstmals den der Walt Disney Company. Und Blockbuster? Die haben bereits 2010 Insolvenz angemeldet.

Mein letztes Beispiel für einen unbeirrbaren Andersmacher ist Jeff Bezos: 1995 gründete er Amazon als Online-Versand für Bücher. In der Folge konzentrierte er sich auf den Wettbewerb mit großen Buchhändlern wie Barnes & Noble und Waldenbooks. Doch dieser Ansatz war mäßig erfolgreich. Also stellte Bezos Amazon breiter auf und startete im Jahr 2000 den Marktplatz. So konnten auch Dritte ihre Artikel online über Amazon anbieten, was die Auswahl und den Umsatz von Amazon dramatisch steigerte. Der Drittanbieter-Marktplatz, kombiniert mit dem eigenen Direktverkauf von mehr als nur Büchern, machte Amazon schließlich zum bevorzugten Online-Kaufhaus der westlichen Welt. 2006 kamen noch die Cloud-Computing-Dienste (Amazon Web Services) hinzu, die heute branchenführend sind. So formte Bezos, der im Juli 2021 als CEO zurückgetreten ist, Amazon zu einem der wertvollsten Unternehmen der Welt. Allein 2020 erzielte es einen Umsatz in Höhe von 386 Milliarden US-Dollar.

3. Das Erfolgsrezept von Jeff Bezos

Keine Frage: Über die dominante Marktstellung und die zum Teil rigorosen Arbeitsbedingungen von Amazon kann man durchaus streiten, aber davon abgesehen ist Amazon in meinen Augen eine extrem beeindruckende Erfolgsgeschichte und ein Musterbeispiel für ein Unternehmen, das sich immer wieder neu erfindet. Darum lohnt es, sich mit den Überzeugungen und Management-Methoden von Jeff Bezos einmal etwas näher zu beschäftigen.

So schrieb er schon 1997 in seinem ersten Aktionärsbrief, dass er riskante Investitionen plane, von denen einige sicherlich schiefgehen würden, andere dafür durch die Decke. Die Flops seien für ihn dann aber kein Scheitern, sondern Lehren für die Zukunft. Und mit dieser Prognose sollte er recht behalten: das Amazon Fire Phone, Amazon Destinations und Amazon WebPay waren zwar Rohrkrepierer, dafür haben sich der Amazon Marketplace, die Amazon Web Services (AWS) und der Amazon Echo zu wahren Umsatzraketen entwickelt. Die Botschaft, die dahintersteckt: Sei mutig, riskiere was und stell dich darauf ein, dass nicht alles so funktioniert, wie du es dir vorstellst. Aber, wenn du diese Rückschläge dazu nutzt, um besser zu werden, kann daraus etwas wirklich Großes entstehen.

Die zweite wichtige Lehre: Für Jeff Bezos war stets „Day One“. Er hat Amazon immer so geführt, als stehe das Unternehmen noch an seinem ersten Tag. Denn in seinen Augen war Tag 2 schon Stillstand. „Gefolgt von Irrelevanz. Gefolgt von einem qualvollen, schmerzhaften Niedergang. Gefolgt vom Tod. Und darum ist (für uns) immer Tag 1.“ Nach seiner Logik steht Amazon selbst nach 26 Jahren am Markt erst am Anfang einer großen Erfolgsstory, das Beste kommt noch. Das heißt, man sollte als Unternehmen Stagnation vermeiden, stattdessen immer hungrig bleiben, sich immer wieder hinterfragen, sich niemals selbstzufrieden auf seinen Lorbeeren ausruhen. Man sollte alles daransetzen, dauerhaft eine „Day One Company“ zu bleiben. „Egal, wie alt oder groß dein Unternehmen wird, behalte dir den Spirit und den Tatendrang eines Start-ups“, so der Rat von Jeff Bezos (Bezos/Isaacson 2020).

Zudem verlangte er von seinen Mitarbeitenden, dass sie effizient und logisch denken und faktenbasierte Entscheidungen treffen, etwa bei der Errichtung neuer Logistikzentren. Gleichzeitig hat er ihnen aber auch immer den Freiraum gegeben, eigene Ideen zu entwickeln, die nicht zum Kerngeschäft passen – „invent and wander“ hat er das genannt. Auf gut Deutsch: „Denk Dir was aus und lass den Geist umherschweifen.“ Das ist zwar das Gegenteil von effizient und logisch, aber bei diesem Out-of-the-box-Denken leiten Intuition, Neugierde und Experimentierfreude die

Gedanken und so entstehen oft die größten Innovationen. Bestes Beispiel sind die Amazon Web Services: Was hat die Vermietung von Datenspeicher in der Cloud mit dem Verkauf von Büchern zu tun? Erst mal gar nichts! Trotzdem ist daraus ein extrem lukratives Geschäft und zweites Standbein für Amazon entstanden.

Die Kunst besteht darin, die richtige Balance aus rationalen Entscheidungen und kreativen Spinnereien zu finden. Diese „Ambidextrie" oder Beidhändigkeit wird oft als enorm wichtige Managementfähigkeit beschrieben, und das ist sie aus meiner Sicht auch. Auf der einen Seite muss es dem Manager gelingen, das Brot-und-Butter-Geschäft durch kontinuierliche Verbesserungen und Effizienzsteigerungen erfolgreich zu entwickeln (Exploitation), auf der anderen Seite muss er auch in der Lage sein, durch Experimentieren und flexibles Handeln neue Möglichkeiten aufzutun und echte Innovationen zu ermöglichen (Exploration). Beides unter einen Hut zu bringen, ist keine leichte Aufgabe, aber absolut lohnenswert (von den Eichen/Christensen 2011).

Last but not least, das vielleicht wichtigste Erfolgsgeheimnis von Bezos und Amazon: der radikale Kundenfokus. Während andere Unternehmen überlegen, wie sie noch mehr Bücher verkaufen können, überlegt Amazon, wie es das Erlebnis des Bücherlesens für seine Kunden noch besser machen kann. Erst dadurch entstand der Kindle. Die erste Version davon war innerhalb weniger Stunden ausverkauft. Und in über 25 Prozent der Kindle-Rezensionen kommt angeblich das Wort „Liebe" drin vor. Die Kunden lieben also dieses Produkt, das ihnen ein noch begeisternderes Leseerlebnis bietet. Doch mit dem Kindle hat Amazon nicht nur das Erlebnis für seine Kunden verbessert, sondern sich gleichzeitig neue Erlösquellen erschlossen. Eine echte Win-Win-Situation! Kunden und Unternehmen profitieren gleichermaßen. Daher der Tipp von Bezos: Denk immer radikal aus Sicht deines Kunden! Tue nur Dinge, die gut für deine Kunden sind. Und gib dich niemals mit der zweitbesten Lösung zufrieden. Besser geht immer!

4. Der „Re-Invent" des Telekom Service

Ich sehe da viele Parallelen zum Telekom Service: Auch wir müssen den Spagat schaffen, aus einfach richtig machen und radikal neu erfinden. Es geht darum, Effizienz und Kreativität erfolgreich miteinander zu kombinieren, Beidhändigkeit zu erlangen, das Tagesgeschäft abzusichern und gleichzeitig neue Wege zu gehen, Innovationen voranzutreiben. Auch wir müssen jeden Tag angehen, als wäre es Tag eins. Denn die Konkurrenz schläft nicht, und die Erwartungen unserer Kunden entwickeln sich kontinuierlich weiter – Stichwort „Liquid Expectations“: Was heute noch etwas Besonderes ist, wird schon morgen von allen anderen erwartet. Darum müssen auch wir uns immer wieder neu erfinden, selbst wenn wir in den vergangenen Jahren schon viel verändert haben.

Bereits 2017 haben wir damit begonnen, unseren Service neu zu definieren und den Menschen wieder in den Mittelpunkt zu rücken – den Kunden mit seinen individuellen Wünschen und Erwartungen, den Mitarbeitenden mit seinen ganz persönlichen Fähigkeiten und Erfahrungen. Und diese Neuentdeckung der „Superkraft Mensch“ ist aufgegangen (Abolhassan 2020): Wir haben die für uns so wichtige Erstlösungsquote auf 54 Prozent gesteigert. Das bedeutet, dass wir mehr als jedes zweite Kundenanliegen gleich im ersten Kontakt lösen. Die Anzahl geplatzter Techniker-Termine haben wir auf unter ein Prozent gedrückt – bei 40.000 Einsätzen täglich. Und die Zahl der Kundenbeschwerden haben wir um stolze 75 Prozent reduziert – bei 100 Millionen Kontakten im Jahr.

Ich denke, diese Kennzahlen allein zeigen schon, dass wir auf dem richtigen Weg sind. Aber auch externe Auszeichnungen unterstreichen, dass wir mit unserer Servicetransformation vorankommen: So haben wir 2020 den „Grand Slam“ der Telekommunikationsbranche gewonnen, sprich alle vier großen Hotline-Tests von connect und CHIP. Zusätzlich hat uns Focus Money zum „Service-König“ unserer Branche gekürt. Demnach bieten wir in 51 von 56 deutschen Großstädten den besten Kundenservice.

Lehnen wir uns jetzt entspannt zurück und feiern uns selbst? Eben nicht! Wir halten es da mit Jeff Bezos: Wir ruhen uns nicht auf unseren Lorbeeren aus. Wir sind noch längst nicht am Ziel. Denn bester Service ist kein Sprint, sondern ein Marathon. Da braucht man einen langen Atem. Und jeder Kundenkontakt ist für uns ein Test, den wir am Ende des Tages auch gewinnen wollen. Aus diesem Grund haben wir Anfang 2021 mit „Re-Invent“ ein neues Strategieprogramm gestartet. Wir wollen unseren Kundenservice an vielen Stellen neu erfinden und so den nächsten Schritt unseres Transformationsprozesses einläuten. Für uns ist noch immer Day One.

Drei Themen stehen bei unserem „Re-Invent“ im Fokus (Abolhassan 2021):

1. Mit hybriden, perspektivisch voll konvergenten Regiocentern wollen wir noch näher an unsere Kunden heranrücken.
2. Wir möchten die Fachlichkeit unserer Kolleginnen und Kollegen weiter steigern, um die Anliegen der Kunden noch öfter gleich im ersten Kontakt zu lösen.

3. Mit unserer Initiative „Einfach.RICHTIG.Machen." wollen wir die Qualität unserer Prozesse und Arbeitsabläufe überall dort verbessern, wo noch Sand im Getriebe ist.

4.1 Regionalisierung: Neue Kundennähe

Das klingt leichter als es ist. Aber wir haben nicht nur unsere Ziele klar definiert, sondern auch den Weg, wie wir dorthin kommen: So möchten wir unsere Kunden überall dort abholen, wo sie sind – in ihrem Umfeld, in ihrer Sprache, mit einem festen Team, das sich vor Ort auskennt, das sich durchgängig verantwortlich fühlt und eine echte Kundenbeziehung aufbaut. Dazu haben wir bundesweit bereits sechs zum Teil hybride Regiocenter aufgebaut, die unsere Kunden aus ganz bestimmten Gegenden betreuen.

Los ging es in Frankfurt/Main, hier haben wir im Juni 2019 das erste Center dieser Art eröffnet. Inzwischen sind auch Düsseldorf, Köln/Dortmund/Meschede, Dresden/Chemnitz, Hamburg/Kiel sowie Baden-Württemberg Süd in Betrieb. Acht weitere Regiocenter werden bis Ende 2022 folgen. An diesen Standorten arbeiten jeweils Hunderte Kollegen fachübergreifend und – wo nötig – auch virtuell zusammen: die Berater für unsere Festnetz- und Internet-Privatkunden, unser technischer Kundenservice, die Servicetechniker, die Disponenten, und an einigen Standorten haben wir sogar schon unsere Geschäftskundenbetreuer, die Technikkollegen sowie unsere Telekom Shops eng eingebunden. Kurzum: In den Regiocentern bündeln wir all unsere Kompetenzen, um noch schnellere Lösungen für unsere Kunden zu finden.

Wir haben hier nicht mehr den in vielen Servicecentern üblichen Siloblick. Das komplette Regio-Team arbeitet für unsere Kunden. Egal, was die Kunden möchten, das Regiocenter kann ihre Anliegen in der Regel vollständig lösen. Dafür sitzen Mitarbeitende aus allen Teams auf einer Fläche oder arbeiten virtuell sehr eng zusammen. Dieser direkte Austausch hilft nicht nur bei einer schnelleren Problemlösung, sondern schafft auch eine neue Verbindlichkeit gegenüber unseren Kunden. Wir sind als crossfunktionales Team verantwortlich, wir kümmern uns ganzheitlich um das Anliegen und leiten den Kunden nicht unnötig weiter, so der Grundgedanke.

Unser perspektivisches Ziel sind letztlich vollkonvergente Regiocenter, die sich um Mobilfunk- und Festnetzthemen für Privat- und Geschäftskunden gleichermaßen kümmern. Dadurch wollen wir unseren 65 Millionen Kunden in Deutschland eine persönliche Lösung ihres Anliegens möglichst gleich im ersten Kontakt bieten – von Mensch zu Mensch, in vertrauter Sprache, mit dem nötigen Lokalkolorit. Das ist aus unserer Sicht ein ganz wichtiger Hebel für eine hohe Kundenzufriedenheit im Service.

4.2 Fachlichkeit: Neues Wissen

Zweiter Hebel ist eine neue Fachlichkeit. Auch an dieser Stelle arbeiten wir ganz fokussiert an einem „Re-Invent“. Denn trotz aller notwendiger Digitalisierung macht der Mensch noch immer den Unterschied im Service – die Berater, die Servicetechniker und die Shop-Mitarbeitenden, mit ihrer jahrelangen Erfahrung, ihrer großen Empathie und Expertise. Es gibt noch immer genug Momente im Servicealltag, in denen ein Lächeln locker hundert Computer schlägt. In solchen Fällen kommt es jedoch nicht nur darauf an, helfen zu wollen, unsere Menschen müssen dann auch helfen können (Abolhassan 2020; 2021). Nichts ist für den Kunden frustrierender als jemand, der zwar helfen will, aber nicht dazu in der Lage ist. Da hat sicher jeder schon eigene leidvolle Erfahrungen gemacht – ob beim Arzt, im Kaufhaus oder im Restaurant.

Also investieren wir noch stärker in die fachliche Fitness unserer Kundenberater, Servicetechniker, Shop-Mitarbeitenden und anderer Spezialisten (Abolhassan 2021). Mit HR-Tools wie unserem Kompetenz Guide, mit Hilfe spezieller Ausbildungsräume oder Endgerätewänden, mit virtuellen Schulungen und Präsenz-Coachings kann jeder Mitarbeitende an seinen individuellen Entwicklungsfeldern arbeiten, unsere Produkte noch besser kennenlernen, technisches Verständnis aufbauen beziehungsweise auffrischen und somit seinen fachlichen Horizont Schritt für Schritt erweitern. Dafür schaffen wir als Management die nötigen Rahmenbedingungen. Wir sorgen für die nötigen Freiheitsgrade und geben unseren Mitarbeitenden zudem auch die besten digitalen Tools an die Hand – etwa MagentaView, das einen ganzheitlichen Blick auf unsere Kundenbeziehungen schafft. Denn Wissen ist Macht – die Macht, den Kunden bestmöglich beraten zu können. Gleichzeitig versuchen wir, die Lust am Lernen noch stärker zu wecken. Denn Wissen macht auch Spaß und Fachlichkeit ist immer auch eine Frage der inneren Haltung: Nur wer Eigeninitiative zeigt und aus intrinsischer Motivation heraus lernt, wird sich wirklich weiterentwickeln. Und nur Servicekräfte, die das tun, können dem Kunden noch in Zukunft gezielt weiterhelfen (Abolhassan 2021).

Durch Globalisierung und Digitalisierung ist unsere Servicewelt extrem schnelllebig geworden. Die Produktlebenszyklen werden immer kürzer. Und alles, was vernetzt werden kann, wird vernetzt. Dadurch wird unser

Zuhause zur Schaltzentrale und die Heimvernetzung zunehmend komplexer. Auch deshalb plädiere ich für eine neue Fachlichkeit im Service. Viel zu häufig erlebe ich, dass es am nötigen technischen Verständnis mangelt. Einmal etwas zu lernen, wird der täglich zunehmenden Komplexität unserer Produkte und Services nicht mehr gerecht. Nur wenn wir dranbleiben, an unserer fachlichen Fitness arbeiten, wenn wir in der Lage sind, das Tempo der Digitalisierung und des technischen Wandels mitzugehen, nur dann können wir unseren Kunden auch künftig weiterhelfen.

Früher hieß es: „Was Hänschen nicht lernt, lernt Hans nimmermehr." Mag sein, dass diese Mahnung an die Adresse von Schulanfängern heute noch fruchtet. Problematisch ist jedoch die mögliche Ableitung: Als Erwachsener sei Hans mit dem Thema durch. Das Gegenteil ist der Fall. Ich bin fest überzeugt: Ausgelernt war gestern! Wir brauchen heute ein anderes Grundverständnis dessen, worauf es im Leben ankommt: Die Bereitschaft, Tag für Tag Neues lernen zu wollen. Dazu gehört auch die Einsicht, dass Lernen keine Strafe ist, sondern ein Geschenk, das jeden Einzelnen von uns ein Leben lang weiterbringt – und tadellosen Service überhaupt erst möglich macht.

4.3 Radikalität: Neue Services

Dritter großer Hebel unseres „Re-Invent"-Programms: Wir schauen unsere Prozesse und Arbeitsweisen an und prüfen, wo wir für unsere Kunden noch einfacher, noch nutzerfreundlicher, noch besser werden können. Dazu stellen wir die Dinge radikal auf den Prüfstand, als wäre es unser erster Tag als Unternehmen – eben wie bei der Day-One-Philosophie von Amazon. Wir drehen die Dinge auf links und erfinden uns an etlichen Stellen noch einmal komplett neu – ganz konsequent, ohne Scheuklappen. So schaffen wir innovative Services mit spürbarem Mehrwert für unsere Kunden (Bezos/Isaacson 2020).

Die ersten Quick Wins haben wir schon eingefahren: Dazu gehört etwa unser neuer Concierge Service für den Anbieterwechsel. Worum geht es hier und was ist das Besondere daran? Kunden, die von Wettbewerbern zu uns kommen, wollen wir ein begeisterndes erstes Kundenerlebnis bieten. Ihr Wechsel soll tadellos über die Bühne gehen. Zwar haben wir schon seit 2016 einen Wechslerservice, und den haben 2020 rund 420.000 Kunden genutzt, mit „Re-Invent" erfinden wir diesen Service jedoch neu und denken ihn konsequent vom Kunden her. Unser Ziel: ein Rundum-Sorglos-Service wie man ihn vom Concierge in 5-Sterne-Hotels kennt.

Die zentrale Frage für uns lautete: Was will der Neukunde, wenn er von einem anderen Anbieter zur Telekom wechselt? Aus dem Feedback unserer Kunden wissen wir: Er möchte einen Ansprechpartner, der ihn während des gesamten Wechsels bestens berät, der seinen Auftrag genauestens kennt, auf den er sich zu 100 Prozent verlassen kann und den er möglichst jederzeit erreicht, eben wie den Hotel-Concierge.

Den „Re-Invent"-Prozess unseres Wechslerservices haben wir daher mit der Beschreibung der Kundenerwartungen gestartet. Bereits in der Konzeptionsphase haben wir unsere Kunden über unsere Telekom-Ideenschmiede einbezogen und sie gefragt, ob unser Serviceangebot ihren Nerv trifft. Dabei haben sie den Wunsch nach einer persönlichen Begleitung während des Wechselprozesses ausdrücklich bestätigt. Außerdem wünschten sie sich neben dem telefonischen Kontakt auch die Möglichkeit, per E-Mail und Messenger mit ihrem Concierge kommunizieren zu können. Und rund 65 Prozent der Kunden äußerten den Wunsch nach einem festen Betreuungsteam.

Mit diesen Erkenntnissen hat sich unser Projektteam an die Umsetzung gemacht: Wir haben Concierge-Teams aus je vier Spezialisten als Ansprechpartner für den Wechslerprozess in Tischgruppen zusammengebracht. Damit steht unseren Kunden nicht wie bislang nur ein Ansprechpartner per SMS zur Verfügung, sondern ein festes Team, das auch telefonisch und per E-Mail erreichbar ist. Künftig werden diese Teams – genau wie in unseren Regiocentern üblich – die Kunden aus ihrer jeweiligen Region betreuen. Das schafft mehr Kundennähe, sorgt für klare Verantwortlichkeiten und vereinfacht die Verständigung.

Wie läuft der Wechslerservice nun konkret ab? Unser Concierge Service fängt schon mit dem ersten Kundenkontakt an: Die Berater nehmen sich hier viel Zeit für ein ausführliches Erstgespräch. Dabei erfragen sie die Ausgangslage beim Kunden, seine individuellen Wünsche und Bedürfnisse. Die Ergebnisse des Gesprächs dokumentieren wir digital und begleiten schließlich den Wechselprozess über alle Meilensteine hinweg – von der Bestätigung des Auftrags bis zur Schaltung des Anschlusses durch unsere Servicetechniker.

Der Concierge informiert den Kunden über alle wichtigen Schritte und beantwortet jede seiner Fragen in diesem Zeitraum. So geht keine Information, wie etwa ein nachträglicher Änderungswunsch des Kunden, verloren. Unsere Tischgruppen kennen sämtliche Aufträge ihres regionalen Kundenstammes und können bei Rückfragen stets Auskunft zum aktuellen Status geben – so lange, bis der Wechsel vollständig vollzogen ist und der Kunde uns bestätigt hat, dass sein Anschluss funktioniert. Genau genommen sogar noch darüber hinaus, nämlich bis zur ersten

Telefonrechnung. In der Vergangenheit ist es häufig zu Rückfragen zur Rechnung gekommen. Jetzt fragen wir proaktiv nach, ob für den Kunden alles passt.

Zum Abschluss ihres Anbieterwechsels befragen wir alle Kunden ausführlich. Auf Grundlage dieses Feedbacks können wir unseren Concierge Service im laufenden Betrieb schnell und agil weiterentwickeln. Alle Elemente, die sich im Praxistest bewährt haben, rollen wir stufenweise in die Fläche aus. Auch mit unserer Telekom-Ideenschmiede begleiten wir den Concierge Service weiter, um ihn ganz eng mit unseren Kunden voranzutreiben.

So haben wir zum Beispiel eine Feedback Lounge und eine virtuelle Werkstatt geplant. Auch das Feedback unserer Mitarbeitenden fließt in die Ausgestaltung des Service ein. Und am Ende des Tages dient uns der Concierge Service für den Wechslerprozess als Blaupause für weitere Concierge Services – etwa für Kunden, die umziehen oder ein Haus bauen und an der neuen Adresse einen Telefon- und Internetanschluss benötigen. Auf diese Weise stellen wir unsere Kunden konsequent in den Mittelpunkt und bieten ihnen einen innovativen und tadellosen Service. Das ist es, was wir unter „Einfach.RICHTIG.Machen." verstehen.

Auch unser Digital Home Service, den wir erst im April 2021 gelauncht haben, gehört in diese Rubrik. Hierfür haben wir unsere beliebte Computerhilfe einem „Re-Invent" unterzogen und aus Kundenperspektive neu gedacht. Mit dem Digital Home Service unterstützen wir die Menschen bei allen Anwendungen im vernetzten Zuhause, das nicht nur während der Corona-Pandemie, Stichwort „Homeoffice und Homeschooling", als zentrale Schaltstelle unseres digitalen Lebens immer wichtiger geworden ist. Mit unserem neuen Serviceangebot greifen wir bei der Optimierung des WLANs fachmännisch unter die Arme, genauso wie bei der Einrichtung von Smart-Home-Geräten, Laptops, Tablets und Smartphones oder der Installation entsprechender Software.

Dieses Angebot richtet sich an jedermann – egal, ob er bei der Telekom Kunde ist oder bei einem anderen Anbieter. Allen Anwendern helfen wir schnell und kompetent weiter, auf Wunsch sogar bis zu vier Mal im Jahr direkt vor Ort. Dazu haben wir für alle Interessenten drei verschiedene Leistungspakete geschnürt, die monatlich abgerechnet werden. Mit diesem Rundum-Sorglos-Angebot erfüllen wir ein wachsendes Kundenbedürfnis und schließen gleichzeitig eine Marktlücke. Ein solches Angebot gab es bislang noch nicht im deutschen Markt. Auch hier sprechen wir von einem echten „Re-Invent".

5. Den Mut haben, die Dinge durchzuziehen

„Probleme kann man niemals mit derselben Denkweise lösen, durch die sie entstanden sind“, hat Albert Einstein mal gesagt. Und ich kann dem nur zustimmen. Als ich 2017 angetreten bin, um den Kundenservice der Telekom zu erneuern, war mir schnell klar, dass das mit bestehenden Mitteln und Methoden nicht gelingen wird. Wer etwas Neues schaffen möchte, braucht den Mut, alles zu hinterfragen und neue Wege zu gehen. Ich gebe zu: Das ist nicht einfach, das kostet Kraft. Schon kulturell ist das eine enorme Herausforderung, die man nicht von heute auf morgen bewältigt.

Und dann muss man noch den Mut haben, tatsächlich etwas zu verändern und dabei vielleicht zu scheitern oder nicht schnell genug erfolgreich zu sein. Auch hiervor schrecken viele Manager zurück und spielen lieber den Bestandsbewahrer. Für mich jedoch sind die Einstellung und die Denke eines Dick Fosburys, eines Steve Jobs, eines Reed Hastings, eines Jess Bezos alternativlos, wenn es um grundlegende Veränderungen geht. Für echte Innovationen brauchst du ganz einfach diesen Mut, diese Überzeugung und diese Radikalität – auch im Kundenservice (von den Eichen/Christensen 2011).

Daher bin ich sehr froh und stolz auf mein Team aus über 30.000 Menschen, die das genauso sehen und aktiv mittragen. Ohne ihre Überzeugung und Leidenschaft wären wir gar nicht in der Lage, uns als Organisation neu zu erfinden. Gemeinsam haben wir in den vergangenen Jahren schon viel erreicht und aus einem guten Service den besten Service unserer Branche gemacht. Doch das genügt uns nicht! Damit werden wir unseren eigenen Ansprüchen noch nicht gerecht. Damit sind wir noch nicht am Ziel.

Mit unserem „Re-Invent“ wollen wir unsere Kunden zu wahren Fans machen. Bester Service immer und für alle! Eine Day-One-Mentalität, Beidhändigkeit und ein radikaler Kundenfokus sind hierbei unsere Schlüssel zum Erfolg. Nur wenn wir uns an vielen Stellen komplett neu erfinden, dabei unser Kerngeschäft nicht vernachlässigen und jeden Kunden konsequent in den Mittelpunkt rücken, können wir unser Ziel vom tadellosen Service, von einer Service Excellence erreichen. Uns ist bewusst: Das ist ein Marathon, kein Sprint. Wir haben noch ein gutes Stück Weg zu gehen. Doch wir haben einen langen Atem und werden nicht eher aufhören, bis wir dieses Ziel erreicht haben. Denn für uns zählt jeder Kunde! Und das Beste kommt erst noch!

Literaturverzeichnis

Abolhassan, F. (Hrsg.) (2020): Superkraft Mensch: Warum der Mensch im Service den Unterschied macht, Frankfurter Allgemeine Buch.

Abolhassan, F. (Hrsg.) (2021): Wissen. Macht. Spaß. – Die neue Fachlichkeit im Service, Frankfurter Allgemeine Buch.

Bezos, J./Isaacson, W. (2020): Invent and Wander – Das Erfolgsrezept »Erfinden und die Gedanken schweifen lassen«: Die gesammelten Schriften von Jeff Bezos, Redline-Verlag.

von den Eichen, S.F./Christensen, C.M. (2011): The Innovators Dilemma: Warum etablierte Unternehmen den Wettbewerb um bahnbrechende Innovationen verlieren, Vahlen.

Leiten und Lenken der kundenerlebnisbezogenen effizienten und effektiven Prozesse und der Organisationsstruktur

B2B, B2C oder doch lieber H2H? – Service Excellence im B2B-Umfeld am Erfolgsbeispiel Brenntag

Svenja Daniel

Management Summary

Die Brenntag SE ist der Weltmarktführer in der Distribution von Chemikalien und Inhaltsstoffen. Als Bindeglied zwischen Kunden und Lieferanten der Chemieindustrie nimmt Brenntag eine zentrale Rolle ein. Um sich in diesem hoch fragmentierten Umfeld zu differenzieren, hat Service Excellence in den vergangenen Jahren stark an Bedeutung gewonnen. Das Managen der Kundenerwartungen und das kontinuierliche Verbessern entlang der Kundenreise sind vor allem bei austauschbaren Gütern von größter Wichtigkeit. Zu verstehen, welche Bedürfnisse Kunden haben, was sie erwarten und sich wünschen, nimmt in der heutigen Zeit einen immer wichtigeren Platz ein.

1. *Die Chemiedistribution – ein relativ unbekannter Markt mit großem Potenzial*

Chemiedistributoren sind Unternehmen, die eine entscheidende Rolle vor allem in der herstellenden Industrie spielen und diese mit Materialien beliefern, welche zur Herstellung der eigenen Güter benötigt werden. Distributoren kaufen, lagern, verkaufen und liefern Chemikalien und Inhaltsstoffe und bieten eine breite Palette an Dienstleistungen an, wie zum Beispiel Mischen, Verpacken, technische Services, Formulierungen, Lieferkettenoptimierungen, Labordienstleistungen sowie Beratung zu Regulatorien, Sicherheit, Abfallbehandlung und Umweltaspekten.

In der Kombination all dieser Aspekte ist die Chemiedistribution das Bindeglied zwischen den Chemieproduzenten und der verarbeitenden Industrie.

Folglich sieht es das Konzept vor, dass Chemieproduzenten ihre Produkte meist nicht direkt an die kleineren und geografisch herausfordernden Endkunden verkaufen. Outsourcing, das heißt der Ersatz der eigenen Leistungen des Produzenten durch ein externes Distributionsunternehmen, ist in der heutigen Chemie- und Inhaltsstoffindustrie unerlässlich. Das Ziel liegt beim Outsourcing in der Zusammenarbeit mit einem anderen Unternehmen, um ein gegenseitiges und nachhaltiges Wachstum zu erreichen (Wullenkord 2005).

Die Chemiedistributionsbranche hat sich in den letzten Jahrzehnten aufgrund der gestiegenen Nachfrage nach Chemikalien und der Übernahme von Prozessen entlang der Wertschöpfungskette enorm entwickelt. Die Chemieproduzenten haben sich auf ihre Kernkompetenzen der Produktion, der Produktinnovation und des Verkaufs von Chemikalien an ihre größeren Direktkunden konzentriert. Der heutige Trend geht daher dahin, kleinere bis mittlere Kunden, deren Geschäfte meist herausfordernder für die Produzenten sind, an die Distributoren auszulagern (Budde et al. 2006).

Heutzutage besteht die chemische Industrie aus drei Teilen: Produktion, Vertrieb und Verbrauch. Etwa 80 bis 90 Prozent aller Chemikalien werden vom produzierenden Unternehmen direkt an die Kunden vertrieben, und nur 10 bis 20 Prozent der Chemikalien werden von den Distributionsunternehmen vertrieben. Es wird erwartet, dass dieser Marktanteil aufgrund des anhaltenden Trends zum Outsourcing zunehmen wird (Wullenkord 2005). Dies beinhaltet unter anderem eine komplexere Geschäftsstrategie, kleinere Aufträge und Kunden, die mehrere Produkte vom Distributor kaufen, der als Großhändler fungiert. All diese Attribute spielen eine wesentliche Rolle, auch aufgrund der folgenden Faktoren:

- geringere Komplexität – besonders in Märkten mit kleineren Volumina oder fragmentiertem Kundenstamm
- Zugang zu neuen Märkten – Verbesserung der geografischen Reichweite und des Marktzugangs
- Mehrwertdienste – Blenden und Bestandsmanagement gewinnen an Bedeutung
- Einsparungen bei den Gesamtbetriebskosten – Kostenreduzierung durch Verkleinerung der eigenen Produktionsbetriebe
- steigende Standards – Distributoren sind sehr gut aufgestellt, um die steigenden Qualitäts- und Sicherheitsstandards zu erfüllen

Insbesondere bei kleineren Mengen, kleineren Ländern und kleineren Kunden können Chemiedistributoren effizientere logistische Lösungen, Mehrwertdienste und eine geringere Komplexität für beide Seiten, Verbraucher und Produzenten, anbieten. Produzenten können aufgrund begrenzter Betriebsabläufe und der Notwendigkeit, sich auf ihre Kernkompetenzen zu konzentrieren, Schwierigkeiten haben, diese Anforderungen zu erfüllen.

Aber auch heute noch ist die Branche der Chemiedistribution stark fragmentiert. Weltweit gibt es mehr als 10.000 Distributoren, die sich in Commodity- und Spezialdistributoren unterteilen lassen. Die Chemiedistribution ist demnach ein höchst spannender und dynamischer Markt, der sich nicht nur auf Basis des Preises unterscheidet. Kunden stellen immer höhere Anforderungen, die vom privaten sowie beruflichen Umfeld geschürt werden. Um diese Anforderungen und Erwartungen bedienen zu können, steigt auch die Bedeutung von Service Excellence, die wiederum das Kundenerlebnis direkt beeinflussen kann (Berico 2003; Viachem 2017).

2. *Brenntag SE*

Einen wichtigen Part in der Geschichte der Chemiedistributionsbranche spielt das Unternehmen Brenntag. Brenntag ist das weltweit führende Unternehmen in der Distribution von Chemikalien und Inhaltsstoffen und somit ein wesentlicher Bestandteil der Branche. Brenntag zählte im Jahre 2020 mehr als 17.000 Mitarbeitende, operierte in 77 Ländern an mehr als 670 Standorten und lieferte über 10.000 verschiedene Produkte an circa 185.000 Kunden. Im Jahr 1874 wurde Brenntag als Eiergroßhandel gegründet. Nach fast vier Jahrzehnten stieg das Unternehmen in das Chemiegeschäft ein und benannte sich in „Brenntag" um. Der Name ist eine Kurzform der „Brennstoff-, Chemikalien- und Transport AG". Wie bereits erwähnt, war die Chemiedistributionsbranche schon damals stark fragmentiert. Brenntag erkannte den Bedarf an einem überregionalen Distributionsunternehmen, das grenzüberschreitend liefern kann. Daher erweiterte Brenntag 1950 sein Lagernetz und sein Produktsortiment und wurde 1966 mit der ersten Akquisition außerhalb Deutschlands zu einem internationalen Unternehmen. Von da an dehnte Brenntag sein Geschäft auf die ganze Welt aus und übernahm verschiedene Chemiedistributionsunternehmen. Außerdem investierte das Unternehmen in neue Technologien für Lager, um wertschöpfende Dienstleistungen entlang der Lieferkette anzubieten. Diese Strategie half dem Unternehmen, Marktführer in der Vollsortiment-Distribution von Chemikalien und Inhaltsstoffen zu werden und die Prozesse zwischen Chemieproduzenten und Distributoren zu vereinfachen (Brenntag o.J. a-d).

3. *Brenntag und Service Excellence: Eine Reise, die sich lohnt*

3.1 *Der erste Schritt ist der wichtigste, aber auch der schwierigste*

Zu Beginn unserer Reise mussten wir uns einen Ort aussuchen, mit dem wir starten wollten. Unser Pilotland UK & Irland war aufgrund des starken Interesses am Thema schnell gefunden, und auch interessierte Kolleginnen und Kollegen ließen nicht lange auf sich warten, die freiwillig teilnehmen wollten. Bei einer internen Ersteinschätzung kam heraus, dass der Konsens darin lag, dass wir als Weltmarktführer in der Chemiedistribution sehr gute Kundenerlebnisse bieten. Um dies zu verifizieren, haben wir entschieden, mit einem unabhängigen Marktforschungsinstitut zusammenzuarbeiten. Diese Zusammenarbeit bestand daraus, dass ein umfangreicher Fragebogen ausgearbeitet wurde, der explizit auf das Thema Kundenerfahrungen abzielte. Diese Umfrage haben wir daraufhin an alle Kunden versendet, unabhängig der Größe oder des geschäftlichen Potenzials. Zudem haben wir Telefoninterviews durchgeführt. Nach circa vier Wochen waren die Daten und Informationen gesammelt, sodass wir mit der Analyse starten konnten. Im Anschluss daran wurden den Verantwortlichen unseres Pilotlandes die Ergebnisse vorgetragen.

Anhand der Ergebnisse mussten wir uns eingestehen, einen nicht ganz so exzellenten Service zu bieten, wie wir es bis dato annahmen. Viele unserer Kunden waren nicht vollends zufrieden. Es gab mehrere Aspekte, bei denen wir sehr gut abschnitten, allerdings offenbarte sich auch eine Menge Verbesserungspotenzial. Dank dieser Erkenntnis und dank unserer Kunden, die ihre Erfahrungen und Einschätzungen mit uns geteilt haben, konnten wir genau am richtigen Punkt ansetzen, und wir bekamen konkrete Vorschläge, was mit höchster Priorität zu betrachten sei.

Um diese Problemfelder zu beheben, haben wir auf interne Unterstützung gesetzt und Ausschau nach einem Trainingsprogramm gehalten. Schnell wurden die Brenntag-Verantwortlichen in unserem Pilotland fündig und haben 25 Kolleginnen und Kollegen auf eine zwölftägige Schulung zum Thema Service Excellence geschickt. Diese Brenntag-Mitarbeitenden haben im Anschluss an das Training die Begeisterung und das neu gewonnene Wissen ins Unternehmen getragen und die angesprochenen Verbesserungsprojekte in ihren Standorten geleitet.

Um in den nachfolgenden Monaten einen Überblick darüber zu bekommen, ob die angestoßenen Initiativen nachhaltig etwas bewirkt haben, haben wir als weiteren Schritt ein monatliches Tracking eingeführt, das deutlich kürzer war als die 360°-Analyse, aber auf die wesentlichen Themen abzielte und somit monatlich einen Net Promoter Score (NPS) aufwies.

Zu diesem Zeitpunkt war unser Pilotland bereits mehr als zwei Jahre auf der Reise und konnte schon einige signifikante Erfolge im Bereich Service Excellence aufweisen. Diese Erfolge beinhalteten nicht nur einen erhöhten NPS, sondern ebenfalls eine gesunkene Kundenabwanderungsrate sowie einen gestiegenen Umsatz und Gewinn. Dies war Anlass für uns, zu sagen: Das Thema muss größer ausgerollt werden, da es einen positiven Einfluss auf unser gesamtes Geschäft hat.

3.2 Ein allumfassender Rahmen

Der erste Schritt war getan, wir hatten bewiesen, wie Service Excellence einen positiven Einfluss auf das Geschäftsmodell von Brenntag hat. Nun ging es darum, ein Konzept für alle anderen Länder auszuarbeiten, das einerseits zu jeder Kultur und jedem Set-up der einzelnen Länder passt, aber andererseits den Ländern dennoch Freiheiten für die eigene Kreativität und für lokale Unterschiede sowie Feinheiten lässt.

Ein erster Schritt war es, ein einheitliches Verständnis unserer Kundenreise zu erlangen. In mehreren Tagesworkshops wurde die „Brenntag Customer Journey“ ausgearbeitet und im Anschluss daran designt (siehe Abbildung 1). Diese Journey kann nun dafür genutzt werden, um Kunden sowie Mitarbeitenden darzulegen, welchen Einfluss sie auf die Kundenerfahrung haben und dass wirklich jeder einzelne Mitarbeitende Teil dieser Kundenerfahrung ist.

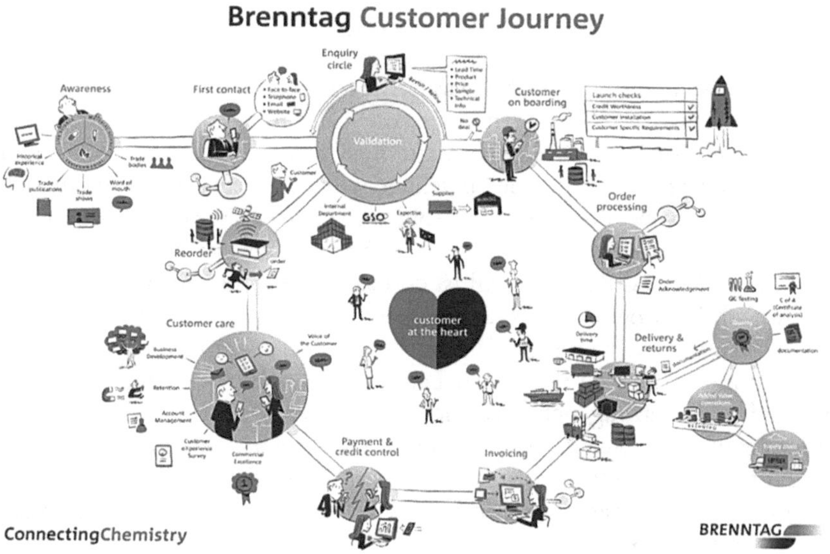

Abb. 1: Brenntags Customer Journey (Interne Quelle)

Danach wurde der Rahmen basierend auf den Erfahrungen unseres Pilotlandes erstellt. Er beinhaltete die wichtigsten Themen, um eine erfolgreiche Umsetzung zu garantieren. Zunächst einmal ging es darum, zu erklären, was Service Excellence genau ist. Dafür wurde eine Pyramide ausgewählt und mit einem Praxisbeispiel hinterlegt (siehe Abbildung 2).

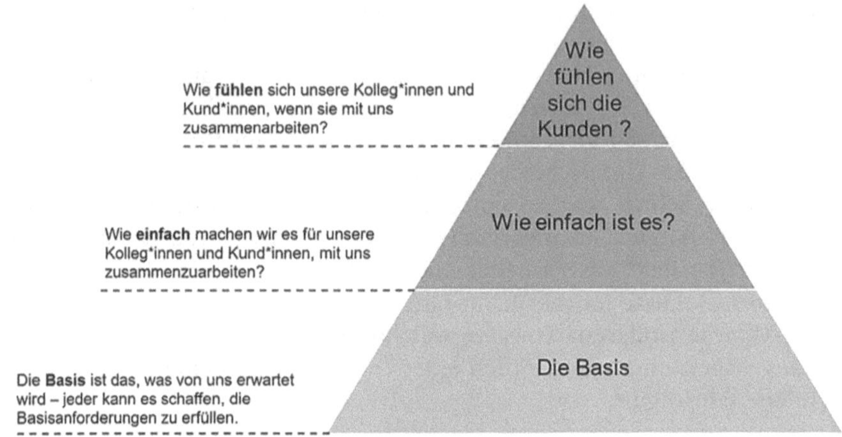

Abb. 2: Service-Excellence-Pyramide (Interne Quelle)

Stellen Sie sich die Frage: An was erinnern Sie sich bei Ihrem letzten Flug? Die Antwort ist meistens, dass die Getränke teuer waren oder es keine Verpflegung gab. Vielleicht hatte man wenig Beinfreiheit oder man erinnert sich an den Film, der geschaut wurde. Auch erinnert man sich häufig daran, wenn der Flieger zu spät war oder es Turbolenzen gegeben hat. Doch stellen Sie sich nun eine andere Frage: Was ist das Kerngeschäft einer Fluglinie? Das Kerngeschäft ist es, Passagiere sicher zur richtigen Zeit von A nach B zu befördern. Das Kerngeschäft ist es nicht, delikates Essen, viel Beinfreiheit oder eine große Entertainment-Auswahl anzubieten. Dennoch erinnern sich die wenigsten Leute daran, wenn der Flug pünktlich war und das Flugzeug sicher gelandet ist. Dieser Aspekt wird als gegeben vorausgesetzt. Nur wenn eine Fluglinie das Kerngeschäft nicht einhalten kann, erfüllt sie die Basisanforderungen in unserer Pyramide nicht mehr und es wird schwieriger bis unmöglich, Passagieren dennoch einen exzellenten Service zu bieten.

Nichts anderes ist es bei Brenntag. Das Kerngeschäft liegt darin, Chemikalien und Inhaltsstoffe sicher in der vereinbarten Zeit zum richtigen Ort und in der richtigen Menge zu liefern. Dies kann in 98 Prozent der

Fälle fehlerfrei funktionieren, aber der Kunde wird sich immer an die 2 Prozent der Fälle erinnern, die nicht optimal verliefen. Basierend auf den 98 Prozent, an denen alles optimal verlief, wird der Kunde aber nicht automatisch loyaler. Der Kunde erwartet, dass er seine Bestellung zu den Konditionen erhält, die vereinbart worden sind.

Um nun Service Excellence zu implementieren, muss vorerst die Basis stimmen. Danach geht es an die zwei wichtigsten Punkte: Wie einfach ist es, mit uns Geschäfte zu machen, und wie fühlt sich unser Kunde dabei? Ist es kompliziert, eine Bestellung aufzugeben? Kommen Rechnungen oder Angebote eventuell mit Fehlern beim Kunden an? Muss der Kunde häufiger nachfragen, um sein Angebot oder ein Muster zu erhalten? All das sind Fragen, die wir uns stellen müssen, um herauszufinden, wie einfach es ist, mit uns Geschäfte zu machen. Für den Aspekt des Fühlens sollten sich unter anderem folgende Fragen gestellt werden: Beachtet der Fahrer in der heutigen Zeit die einzuhaltenden Hygienemaßnahmen? Fühlt sich der Kunde von seinem Ansprechpartner verstanden? Werden die Probleme des Kunden ernst genommen? Wird das Geschäftsmodell des Kunden verstanden, um optimal auf dessen Bedürfnisse einzugehen?

All diese Aspekte haben wir in Betracht gezogen, um den Ländern und Regionen das erfolgreiche Konzept von Service Excellence näherzubringen. Als dies gut funktioniert hat und die Begeisterung für Service Excellence immer weiter entfachte, wurde das Framework erstellt.

Unser Service-Excellence-Framework kann sich wie ein Haus vorgestellt werden (siehe Abbildung 3). Der erste Schritt ist, dass jemand in dieses Haus einziehen möchte. In unserem Fall, dass jemand pro Land oder Region die Verantwortung für das Thema Service Excellence übernimmt.

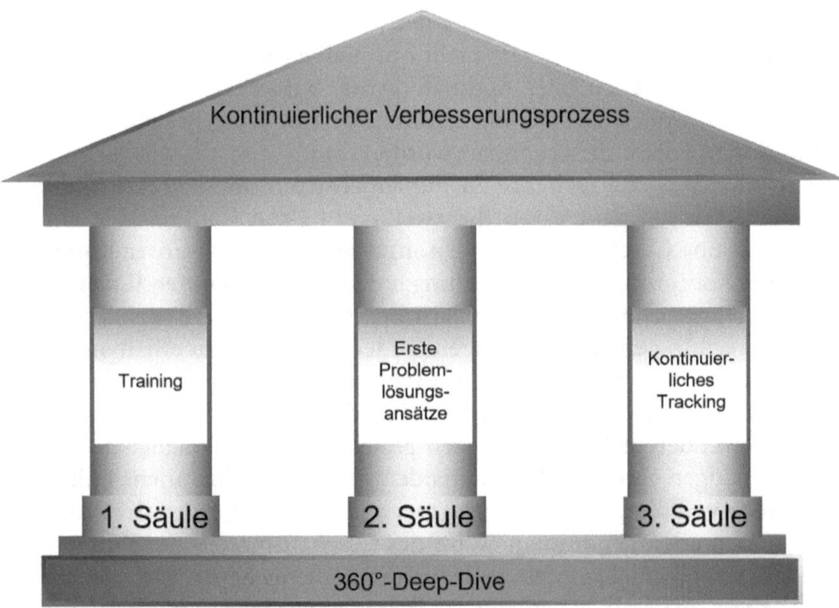

Abb. 3: Service-Excellence-Framework (Interne Quelle)

Danach muss das Fundament des Hauses gebaut werden. Dazu haben wir mit einem externen Marktforschungsinstitut zusammengearbeitet, um einen 360°-Deep-Dive zu initiieren. Dieser Deep Dive ist eine allumfassende Umfrage an unsere Kunden, die sowohl online als auch offline via Telefoninterviews durchgeführt wurde. Der Deep Dive wurde ebenfalls auf länderspezifischer Ebene durchgeführt, um auch hier auf lokale Unterschiede eingehen zu können. Basierend darauf wurden dann die Säulen des Hauses gebaut. Die für das Thema Service Excellence verantwortliche Person eines Landes wird es nicht ohne Unterstützung schaffen, Service Excellence in alle Bereiche des Unternehmens einzuführen. Aus diesem Grund ist Säule eins die Trainingssäule. In Kooperation mit einem Train-the-Trainer-Programm für Service Excellence haben wir in der Region Europa, Mittlerer Osten und Afrika (EMEA) über 300 Kolleginnen und Kollegen trainiert, um unterstützend zu wirken und Service Excellence weiter in die Organisation zu treiben. In Kapitel 3.3 wird das Training näher erläutert.

Die zweite Säule basiert auf den ersten Problemlösungsansätzen. Im Anschluss an den Deep Dive konnte bereits erkannt werden, welche Problemfelder wir angehen müssen, wo unsere Kunden nicht optimal bedient werden und selbstverständlich auch, was Bereiche sind, in denen wir bereits Service Excellence bieten und wie wir diese Bereiche ausbauen oder beibehalten sollten. Diese ersten Problemfelder werden mit der zweiten Säule angegangen.

Die dritte Säule beinhaltet ein kontinuierliches Tracking. Dies bedeutet, dass es essenziell ist, nicht nur einmalig die Meinung unserer Kunden aufzunehmen, sondern dass dies kontinuierlich der Fall sein sollte, um schnellstmöglich auf Veränderungen im Markt einzugehen. Eine ausführlichere Erläuterung des kontinuierlichen Trackings ist in Kapitel 3.4 beschrieben.

Das Dach des Hauses bildet der kontinuierliche Verbesserungsprozess. Service Excellence ist ein Konzept, das sich ständig verändert. Erwartungen und Anforderungen unserer Kunden verändern sich, Technologien reifen weiter aus und es kommen neue hinzu. Zudem gibt es immer kalkulierbare und unkalkulierbare Krisen. Im Bereich von Service Excellence müssen wir auf all das gefasst sein und demnach ein kontinuierliches Verbesserungssystem basierend auf dem Fundament und den drei Säulen des Hauses aufbauen.

3.3 Wir benötigen einen Waldbrand – oder zumindest viele lodernde Feuer

Wie im vorherigen Kapitel erläutert, müssen wir auf alle Situationen eingehen und ein kontinuierliches Verbesserungssystem etablieren. Wie ebenfalls erwähnt, ist dies allerdings nicht von einer einzelnen Person zu bewältigen. Die Chemie- und Inhaltsstoffdistribution ist immer noch ein sehr lokales Geschäft, weshalb wir lokal und in vielen verschiedenen Positionen und Bereichen Kolleginnen und Kollegen benötigen, die für das Thema Service Excellence brennen und dies in das Unternehmen tragen.

Der wichtigste Punkt hierbei ist es, so viele Menschen wie möglich zu erreichen, denn jede noch so kleine Unterstützung hilft dabei, das Unternehmen kundenzentrierter auszurichten. Aus diesem Grund ist einer unserer Ansätze, präsent zu sein. Präsent zu sein, wenn Kolleginnen und Kollegen bei Brenntag anfangen zu arbeiten. Und auch präsent zu sein während der Reise, die Kolleginnen und Kollegen mit Brenntag erleben, und immer ein offenes Ohr für Vorschläge und Ratschläge genauso wie für Kritikpunkte zu haben.

Der nächste wichtige Aspekt ist, so viele Personen trainiert zu haben wie möglich. Doch wieso ist Training so wichtig? Oftmals misst man in Unternehmen Kennzahlen und misst sie erneut, ohne dass die daraus gewonnenen Erkenntnisse in eine Aktion münden, oder dass gewusst wird, wie mit diesen Kennzahlen umzugehen ist. Service Excellence ist allerdings nicht nur die Messung von Kennzahlen. Service Excellence ist auch, die Kundenzufriedenheit – die interne sowie die externe – zu optimieren und unsere Kunden langfristig an das Unternehmen zu binden. Wir müssen aufzeigen, dass es einfach ist, mit uns Geschäfte zu machen, und wir müssen der Lieferant ihrer Wahl sein oder werden – quasi ihr Favorit. Wie es nun geschafft werden kann, Kennzahlen, Messung, Prozesse und persönliche Eindrücke zusammenzubringen, erläutert das Service-Excellence-Training. Es gibt den Kolleginnen und Kollegen Tools und Techniken an die Hand, die dafür genutzt werden können, um Kundenreisen zu mappen – um die Erfahrungen an den einzelnen Kundenkontaktpunkten zu analysieren und um Prozesse und Abläufe ins Leben zu rufen, die Negativerfahrungen umkehren können, und die einen Standard für den exzellenten internen und externen Service definieren.

Auf dieser Basis hat Brenntag sich dafür entschieden, drei Tage Präsenztraining für Service Excellence in jedem Land anzubieten. Abhängig von der Größe des Landes und der Anzahl an Mitarbeitenden, wurden zwischen zwölf und 80 Personen zum Thema Service Excellence trainiert. Zusätzlich haben wir auf das Prinzip „Train-the-Trainer" gesetzt und im Anschluss an das dreitägige Service-Excellence-Training eine zweitägige Train-the-Trainer-Ausbildung drangehangen. So konnten wir garantieren, dass die Kolleginnen und Kollegen aus den verschiedensten Bereichen ihr Wissen an deren Kolleginnen und Kollegen weitergeben konnten.

Als im März 2020 die Corona-Pandemie ausbrach, mussten wir allerdings einiges umstellen. Nach einigen Anläufen und Proben konnten wir ein sehr wirksames Service-Excellence-Programm auf die Beine stellen, das rein virtuell abläuft. Zweimal die Woche und über einen Zeitraum von fünf Wochen gab es ein zweistündiges Präsenz-Training via Videokonferenz, und die Teilnehmenden konnten dank virtueller Gruppenräume in Gruppenarbeit an den neu erlernten Themen arbeiten. Zudem gab es Hausaufgaben, die während der normalsten Alltagssituationen beobachtet und geübt werden können, wie zum Beispiel beim Einkaufen oder beim Onlineshoppen. Durch die rein virtuelle Präsenz konnten zudem Reise- und Übernachtungskosten gespart werden. Außerdem gelang es uns, noch mehr Kolleginnen und Kollegen zu trainieren, als es ursprünglich geplant war. Zum Ende des ersten Quartals 2021 hatte Brenntag in der Region EMEA dadurch über 320 Personen zum Thema Service Excellence trainiert.

Diese Best Practice hatte sich danach in den anderen globalen Regionen rumgesprochen und wird im Laufe des Jahres 2021 dort ebenfalls eingesetzt, um Kolleginnen und Kollegen in allen Bereichen zu trainieren und, wie in der Überschrift beschrieben, einen Waldbrand beziehungsweise viele lodernde Feuer zu entfachen.

Die Aufgabe der trainierten Service-Excellence-Ambassadors besteht im Anschluss darin, dass sie in Zusammenarbeit mit der verantwortlichen Person für Service Excellence, an den Problemthemen, die in diesem Bereich in einem Land oder einer Region erkannt worden sind, arbeiten und ihre Expertise einfließen lassen.

3.4 Feedback ist der Schlüssel

Für vieles, was Service Excellence betrifft, ist Feedback der Schlüssel. Sei es Feedback von Mitarbeitenden oder Feedback von Kunden.

Internes Feedback

Teil unseres Trainings ist es, wie bereits erwähnt, dass wir Kolleginnen und Kollegen mit einbeziehen und Ideen und Feedback entlang der Kundenreise aus interner Sicht sammeln. Die Mitarbeitenden eines Unternehmens bringen ein ausgeprägtes Wissen mit und können im Vorfeld viele Punkte nennen, mit denen unsere internen sowie externen Kunden nicht vollends zufrieden sind. Zudem haben sie oftmals Lösungsansätze parat oder Ideen zur Verbesserung. Aus diesem Grund ist es immer sinnvoll, zusätzlich zum externen Feedback auch internes Feedback einzuholen.

Externes Feedback

Kundenfeedback, oder im Allgemeinen externes Feedback, ist sehr wichtig, um die Außenansicht nach innen zu holen. Brenntag hat sich dazu entschieden, ein globales Feedbacksystem zu etablieren, das einheitlich in der Brenntag-Welt ist. Das Feedbacksystem basiert auf dem Real-Time-Ansatz, also dem Ansatz, Umfragen in Echtzeit zu verschicken, um so nah wie möglich an der eigentlichen Erfahrung eines Kunden zu sein. Um dies zu verwirklichen, wurde, unter Beachtung der DSGVO, die Umfragesoftware mit unseren CRM-Systemen verbunden, um Informationen zu den einzelnen Transaktionen zu erhalten und wertvolle Kundendaten mitzusenden. Derzeitig werden zu nachfolgenden Transaktionen Umfragen an die Kunden verschickt:

- Rechnung
- Angebot
- Verkaufsgespräch

- Besuch des Außendienstmitarbeiters
- Beschwerde

Innerhalb weniger Minuten erhält der Kunde eine Umfrage zu den oben genannten Themen. Nur die Umfrage zum Thema Rechnung wird erst eine Woche später oder am gewünschten Lieferdatum verschickt, um sicherzustellen, dass der Kunde die Fragen zur Lieferung ebenfalls beantworten kann. Kunden können im Jahr viermal angeschrieben werden und erhalten mindestens zwei verschiedene Umfragen. Ein Beispiel hierzu sieht wie folgt aus: Kunde A hat im Januar eine Rechnung erhalten und bekommt die Umfrage dazu geschickt. Kunde A ist dann für drei Monate blockiert und kann erst im April eine weitere Umfrage erhalten. Im April kann Kunde A dann allerdings nur Umfragen zu Themen abseits zum Rechnungsthema erhalten. Die Umfrage zum Thema Rechnung ist erst ab Juli wieder für Kunde A freigeschaltet. Demnach haben Umfragen sechs Monate Pause und Kunden drei Monate.

Wenn ein Kunde sich die Zeit nimmt und die Umfrage beantwortet, wird die Antwort nicht nur in unser Umfragetool zu Analysezwecken zurückgespielt, sondern ebenfalls in unsere CRM-Systeme. Innerhalb unserer CRM-Systeme können unsere Vertriebler somit exakt einsehen, wie ein Kunde Brenntag bewertet hat und ob es Verbesserungen oder Verschlechterungen gab. Dies ist ebenfalls eine sehr gute Basis für eine Kommunikation.

Des Weiteren werden von den Rückmeldungen sogenannte Close-the-Loop-Prozesse eingeleitet, um die Kunden zu kontaktieren und die Bewertung zu besprechen oder sich einfach nur für das erhaltene Feedback zu bedanken. Monatlich und quartalsweise werden Analysen und Reports erstellt, um die Problempunkte festzustellen und darauf basierende Verbesserungsprojekte anzulegen.

Aus diesem Grund ist Feedback der Schlüssel, denn dieses gibt uns nicht nur interne Einblicke in unser Unternehmen, sondern ermöglicht es uns zudem, den externen Blickwinkel nicht außer Acht zu lassen und die Wahrnehmungen, Erlebnisse und persönlichen Eindrücke unserer Kunden in den Fokus zu stellen.

4. Ein Blick in die Ferne

Service Excellence innerhalb von Brenntag hat uns vor allem im Pandemie-Jahr 2020 gezeigt, wie wertvoll es ist und wie effizient auf Krisen reagiert werden kann. Zudem hat uns der immer mehr an Relevanz gewin-

nende globale Fokus ein sehr großes Stück näher in Richtung Harmonisierung und Standardisierung gebracht und viel Best-Practice-Sharing sowie überregionale Zusammenarbeit gefördert. Die Jahre 2021 und 2022 stehen demnach vollständig unter dem Motto „Harmonisierung“, um auch auf globaler Ebene Service Excellence weiter voranzutreiben und die bereits existierenden überregionalen Zusammenschlüsse zu stärken, auszubauen und einige eindeutig global angelegten Vereinheitlichungsprojekte ins Leben zu rufen. So können die Stärken aller Länder zusammengeführt werden, um das gemeinsame Ziel zu erreichen, ein kundenzentriertes Unternehmen zu gestalten. Es sollte keinen Unterschied machen, ob wir in einem B2B- oder B2C-Unternehmen fungieren. Letzten Endes arbeiten wir mit Menschen zusammen, weshalb die Bezeichnung grundsätzlich Human-to-Human (H2H) lauten müsste. Um dies zu erreichen, werden wir uns globale Schwerpunkte setzen, um dort anzusetzen, diese zu verbessern und einen Servicestandard zu entwickeln, der in der gesamten Brenntag-Welt vergleichbar ist und Kunden keine signifikanten Unterschiede bemerken. Diese Standardisierung und Harmonisierung zu erreichen, wird noch einige Zeit in Anspruch nehmen, aber mit der Unterstützung unseres Topmanagements und der Unterstützung unserer Kolleginnen und Kollegen wird uns auch dieses Unterfangen gelingen, um Brenntag einem zukünftigen H2H-Business näherzubringen.
Einige konkrete Schritte sind unter anderem:

- die weitere Ausrollung unseres gemeinsamen Survey Tools
- die Zusammenarbeit mit kommerziellen Bereichen, um den monetären Einfluss von Service Excellence aufzuzeigen
- globale Verbesserungsprojekte ins Leben zu rufen
- die Aufmerksamkeit durch Kommunikationsmittel weiter zu steigern
- ein detailliertes Close-the-Loop-System zu implementieren, das weltweit genutzt werden kann

Brenntag ist noch lange nicht am Ende dieser spannenden Reise angelangt, und Service Excellence ist eine Reise, die wahrscheinlich nie enden wird und immer wieder neue Möglichkeiten offenbart. Dies sollte nicht als Bürde, sondern als Möglichkeit verstanden werden: Kunden verändern sich, Brenntag verändert sich, wir alle verändern uns, und auf diese Veränderungen müssen wir als Unternehmen eingehen und die Lücke zu den Anforderungen unserer Kunden schließen. Basierend auf all diesen Entwicklungen wird es spannend sein zu sehen, was die zukünftigen Jahre mit sich bringen und wohin sich die Reise entwickelt. Eines steht allerdings fest: Wir mögen zwar ein B2B-Unternehmen sein, aber im Herzen waren wir schon immer H2H.

Literaturverzeichnis

Berico (2003): Zur Größe des Marktes logistiknaher Dienstleistungen in der Chemieindustrie.

Brenntag (o.J. a): History of Brenntag: im Internet, veröffentlicht unter der URL: https://www.brenntag.com/corporate/en/about-brenntag/company-profile/history/index.jsp, aufgerufen am 15.05.2021.

Brenntag (o.J. b): Geschäftsbericht 2020, im Internet, veröffentlicht unter der URL: brenntag_geschäftsbericht_2020.pdf, aufgerufen am 24.06.2021.

Brenntag (o.J. c): Our History, im Internet, veröffentlicht unter der URL: https://www.brenntag.com/uk-ireland/en/our-company/our-history/index.jsp, aufgerufen am 15.05.2021.

Brenntag (o.J. d): Brenntag in Deutschland, im Internet, veröffentlicht unter der URL: https://www.brenntag.com/germany/de/brenntag-deutschland/index.jsp, abgerufen am 15.05.2021.

Budde, F./Felcht, U.-H./Frankenmölle, H. (2006): Value Creation Strategies for the Chemical Industry, Weinheim.

Viachem (2017): The Global Chemical Distribution Market, im Internet, veröffentlicht unter der URL: https://viacheminc.com/global-chemical-distribution-market/, aufgerufen am 05.05.2021.

Wullenkord, A. (2005): Praxishandbuch Outsourcing, München.

Überwachen und Steuern der Service-Excellence bezogenen Tätigkeiten und Ergebnisse

Customer-Experience-Service-Excellence bei E.ON SE: Rolle und Einsatz des Net Promoter Scores

Kristina Rodig, Christopher J. Rastin

Management Summary

Dieser Artikel konzentriert sich auf die Schaffung von Grundlagen für ein Customer-Experience-Service-Excellence-Programm bei E.ON SE. Angesichts der noch jungen Geschichte der Liberalisierung des Energiemarktes in Europa war es für die Versorgungsunternehmen eine neue Herausforderung, den Kunden in den Mittelpunkt zu stellen, seine Bedürfnisse zu verstehen, auf seine Anliegen einzugehen und Kunden über deren Erwartungen hinaus zu begeistern.

Die Forschungsergebnisse der Customer-Insights-Teams bilden die Grundlage für die Planung und Implementierung von Initiativen der Customer-Experience- und Marketingteams. Gemeinsam wird so im Rahmen des Customer-Experience-Service-Excellence-Programms die Grundlage für eine nachhaltige Differenzierung in einem zunehmend intensiveren Wettbewerbsumfeld geschaffen.

1. *Was ist E.ONs Customer-Experience-Service-Excellence-Programm?*

Ein Customer-Experience-Service-Excellence-Programm (CSEP) kann kompliziert, schwer zu verstehen und ausgesprochen aufwendig in der Umsetzung sein. Wenn es jedoch mit der richtigen Planung und Koordination durchgeführt wird, kann ein CSEP pragmatisch und ohne „Over-Engineering" entworfen und umgesetzt werden.

Während es viele Modelle für Service Excellence gibt, die von Johnstons Rahmenwerk für Service Excellence (Johnston 2004) bis zur Arbeit des Technischen Komitees ISO/TC 312 „Excellence in Service", das aktuell weltweite Standards zur Service Excellence erarbeitet, profitieren, werden Sie auf den folgenden Seiten sehen, dass E.ON einen pragmatischen Ansatz für die Gestaltung und Umsetzung seines CSEP gewählt hat und die Grundlagen eines Logic Models für die Leistungsmessung einbezieht.

Die Entwicklung und das Management des E.ON CSEP war nicht einfach oder schnell zu bewerkstelligen und erforderte eine Rückbesinnung auf das Wesentliche: die Fragen, ob ein solches Programm in einem Low-Interest-Markt notwendig sei und ob E.ON und seine Kunden von diesem Programm profitieren würden.

Bei E.ON basiert das CSEP auf der Annahme, dass das Maß an Kundenloyalität und -begeisterung aus der Beantwortung der Frage nach der

Weiterempfehlungsbereitschaft – dem Net Promoter Score (NPS®)[1] – abgeleitet werden kann. Kurz gesagt ist der NPS ein Wert, der von -100 bis +100 reicht und auf der Frage „Wie wahrscheinlich ist es, dass Sie E.ON an einen Freund oder Kollegen weiterempfehlen?" beruht. Zur Beantwortung wird eine 11er-Skala (0 bis 10) genutzt. Diejenigen, die E.ON mit neun oder zehn Punkten bewerten, werden als „Promotoren" eingestuft, während diejenigen, die einen Wert von sechs oder weniger vergeben, als „Detraktoren" gelten. Der prozentuale Anteil der Detraktoren wird dann vom prozentualen Anteil der Promotoren (basierend auf der gesamten Stichprobe, einschließlich derjenigen, die eine Sieben oder Acht geben, die sogenannten „Passiven") abgezogen (Reichheld 2003).

In Kenntnis der Einschränkungen des Net Promoter Score (Hayes 2010; Morgan/Rego 2006; Keiningham et al. 2008) wurde der NPS als die Metrik bestimmt, aus der das Customer-Experience-Service-Excellence-Programm für E.ON entwickelt werden sollte.

1.1 Warum ein Customer-Experience-Service-Excellence-Programm für E.ON?

Die europäischen Energiemärkte haben seit den 1990er-Jahren verschiedene Formen der Liberalisierung durchlaufen. Im Juni 1996 einigten sich die Wirtschafts- und Energieminister der Europäischen Union auf die erste Richtlinie zur Liberalisierung des Binnenmarktes für Strom. Anders als etwa das Vereinigte Königreich hatte Deutschland nie einen einzigen nationalen Energieversorger. Trotz des Nebeneinanders mehrerer Stromanbieter gab es jedoch nur wenig Wettbewerb auf dem Strommarkt (Delia 2013). Tabelle 1 zur europäischen Marktliberalisierung skizziert die Kernunterschiede vor und nach der Liberalisierung.

Before Liberalisation	**After Liberalisation**
Vertically Integrated Market	Privatization of state-owned electricity monopolies
	Separation of competitive segments
	Restructure of generation and transmission
	Creation of a public wholesale energy market

Tab. 1: Europäische Marktliberalisierung (Quelle: Delia 2013)

1 Net Promoter®, NPS®, NPS Prism® und die NPS-bezogenen Emoticons sind eingetragene Marken von Bain & Company, Inc., Satmetrix Systems, Inc. und Fred Reichheld. Net Promoter Score℠ und Net Promoter System℠ sind Dienstleistungsmarken von Bain & Company, Inc., Satmetrix Systems, Inc. und Fred Reichheld.

Die Auswirkung der Liberalisierung der Energiemärkte im Hinblick auf einen exzellenten Kundenservice ist klar – Wettbewerb. Mit der Einführung eines wettbewerbsorientierten Marktes hatten die Kunden plötzlich die Möglichkeit, den Anbieter zu wechseln, und es oblag den Energieunternehmen, Wettbewerbsvorteile zu schaffen und zu kommunizieren. Bei völliger Identität des Produktes und eingeschränkten Möglichkeiten zur Preisdifferenzierung fällt dem Thema Service und Service Excellence eine herausgehobene Rolle bei der Differenzierung vom Wettbewerb zu. Und damit beantwortet sich die Frage nach dem „Warum?".

Im Laufe der Entwicklung des Programms wurde zunehmend deutlich, dass E.ON dadurch tatsächlich einen Wettbewerbsvorteil gegenüber der steigenden Zahl von auch neuen Marktteilnehmern hätte. Zum Beispiel hatte E.ON keine konsistente Methode über alle Märkte hinweg, um die Kundenerfahrung und die Servicewahrnehmung zu messen und zu verstehen. Es gab keine konsistente Definition für die Messung und es gab keine definierte Referenz für die Leistung. Dieser Mangel an Konsistenz führte zu unorganisierten Teams, die keinen Konsens darüber hatten, was gute oder schlechte Kunden-Service-Excellence sei, und führte zu Unstimmigkeiten über die besten Methoden zur Bewältigung von Herausforderungen im Kundenservice.

Bei der Entwicklung des CSEP-Profils wurden diese Herausforderungen durch eine Reihe von Fragen angegangen (siehe auch Tabelle 2): Ob es einen generellen Bedarf für diese Art von Programm gibt; inwieweit dieses Programm mit der Unternehmensstrategie und den Prioritäten von E.ON übereinstimmt; wer der Nutznießer dieses Programms sein würde; inwieweit E.ON über die notwendigen finanziellen Ressourcen verfügt, um ein solch umfassendes Programm in unseren wichtigsten Märkten umzusetzen; und ob es ein Buy-in von internen, externen und regionalen Stakeholdern gibt oder geben würde.

Frage	**Antwort**
Gab es einen Bedarf für ein CSEP?	Ja, mit der Einführung des Wettbewerbs war es notwendig, die Kunden und deren Bedürfnisse besser zu verstehen. Es gab Unklarheiten über Definitionen und Maßnahmen.
Stimmte das allgemeine Programm mit der Strategie und den Prioritäten von E.ON überein?	Ja und nein – im Zuge der Marktliberalisierung hat E.ON seine Strategie und Richtlinien aktualisiert, um die Notwendigkeit der Kundenzentrierung zu berücksichtigen.
Wer wäre der Nutznießer dieses Programms?	E.ON-Kunden wurden als die direkten Nutznießer dieses Programms identifiziert.

Frage	Antwort
Waren die notwendigen Ressourcen vorhanden, um dieses Programm umzusetzen?	Die unterschiedliche Liberalisierung innerhalb der europäischen Länder erforderte die Einrichtung von individuellen Programmen. Es wurde ein zentrales Exzellenzzentrum eingerichtet, um den Know-how- und Wissenstransfer zu garantieren und Einfluss auf die regionale Budgetierung und Prioritätensetzung nehmen zu können.
Würden die Stakeholder ein solches Programm akzeptieren?	Das Programm wurde als „Top-down"-Programm eingeführt. Klare Zielvorgaben wurden ab 2010 implementiert, um zunächst einen ausreichenden Ressourcen- und Kompetenzaufbau zu ermöglichen und später (ab 2014) Bonuszahlungen an Führungskräfte an die Zielerreichung zu knüpfen.

Tab. 2: NPS-Programmprofil

1.2 Entwicklung einer Strategie zur Leistungsmessung

Schon die Definition des Konstrukts der Service Excellence ist komplex, ganz zu schweigen von der Entwicklung von Leistungskennzahlen. So wurde bei E.ON beispielsweise der NPS als Messgröße zur Einschätzung der Performance gewählt, um die Unterscheidung zwischen dem Erfüllen und Übertreffen von Kundenerwartungen zu nuancieren – ist der Kunde einfach nur zufrieden oder begeistert?

Aufgrund der nachgewiesenen Notwendigkeit eines CSEP wurde der NPS als die Metrik ausgewählt, die E.ON am effizientesten dabei helfen würde, die Kundenerfahrung zu verstehen. Bei der Auswahl einer Metrik war es notwendig, sich auf geeignete Messungen zu konzentrieren, die auf Kundeninteraktionen basieren.

In Kernprozessen werden an relevanten Touchpoints regelmäßige Kundenbefragungen durchgeführt und die Weiterempfehlungsbereitschaft mit zugehörigen Touchpoint-Messungen (jNPS) erhoben, wodurch E.ON spezifische Kundeninteraktionen besser verstehen und verbessern kann. Die Grenzen dieses Ansatzes wurden jedoch schnell erkannt, vor allem, weil diese Form der Messung nur eine Entwicklung des NPS im Zeitverlauf erlaubte, aber keinen Vergleich mit der Wahrnehmung von Wettbewerbern zuließ. Da es sich bei Energieversorgern um eine Produktkategorie mit geringem Engagement handelt, bei der circa 30 Prozent bis 60 Prozent der Kunden sechs Monate oder länger keinen oder nur wenig Kontakt mit dem Anbieter haben, wurde ein strategisches NPS-Messsystem (sNPS)

entwickelt, das einen direkten Vergleich mit dem Wettbewerb ermöglicht, unabhängig von der Kontakthäufigkeit.
Zu den sNPS-Daten:

- Sind von einer unabhängigen Agentur über ein Online-Panel erhoben;
- basieren auf einer landesweit repräsentativen Stichprobe;
- die Referenzgruppe der Wettbewerber folgt der gleichen Stichprobenlogik;
- die Abbildung der jeweiligen Marktstruktur ergibt sich in der Stichprobe durch natürlichen Fallout mit Marktanteilsschwankungen für einen einzelnen Wettbewerber von nicht mehr als drei Prozent.

Aus diesen Messungen wurde eine Strategie zur Performancemessung entwickelt, die die Grundlage für die Bewertung der Kundenerfahrungen bei der Erreichung vordefinierter Ziele für jNPS und sNPS bildet.

Zusätzlich zum NPS werden Markenperformance und Consideration bei Nicht-Kunden gemessen, um das Zielbild abzurunden.

Abbildung 1 zeigt die Logik einer möglichen Zielstruktur, die sowohl die Wahrnehmung durch existierende Kunden als auch von Nicht-Kunden integriert.

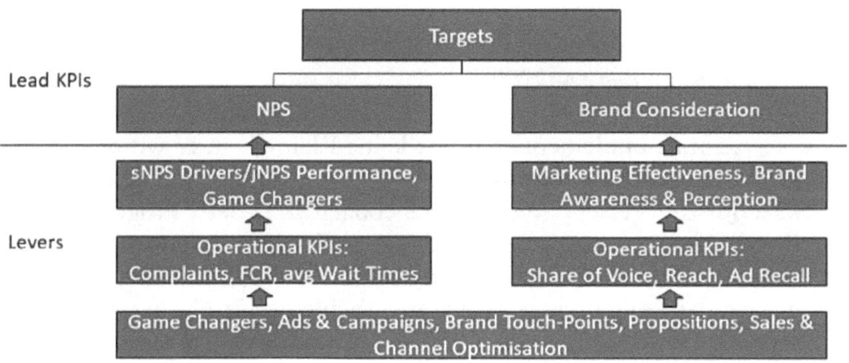

Abb. 1: Zielhierarchie

1.2.1 Das CSEP Logic Model

Jedes Exzellenzprogramm erfordert zunächst eine Investition in Personal, IT-Unterstützung, Managementressourcen et cetera. Um diese Investition besser rechtfertigen zu können, wurde ein Logic Model für das CSEP entwickelt, das auch ein Verständnis für die komplizierten Abläufe des Programms und die Überwachung der Performance ermöglicht (siehe Abbildung 2). Das Modell schafft ein gemeinsames Verständnis für die innere Funktionsweise des CSEP und seine Abhängigkeiten von der operativen und Managementperformance zur Erreichung der gewünschten Programmergebnisse, was wiederum die Kommunikation zwischen diesen voneinander abhängigen Gruppen verbessert (McLaughlin/Jordan 1999).

Das CSEP-Modell veranschaulicht die erwarteten Beziehungen zwischen den finanziellen und personellen Inputs und den gewünschten Ergebnissen, wobei drei primäre Inputs zur Erreichung einer verbesserten NPS-Leistung skizziert werden: Customer Experience, Customer Insights und die Marken- und Kommunikationsaktivitäten. Alle drei Teams haben unterschiedliche Funktionen, aber ein gemeinsames Ziel: die Wahrscheinlichkeit zu erhöhen, dass ein Kunde E.ON an einen Freund oder Kollegen weiterempfehlen würde. Jedes Team nutzt unterschiedliche Methoden, um diese Ziele zu erreichen. Customer Insights fungieren als Schnittstelle zwischen den Teams, indem evidenzbasierte Empfehlungen für die Customer-Experience- sowie die Marken- und Kommunikationsteams gegeben werden, um deren Aktivitäten zur Verbesserung des NPS zu verstehen und zu optimieren.

1.2.2 Implementierung des CSEP

Dieses System zu implementieren war keine Kleinigkeit. Es wurden Mittel für die systematische Erfassung von NPS-Messungen bereitgestellt, eine Software für die Versendung von Fragebögen lizenziert, Programme für die Durchführung statistischer Analysen und Modellierungen, die zum Verständnis und zur Berichterstattung über den Programmfortschritt verwendet werden sollten, angeschafft und Fachleute für Customer Insights eingestellt.

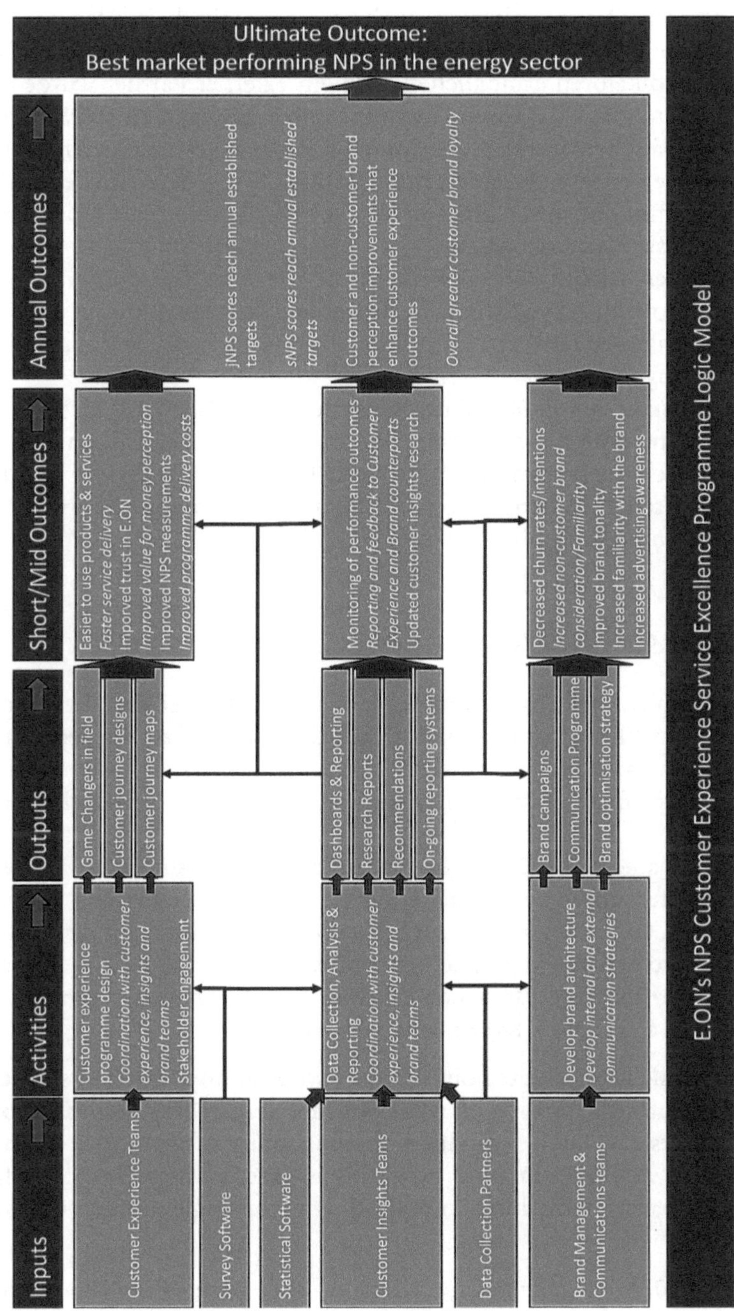

Abb. 2: Logic Model, das dem NPS-Programm von E.ON zugrunde liegt

Es wurden Dashboards entwickelt, die den Mitarbeitenden und Führungskräften einen schnellen und einfachen Zugriff auf die wichtigsten Leistungsindikatoren ermöglichen, und ein externer Partner wurde damit beauftragt, monatlich Tausende von Einzelbefragungen zu sNPS-Daten in neun europäischen Märkten zu sammeln. E.ON investierte in Mitarbeitende, um diese neuen Ressourcen zu implementieren und zu nutzen und um das Programm auf unser ultimatives Ziel auszurichten, als Marke in der Branche positiv herauszuragen.

Es wurden Richtlinien entwickelt, die die Mindestanforderungen für alle Stichproben und statistischen Methoden, Samplestrukturen und Befragungshäufigkeiten festlegten, um internen und externen Auditanforderungen zu genügen.

Der Vorstand der E.ON SE beschloss bereits im Jahr 2010, das NPS-Programm in die unternehmensweite Bonusstruktur zu überführen. Seit 2014 ist die Erreichung bestimmter NPS-Werte bonusrelevant für alle Führungskräfte, und seit 2016 hängen sogar 20 Prozent der Boni für Führungskräfte von der NPS-Leistung ab.

2. *Wie man den NPS steigert*

Bevor Beispiele dafür gegeben werden, wie E.ON bei der Verbesserung des NPS vorgeht, ist es notwendig, sich darüber klar zu werden, was der NPS leisten kann und was nicht. Die Annahme, dass mit einer einzigen Kennzahl ein Business zu steuern sei, muss sicherlich kritisch hinterfragt werden.

Keiningham et al. (2008) unternahmen den Versuch, die These, die Weiterempfehlungsbereitschaft sei der beste Prädiktor für den Unternehmenserfolg, zu testen, und versuchten, die Forschungsmethodik von Fred Reichheld so genau wie möglich zu replizieren. Nachdem sie mehrere Metriken über mehrere Branchen hinweg getestet haben, kommen Keiningham et al. (2008, S. 88) zu dem Schluss, dass:

> „... while it is quite tedious to have more variables and can sometimes convolute the picture of what you are researching, having too few variables absolutely introduces the possibility of peripheral blindness. And it would seem to us that this is exactly where NPS has fallen short: paring something complex down to a single number or a single metric."

Hayes (2010, S. 41) geht noch weiter und stellt fest: „The NPS is not the best predictor of business performance measures. Other conventional loyalty questions are equally good at predicting revenue growth. Reichheld's claims are grossly overstated about the merits of the NPS. Reichheld and the other codevelopers do not address these criticisms about the quality of the research (or lack thereof) behind their claims."

Von besonderem Interesse für E.ON ist Reichhelds eigene Aussage bezüglich der Angemessenheit des NPS für Monopole oder Beinahe-Monopole (Reichheld/Markey 2011). Wie bereits erwähnt, war dieser Punkt angesichts der Einzigartigkeit des Energiesektors in Europa, der relativ jungen Liberalisierung in einigen Märkten und der fehlenden Liberalisierung in anderen Märkten auch bei der Auswahl der CSEP-Maßnahme von großer Bedeutung.

Im Bewusstsein der Limitationen des NPS hat sich E.ON dennoch entschieden, diese Metrik ins Zentrum des Customer-Experience-Service-Excellence-Programms zu stellen. Wichtiger als der Score selbst, ist es zu verstehen, wie die Ergebnisse verbessert werden können und wie eine klare Beziehung zwischen Aktivitäten und verbessertem NPS aufzuzeigen ist.

2.1 Verbesserung der Service Excellence durch Customer Insights und Experience

Ein grundlegendes Konzept in der Wissenschaft ist, dass Messungen es Forschern ermöglichen, Theorien zu testen und Vorhersagen auf Basis dieser Messungen zu treffen. Im Fall des E.ON CSEP wird erwartet, dass ein Kundenerlebnis oder eine Markenaktivität, die den NPS verbessern soll, testbare Beziehungen zur Performancesteigerung hat. Die Ergebnisse dieser Tests bilden die Grundlage für das Reporting und zur Ableitung von Empfehlungen, in welchen Aktionsfeldern Maßnahmen am effektivsten zur Performancesteigerung beitragen.

Customer-Insights-Teams nutzen verschiedene Quellen quantitativer und qualitativer Daten, um die für das Erreichen von Programmergebnissen notwendigen Erkenntnisse zu gewinnen. Dabei fokussieren sie sich auf Lücken zwischen der eigentlichen Serviceerbringung und den Erwartungen, Erfahrungen und Wahrnehmungen der Kunden. Die Idee ist es, Modelle zu erhalten, die die Beziehung zwischen diesen Erwartungen, Erfahrungen und Wahrnehmungen und deren Möglichkeit, den NPS zu bewegen, erklären. Diese werden als Treibermodelle bezeichnet.

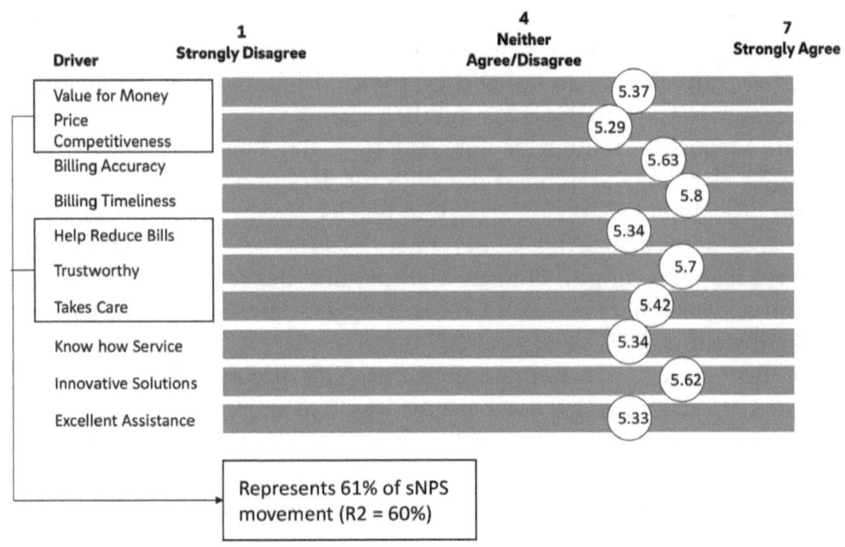

Abb. 3: Beispiel für Treiber Performance

Abbildung 3 zeigt ein generisches Treibermodell mit der Bedeutung jedes Treibers in den Kästchen, unter Verwendung eines Shapley-Wert-Regressionsmodells. Diese grundlegenden Modelle bilden die Basis für Performancedialoge und ermöglichen es, besser zu verstehen, wo Ressourcen bestmöglich zu allokieren sind. Das abgebildete Modell zeigt, dass 60 Prozent der NPS-Bewegungen durch die dargestellten Treiber erklärt werden können. Wichtiger ist jedoch, dass es das Potenzial der einzelnen Treiber anzeigt. Es ist wichtig zu verstehen, welche Treiber in den jeweiligen Modellen die größten Hebel haben und wie die eigene Performance sich jeweils darstellt. In diesem Beispiel sind „Preis-Leistungs-Verhältnis“ und „wettbewerbsfähige Preise“ die stärksten NPS-Treiber, performen allerdings auch am schlechtesten.

Eine detailliertere Analyse durch multinomiale logistische Regression ermöglicht es, die Daten weiter zu zerlegen, um die feinen Wahrnehmungsunterschiede zwischen High-End-Detractors auf der NPS-Skala (diejenigen, die eine Fünf oder eine Sechs geben), Passiven und Promotoren zu verstehen. Auf Basis der in Abbildung 3 dargestellten Treiberperformance, erfolgt die Analyse der Untergruppen, um festzustellen, was für einen Kunden am wichtigsten wäre, um einen oder zwei NPS-Punkte mehr zu geben (siehe Abbildung 4).

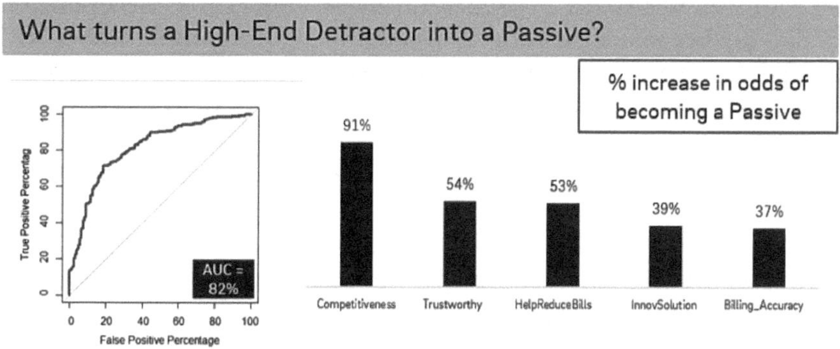

Abb. 4: High-End-Detraktoren in Passive verwandeln

Die Ergebnisse zeigten, dass die Customer-Experience-Teams einen zusätzlichen Fokus auf die Dimensionen Preis-Leistung, Vertrauen und Abrechnung legen müssen. Zudem bietet eine verbesserte Wahrnehmung als innovatives Unternehmen Steigerungspotenzial für den NPS. Durch die Bayes'sche Modellierung, die im nächsten Abschnitt dieses Kapitels vorgestellt wird, wurde es zudem möglich, die Aktivitäten der Customer-Experience-Teams auf Kontaktkanäle zu lenken, die am effektivsten die Preiswürdigkeit für Untergruppen wie High-End-Detractors garantieren.

Auch wenn es den Anschein haben mag, man würde zu tief in die Zahlen eindringen, kann nicht genug betont werden, dass dies niemals der Fall sein kann. Diese Daten bilden die Grundlage für Empfehlungen und Erkenntnisse zur CSEP-Verbesserung. Es ist wichtig, dass diese Daten und Insights in der gesamten Organisation geteilt werden und auf dieser Grundlage gehandelt wird. Dies erfordert, dass die Informationen leicht zugänglich sind und so einfach wie möglich kommuniziert werden.

2.2 *Bayes'sche Netze*

Während Treibermodelle das Verständnis dafür ermöglichen, wie viel Varianz zwischen bestimmten Service- und Markenerlebnissen und dem NPS besteht, wird die kausale Natur der Beziehungen durch diese Modelle nicht vollständig verstanden. Um diesen blinden Fleck zu beheben, wird die Bayes'sche Theorie eingesetzt.

Nehmen wir das Beispiel des Kundenvertrauens. Vertrauen ist ein sehr abstraktes und kompliziertes Konstrukt. Ein Customer-Insights-Team kann nicht einfach die Empfehlung aussprechen „Sie müssen das Vertrauen unserer Kunden verbessern". Darüber hinaus ist Vertrauen in vielen unserer Märkte der bei weitem wichtigste Treiber für Empfehlungen, wobei NPS und Vertrauen so hoch korreliert sind, dass sie als ausreichende Proxies füreinander fungieren können. Um zu verstehen, wie Customer-Experience-Teams das Vertrauen der Kunden besser entwickeln können, ermöglichen uns Bayes'sche Netze, die Grundlagen des Vertrauens und damit auch die Grundlagen des NPS zu verstehen (siehe Abbildung 5).

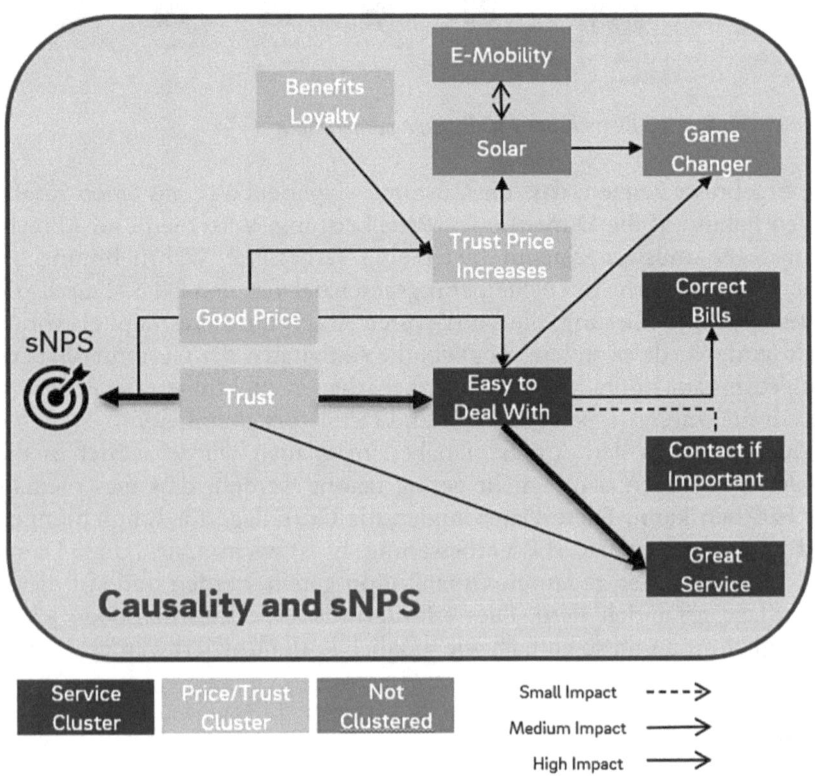

Abb. 5: Beispiel Bayes'sches Netz

Innerhalb dieses Netzwerks kann man sehen, dass allein die Erfüllung oder Übererfüllung grundlegender Serviceerwartungen zu größerem Vertrauen und NPS führt. In diesem Beispiel tragen eine zuverlässige Stromversorgung, Transparenz und Ehrlichkeit in Bezug auf Preiserhöhungen, die Belohnung von Loyalität et cetera dazu bei, dass die Servicequalität höher wahrgenommen wird und man als barrierefrei im Umgang mit Kunden wahrgenommen wird. Wenn diese Treiber des NPS erfüllt sind, ist es viel wahrscheinlicher, dass die Kunden vertrauen und weiterempfehlen.

Diese Art der Analyse liefert noch mehr relevante Informationen und Empfehlungen für Customer-Experience- und Service-Excellence-Teams und ermöglicht es ihnen, den Kausalitäten zwischen den Treibern zu folgen.

2.3 Werkzeuge für das Szenario-Modell

Einerseits bringen Dashboards und Berichte Statistiken zum Leben, andererseits soll ebenfalls gezeigt werden, wie die Verbesserung eines Treibers den NPS steigern kann. Hier werden Bayes'sche und Regressionsmodellierung in einem Szenario-Tool oder „Was wäre, wenn"-Tool kombiniert (siehe Abbildung 6).

Mit Hilfe von algebraischen Standardgleichungen ($NPS=B_0+(B_1*X_1)+(B_2*X_2)+(B_3*X_3)+\ldots e$), die aus der multiplen Regressionsmodellierung von Treibern abgeleitet werden, die gegen den NPS regressiert werden, werden Customer-Experience-Teams Tools zur Verfügung gestellt, mit denen sie abschätzen können, um wie viel sie ein bestimmtes Kundenerlebnis verbessern müssen und um wie viel diese Verbesserung zu einem höheren NPS führen wird. Indem die Organisation verstehen kann, wie die Bewegung von X1, X2 oder X3 und so weiter den resultierenden Wert des NPS verändert, sind diese Teams besser in der Lage nachzuvollziehen, wie sich die damit verbundenen Ressourcen auf das gewünschte Ergebnis auswirken können.

Durch einfaches Ändern des Mittelwerts des gewünschten Treibers im Tool kann man sehen, um wie viel der NPS durch die entsprechende Treiberverbesserung steigen würde. Für das Erreichen von Zielvorgaben ist dies besonders wichtig, da es Managern und Stakeholdern die Möglichkeit gibt, den Umfang der für diese Verbesserung erforderlichen Ressourcen abzuschätzen.

Driver	Shapley	β	Desired Driver Scores	Actual Driver Scores	% Change	Predicted NPS
How satisfied are you with the prices of energy?	18%	0.11911	4.67	4.67	0.00%	14%
Information provided is relevant to myself	11%	0.05885	5.04	5.04	0.00%	
Is easy to deal with	12%	0.05455	5.52	5.52	0.00%	
Understands my needs	13%	0.05266	4.73	4.73	0.00%	
Gives me easy and clear instructions	11%	0.03594	5.36	5.36	0.00%	
Provides brilliant customer care	9%	0.03261	5.67	5.67	0.00%	
Has high quality service	9%	0.03034	5.84	5.84	0.00%	
Meets my Needs	11%	0.02819	5.53	5.53	0.00%	
Is a trustworthy company	8%	0.02717	5.97	5.97	0.00%	
R^2 = 39%	100%		5.37	5.37	0.00%	

Predicted NPS = -2.134238 + (0.11911*4.67) + (0.05885*5.04) + (0.05455*5.52) + (0.05266*4.73) + (0.03594*5.36) + (0.03261*5.67) + (0.03034*5.84) + (0.02819*5.53) + (0.02717*5.97) + e

Abb. 6: Szenario-Modell-Tool

2.4 Marken- und Marketingkommunikationsaktivitäten als Voraussetzung für eine veränderte Wahrnehmung

Wie bereits erwähnt, geben etwa 30 bis 60 Prozent der Kunden an, sechs Monate oder länger keinen Kontakt zu E.ON zu haben. Dies stellt aus Sicht des Service und der Customer-Experience-Verantwortlichen ein Problem dar. Wenn ein Kunde über einen längeren Zeitraum keinen Kontakt hat, ist es nicht möglich, seine Meinung über das Unternehmen positiv zu prägen. Diese Lücke muss durch Branding- und Kommunikationsaktivitäten gefüllt werden. Um es zuzuspitzen: Wenn Sie eine herausragende Kundenerfahrung oder Markenkampagne haben, aber niemand da ist, um sie zu hören oder zu erleben, existiert die Aktivität dann wirklich?

Die Beantwortung dieser Frage unterstreicht die Bedeutung der abteilungsübergreifenden Koordination, wenn es um ein CSEP geht. Für Customer-Experience-Teams wäre es eine Herausforderung, die Bekanntheit bestimmter Angebote oder Initiativen allein über die Kontaktkanäle zu verbessern. Die Marken- und Marketingkommunikation könnte die Kunden auf breiterer Basis ansprechen und sie über dieses Produkt informieren, was die Wahrnehmung der Kunden erhöhen würde.

Noch wichtiger ist, dass mit Hilfe von Regression und Bayes'scher Modellierung herausgefunden wurde, dass Produktangebote als Grundpfeiler für eine verbesserte Service- und Vertrauenswahrnehmung seitens der Kunden fungieren und zusätzlich eine verbesserte Preiswahrnehmung bewirken.

Es mag auch nicht überraschen, dass eine positivere Markenwahrnehmung in hohem Maße mit der Wahrscheinlichkeit zusammenhängt, dass ein Kunde E.ON weiterempfehlen würde.

Aus entsprechenden Modellen können Erkenntnisse und Empfehlungen für Marken- und Marketingkommunikationsteams abgeleitet werden, um zu den Botschaften zu gelangen, die am besten geeignet sind, die Wahrscheinlichkeit zu erhöhen, dass ein Kunde E.ON weiterempfiehlt. Wie in anderen Modellen gesehen, sticht das Preis-Leistungs-Verhältnis als starker Prädiktor hervor. In einer Branche, in der die meisten Kunden nicht in der Lage sind, den exakten Preis zu benennen, birgt das Herausforderungen. Eine übliche Reaktion ist „wir senken unseren Preis", was den Sinn dieser Art von Analysen völlig verfehlt. Die Idee ist, Kunden den Wert der erhaltenen Leistung zu verdeutlichen. Im Fall von E.ON muss dieser Wert entweder durch eine direkte Kundenerfahrung demonstriert oder sinnvoll an Kunden kommuniziert werden, die über längere Zeiträume hinweg wenig bis gar keine direkten Erfahrungen gemacht haben.

3. *Fazit*

Dieses Kapitel bot einen sehr breiten Überblick darüber, warum und wie E.ON sein CSEP umsetzte, und lieferte eine Zusammenfassung, wie die Erkenntnisse aus Daten genutzt werden, um Strategien und Aktivitäten zu entwickeln, die auf eine verbesserte NPS-Performance zielen.

Zusammengefasst seien nochmals die wichtigsten Elemente genannt, die bei der Entwicklung, Implementierung und Überwachung eines CSEP diskutiert wurden: Erstens ist es wichtig, einen Plan zu entwickeln. Dieser Plan muss die Notwendigkeit eines solchen Programms, die erforderlichen Ressourcen und deren Einflusspotenzial auf die Zielerreichung beschreiben. Dies erfordert Konsultationen mit einer großen Anzahl von Interessengruppen. Wenn diese Planung jedoch durchgeführt wird, erleichtert sie die Umsetzung des Programms erheblich und ermöglicht eine größere Zustimmung und Unterstützung durch die Interessengruppen.

Zweitens muss das Programm fokussiert und messbar sein und klare Ziele und Ergebnisse haben. Bei der Entwicklung des Programmprofils und des Logic Models können diese wesentlichen Kriterien insofern sichergestellt werden, als sie von allen Beteiligten und vor allem von der Geschäftsleitung und den Kunden unterstützt werden.

Ein CSEP ist eine nie endende Reise. Wir genießen unsere Erfolge und lernen aus unseren Niederlagen. Einige Aktivitäten führten nicht zum gewünschten Ergebnis, andere performten überraschend gut. Es ist wichtig, die Ursachen für beide Phänomene besser zu verstehen, um die Ergebnisse zu maximieren, die ein CSEP zu erreichen versucht. Selbst ein schlechtes Ergebnis bedeutet nicht automatisch, dass die zugrundeliegende Prämisse falsch war. Datenanalysen und daraus gewonnene Insights helfen zu verstehen, wann eine gute Idee einfach nur schlecht ausgeführt wurde, und geben Empfehlungen für Verbesserungen.

Literaturverzeichnis

Delia, V. (2013): A glance at the European energy market liberalization, CES Working Papers, ISSN 2067-7693, Alexandru Ioan Cuza University of Iasi, Centre for European Studies, Iasi, 5. Jg., Nr. 1, S. 100–110.

Hayes, B.E. (2010): Beyond the ultimate question: A systematic approach to improve customer loyalty, American Society for Quality, Milwaukee.

Johnston, R. (2004): Towards a better understanding of service excellence, in: Managing Service Quality, 14. Jg., Nr. 2/3, S. 129–133.

Keiningham, T./Aksoy, L./Cooil, B./Andreassen, T. (2008): Linking customer loyalty to growth, in: MIT Sloan Management Review, 49. Jg., Nr. 4, S. 51–57.

McLaughlin, J./Jordan, G. (1999): Logic models: a tool for telling your programs performance story, in: Evaluation and Program Planning, 22. Jg., S. 65–72.

Morgan, N./Rego, L.L. (2006): The value of different customer satisfaction and loyalty metrics in predicting business performance, in: Marketing Science, 25. Jg., Nr. 5, S. 426–439.

Reichheld, F.F. (2003): The one number you need to grow, in: Harvard Business Review, 81. Jg., Nr. 12, S. 46–54, 124.

Reichheld, F.F./Markey, R. (2011): The ultimate question 2.0 (Revised and Expanded Edition): How net promoter companies thrive in a customer-driven world, in: Harvard Business Review Press, Boston.

Ausblick

Ausblick: Neue Entwicklungen zu Service Excellence

Matthias Gouthier

Management Summary

Wer nach der Lektüre dieser Herausgeberschaft denkt, nunmehr alles über Service Excellence zu wissen, wird in diesem Abschlussbeitrag eines Besseren belehrt. Je länger und intensiver man sich als Experte mit Service Excellence beschäftigt, umso bewusster wird einem, dass es noch sehr viele weiße Flecken auf der Wirtschafts- und Wissenschaftslandkarte zu Service Excellence gibt. Sieben Entwicklungstrends, die sich derzeit abzeichnen, und für die kommenden Jahre die Entwicklung von Service Excellence prägen werden, werden in diesem Beitrag noch abschließend adressiert.

1. *Service Excellence – Ein Buch mit sieben Siegeln*

Die Wahrnehmung, Bewertung und Auswahl der Trends basieren im vorliegenden Falle nicht auf empirisch validierten Studienergebnissen, sondern sind der subjektiven Einschätzung des Autors geschuldet. Allerdings beruht die persönliche Bewertung auf langjähriger wissenschaftlicher Forschung, unternehmensbezogener Beratung und diversen Transferaktivitäten. Insbesondere die Leitung des Technischen Komitees ISO/TC 312 „Excellence in Service“ und die aktive Mitarbeit in dessen Arbeitsgruppen und Task Forces liefern fundiertes und aktuelles Wissen, wohin die Reise in den kommenden Jahren gehen wird. So zeichnen sich im Rahmen der Diskussionen, die innerhalb des Technischen Komitees ISO/TC 312 „Excellence in Service“ kontinuierlich geführt werden, derzeit sieben Entwicklungstrends ab, auf die im Folgenden näher eingegangen wird:

1. Zertifizierung von Service Excellence
2. Messung von Service Excellence (Performance)
3. Implementierung von Service Excellence
4. Qualifizierung zu Service Excellence
5. Interne Service Excellence
6. Digitale Service Excellence
7. Branchenspezifische Ausdifferenzierung von Service Excellence

Die Reihenfolge der angeführten Trends ist dabei rein zufällig gewählt und nicht im Sinne einer etwaigen Relevanz zu werten.

1.1 Zertifizierung von Service Excellence

Das Thema der Zertifizierung kommt nach der Veröffentlichung der Norm ISO 23592:2021 verstärkt auf. Nicht nur aus Deutschland treffen Anfragen ein, ob sich Unternehmen auf Basis der Norm zertifizieren lassen können, sondern auch aus dem Ausland. Zertifizierungen zu Service Excellence wurden aber auch schon zuvor von mehreren Zertifizierungsgesellschaften am Markt angeboten. So bieten derzeit zum Beispiel der TÜV SÜD, der TÜV NORD CERT und die DQS, um nur drei zu nennen, Zertifizierungen zu Service Excellence an. Diese beruhen jedoch noch auf den bisherigen Standards, der DIN SPEC 77224:2011 und der CEN/TS 16880:2015. Handelte es sich bei diesen Standards jeweils „nur" um technische Spezifikationen, so liegt dem Markt nunmehr eine offizielle, weltweit gültige ISO-Norm vor. Dies führt zu den zwei Konsequenzen, dass zum einen die Attraktivität, sich zertifizieren zu lassen, wächst, zum anderen werden beide Spezifikationen auf absehbare Zeit vom Markt genommen. Unternehmen, die sich entsprechend in naher Zukunft zertifizieren lassen wollen, und Zertifizierungsgesellschaften, die ein solches Zertifikat anbieten wollen, sollten sich daher schon jetzt auf die neue Norm einbeziehungsweise umstellen.

1.2 Messung von Service Excellence (Performance)

Ein Element, genauer gesagt, das neunte Element des Service-Excellence-Modells ist der Messung und dem Monitoring der Service-Excellence-Aktivitäten und -Resultate gewidmet. In diesem wird gefordert, dass die Organisation eine Reihe interner und externer Messgrößen entwickeln und systematisch anwenden muss, die sich auf alle Elemente des Modells konzentrieren. Die diesbezüglichen Ausführungen sind jedoch eher genereller Natur und beschränken sich in Summe auf knapp zwei Seiten. Dies ist nicht sonderlich verwunderlich, sondern dem Umstand geschuldet, dass eine Norm wie die ISO 23592:2021 in Summe eher kurz und prägnant gehalten sein soll. Dem steht natürlich der Wunsch der Anwenderinnen und Anwender gegenüber, möglichst konkrete Hinweise dazu zu erhalten, was und wie nun genau Service Excellence gemessen werden sollte.

Dies war der Auslöser, ein weiteres Dokument im Sinne einer Technischen Spezifikation zu entwickeln, welches Unternehmen einen konkreteren Handlungsplan an die Hand gibt, wie Service Excellence beziehungsweise Service-Excellence-Performance gemessen werden kann. Der aktuelle Arbeitsstand des Dokuments läuft derzeit als Entwurf unter der

Kennzeichnung ISO/WD TS 23686 und hat den Titel „Service excellence – Measuring service excellence performance". In diesem werden nach einer kurzen Einführung zunächst die zentralen Begriffe definiert. Danach erfolgt eine Darstellung der Prinzipien, an denen sich eine Messung von Service-Excellence-Performance ausrichten sollte. Die eigentliche Performance-Messung beziehungsweise das Performance-Measurement-System zu Service Excellence basiert auf dem OKR-Ansatz. OKR steht für „Objectives and Key Results" und ist aktuell ein beliebter Ansatz, um Strategien in operative Ziele und messbare Resultate herunterzubrechen (siehe zum Beispiel Doerr 2018). Dieser Ansatz eignet sich folglich sehr gut dazu, eine Service-Excellence-Strategie in Ziele, Aktivitäten und Ergebnisse zu operationalisieren. Hieran anknüpfend werden in vier Kapiteln jeweils die Messansätze zu den vier Dimensionen des Service-Excellence-Modells präsentiert. Dabei stehen die einzusetzenden Methoden und die zu verwendenden Metriken im Fokus der Betrachtung. Dieser Standard wird aller Voraussicht nach im August 2022 publiziert.

1.3 Implementierung von Service Excellence

Hat ein Unternehmen beziehungsweise das Topmanagement eines Unternehmens den Beschluss gefasst, das Unternehmen (oder Teile des Unternehmens) in Richtung der Service Excellence auszurichten, dann stellt sich die besondere Herausforderung, wie Service Excellence im Unternehmen etabliert werden kann. Dabei sprechen wir nicht über die Einführung einer oder mehrerer Einzelmaßnahmen, sondern über die Etablierung von Service Excellence als ganzheitlicher und vor allem nachhaltiger Ansatz (Asif/Gouthier 2015). Entsprechend ist neben der Beachtung der Grundsätze sowie der Realisierung der vier Dimensionen des Service-Excellence-Modells und dessen neun Elementen zu überlegen, welche Schritte es bedarf, um das Konzept dauerhaft zu implementieren. Generell gilt, dass rund 70 bis 75 Prozent aller Transformationsprogramme in Unternehmen scheitern (siehe zum Beispiel Blanchard 2010; McKinsey 2020). Dementsprechend ist flankierend ein Change-Management- beziehungsweise Transformationskonzept aufzusetzen und umzusetzen. Dienlich ist zum Beispiel das Change-Management-Modell nach Kotter (2011), das aus folgenden acht Schritten besteht:

1. Innerhalb des Unternehmens ist ein Gefühl für die Dringlichkeit und Wichtigkeit der Etablierung von Service Excellence zu erzeugen.

2. Für die Umsetzung von Service Excellence ist eine Führungskoalition aufzubauen, welche den Prozess von Anfang bis Ende begleitet und unterstützt.
3. Zudem ist eine Vision, Mission und Strategie der Service Excellence zu entwickeln, die die Zugkraft haben, das Unternehmen in die gewünschte Richtung zu lenken.
4. Um alle Beschäftigten mitzunehmen, ist die Vision des Wandels zu kommunizieren.
5. Unterstützend sind die Mitarbeitenden auf breiter Basis zu Service Excellence zu befähigen.
6. Um die Mitarbeitenden nicht zu entmutigen und den Ansatz der Service Excellence zu verfestigen, sind schnelle Erfolge zu erzielen.
7. Damit die Etablierung von Service Excellence langfristig nicht im Sande verläuft, sind die Erfolge zu konsolidieren und weitere Veränderungen in Richtung der Service Excellence einzuleiten.
8. Schließlich gilt es, neue Service-Excellence-Ansätze nachhaltig in der Kultur zu verankern.

Diese acht Schritte lassen sich den drei Phasen eines grundlegenden Veränderungsprozesses gemäß Kurt Lewin (siehe zum Beispiel Lauer 2019) zuschreiben. Die Schritte 1 bis 4 sind der Phase „Auftauen“, die Schritte 5 bis 7 der Phase „Verändern“, und Schritt 8 ist der Phase „Verankern“ zuzuordnen.

Auch zu diesem Thema der Implementierung von Service Excellence ist ein Standard geplant, der in einer der Arbeitsgruppen des ISO/TC 312 entwickelt werden soll. Nähere Informationen hierzu liegen zum Zeitpunkt der Drucklegung dieser Herausgeberschaft jedoch noch nicht vor.

1.4 Qualifizierung zu Service Excellence

Exzellente Services zeichnen sich zwar nicht immer, aber sehr häufig durch eine begeisternde Interaktion des Kunden mit einem Mitarbeitenden aus. Dabei vermag zwar auch teilweise eine hohe Fachkompetenz Begeisterung beim Kunden auszulösen, in vielen Fällen ist es aber eher die sozial-kommunikative Kompetenz der Mitarbeitenden und deren Engagement, die einen Fünf-Sterne-Service kennzeichnen und Kunden begeistern. Wie in dem Beitrag „Mitarbeiterengagement erfordert Motivation und Qualifikation: Der Einsatz von Blended Learning zur Umsetzung von Service Excellence“ von Prof. Dr. Matthias Gouthier und Matthias Raquet beschrieben, bedarf es verschiedener Kompetenzen, um den Kunden am Ende des Tages begeistern zu können. So gehören als Grundvoraussetzungen die richtige Haltung und Einstellung den Kunden gegenüber dazu. Daneben geht es darum, den Kunden und dessen Bedürfnisse, Wünsche, Probleme et cetera akkurat zu verstehen. Des Weiteren gehört der richtige Umgang mit kritischen Situationen zum erforderlichen Handlungsrepertoire. Zudem sollte der Mitarbeitende wissen, wie in Interaktionen eine persönliche Note geboten werden kann. Und schließlich sollte der Mitarbeitende Ideen dazu haben, wie positive Wow-Momente für den Kunden geschaffen werden können.

Aber auch zu solch einem Kompetenzrahmen für exzellente Serviceerbringung existiert noch kein allgemeiner Standard. Entsprechend ist es das Ansinnen des ISO/TC 312, in der Zukunft einen passenden Kompetenzrahmen zu entwickeln, der sich auf die notwendigen außerfachlichen Kompetenzen der Mitarbeitenden bezieht.

1.5 Interne Service Excellence

Die an Kunden gelieferten Leistungen können letztlich nur so gut sein wie die Summe der Vorleistungen, die in einem Unternehmen produziert werden. Soll die Performance eines Unternehmens am Markt insgesamt gesteigert werden, bedarf es auch der Optimierung der Leistungen der unternehmensinternen Fachabteilungen. Dabei sollten zur systematischen Erzielung exzellenter Dienstleistungen die internen Prozesse eines Unternehmens optimal ablaufen und im Sinne einer internen Kunden-Lieferanten-Beziehung verstanden werden. Diese Aufgabe steht im Fokus der Internen Service Excellence. Hierbei handelt es sich um einen Managementansatz, der Unternehmen hilft, die Leistungen der Fachabteilungen zu messen, weiterzuentwickeln und damit auf ein höheres Niveau zu heben. Zwar haben viele Unternehmen ihre Ziele bereits auf die Erreichung von Kundenbegeisterung ausgerichtet, allerdings wird ein Großteil der Serviceaktivitäten durch interne Unternehmenseinheiten verrichtet, sodass auch diese den Gedanken der Service Excellence verinnerlichen müssen (Gouthier/Zilles 2021).

Die zentrale Frage für Unternehmen ist es folglich, wie interne Fachabteilungen systematisch in ihrer Leistungsqualität weiterentwickelt werden können. Hierzu bietet sich unter anderem der Einsatz von Reifegradmodellen an. Das Ziel von Reifegradmodellen in diesem Kontext ist, die Interne Service Excellence messbar zu machen. Zudem ist die aktuelle Ist-Situation einer Fachabteilung einem bestimmten Reifegrad zuzuweisen. Werden nun sowohl die inhaltlichen Dimensionen der Internen Service

Excellence als auch die Reifegrade miteinander kombiniert, erhält man ein Reifegradmodell der Internen Service Excellence (Gouthier/Zilles 2020).

Auch diese Herausforderung könnte in einer Arbeitsgruppe des Technischen Komitees ISO/TC 312 bearbeitet und ein entsprechender Standard entwickelt werden.

1.6 Digitale Service Excellence

Dies ist eines der spannendsten, zugleich aber auch schwierigsten Themenfelder der Service Excellence. Dass die Digitalisierung eine der bedeutendsten Entwicklungen und Herausforderungen für Unternehmen darstellt, die einen exzellenten Service bieten wollen, ist unbestritten. Die ungeklärte Frage indes ist, was denn überhaupt unter einer „Digitalen Service Excellence" zu verstehen ist, welche Inhalte beziehungsweise Elemente diese umfasst und wie diese abgebildet werden kann. Grundsätzlich zeigen sich insbesondere Bezüge zur Normenreihe ISO/IEC 20000, die vom ISO/IEC JTC 1/SC 40 „IT service management and IT governance" entwickelt beziehungswiese weiterentwickelt wird, wobei hier insbesondere die Arbeitsgruppe 2 verantwortlich zeichnet. Die ISO/IEC 20000 stellt eine international anerkannte Normenreihe zum IT-Service-Management (ITSM) dar, wobei die Norm proklamiert, dass nicht nur ein ITSM, sondern generell ein Service-Management-System (SMS) beschrieben wird. Die ISO/IEC 20000 Part 1:2018 – „Service management system requirements" beinhaltet dabei die Anforderungen an ein SMS, das ein Unternehmen einrichten, umsetzen, aufrechterhalten und kontinuierlich verbessern muss, um eine Zertifizierung zu erhalten. Die ISO/IEC 20000 Part 2:2019 – „Guidance on the application of service management systems" bietet dagegen einen Leitfaden für die Anwendung eines SMS auf der Grundlage der ISO/IEC 20000–1:2018. Das Dokument enthält Beispiele und Empfehlungen, die es Unternehmen ermöglichen sollen, die ISO/IEC 20000–1:2018 korrekt zu interpretieren und anzuwenden, einschließlich Verweisen auf andere Teile von ISO/IEC 20000 und andere relevante Normen.

Ob die beiden Welten des (IT-)Service-Managements und der Service Excellence weiter zusammenwachsen werden, wird die Zukunft noch zeigen. Die ersten Ansätze wirken vielversprechend. Schon heute findet ein kontinuierlicher Austausch zwischen dem ISO/TC 312 „Excellence in Service" und ISO/IEC JTC 1/SC 40 „IT service management and IT governance" statt.

1.7 Branchenspezifische Ausdifferenzierung von Service Excellence

Vor dem Jahr 2010 gab es zwar schon den Begriff der Service Excellence, aber es lag noch kein einheitliches Verständnis von Service Excellence vor, geschweige denn ein einheitliches Konzept, was unter Service Excellence zu verstehen ist und welche Elemente ein Service-Excellence-Ansatz beinhaltet. Was es gab, waren unternehmensspezifische Konzepte, die mehr oder minder stark in der Öffentlichkeit propagiert wurden. Erst mit der DIN SPEC 77224:2011, die vom Autor dieses Artikels initiiert und federführend koordiniert wurde, entstand der erste Standard, der ein einheitliches Service-Excellence-Modell beschrieb. Dieses Modell wurde auf Wunsch von internationalen Unternehmen, die bei der Erstellung der DIN SPEC 77224:2011 mitgewirkt hatten, in einen europäischen Standard überführt, die CEN/TS 16880:2015. Diese Spezifikation bildete wiederum die Basis für die Entwicklung der aktuellen ISO-Norm 23592:2021.

Liegt die Stärke eines derartigen, sogenannten horizontalen Standards darin, ein für alle möglichen Organisationen generell anwendbares Modell der Service Excellence bereitzustellen, stellt dies zugleich eine der Schwächen dar. Ein generisches Service-Excellence-Modell kann eben nicht die Spezifika von einzelnen Industrien beziehungsweise Branchen abbilden, wie zum Beispiel des Facility Managements (Gouthier 2015), des deutschen Bankensektors (Gouthier/Weimann 2017) oder der Steuerberatung und Wirtschaftsprüfung (Gouthier/Höffling 2014). Was indes gemacht werden kann, ist die Adaption eines generellen Service-Excellence-Modells auf die Spezifika einer Industrie beziehungsweise Branche. Dies zeigt sich zum Beispiel auch in den aktuellen Diskussionen des Technischen Komitees ISO/TC 312, in denen die Bildung einer neuen Arbeitsgruppe zur Anwendung des Service-Excellence-Modells auf den öffentlichen Sektor diskutiert und grundsätzlich befürwortet wird.

Sicherlich wird es in Zukunft weitere derartige Branchenspezifizierungen geben. So wurde zum Beispiel in den Jahren 2016/2017 federführend von der Deutschen Bank die DIN SPEC 77231:2017 entwickelt, die Anforderungen für den „Prozess und Kompetenzrahmen für die Durchführung von exzellentem Service im Filialbanking“ beschreibt. Vor dem geschilderten Hintergrund ist es durchaus denkbar, dass auf internationaler Ebene in Zukunft auch spezifischere Standards, wie zum Beispiel für Industrieunternehmen im Sinne von Industrial Service Excellence, entwickelt werden.

2. *Fazit*

Die Weiterentwicklung von Service Excellence ist heute noch lange nicht am Ende und wird auch kein absehbares Ende finden, da es permanent neue Entwicklungen, sei es seitens der Kundenanforderungen, Wettbewerbsentwicklung und technologischen Entwicklung, um nur wenige zu nennen, geben wird, die neue Anforderungen an den exzellenten Service der Zukunft definieren werden. Von daher bleibt es auch in Zukunft spannend, wohin sich das Thema der Service Excellence weiterentwickeln wird.

Literaturverzeichnis

Asif, M./Gouthier, M.H.J. (2015): Developing a self-diagnostic framework for assessing service excellence, in: International Journal of Services and Operations Management, 20. Jg., Nr. 4, S. 441–460.

Blanchard, K. (2010): Mastering the art of change, in: Training Journal, Januar 2010, S. 44–47.

CEN/TS 16880:2015 (2015): Service Excellence – Schaffung von herausragenden Kundenerlebnissen durch Service Excellence, Brüssel.

DIN SPEC 77224:2011 (2011): Erzielung von Kundenbegeisterung durch Service Excellence, Berlin.

DIN SPEC 77231:2017 (2017): Prozess und Kompetenzrahmen für die Durchführung von exzellentem Service im Filialbanking, Berlin.

Doerr, J. (2018): OKR: Objectives & Key Results: Wie Sie Ziele, auf die es wirklich ankommt, entwickeln, messen und umsetzen, München.

Gouthier, M.H.J. (2015): Kunden durch exzellente Facility Services begeistern, in: Hossenfelder, J./Lünendonk, T. (Hrsg.): Handbuch Facility Management 2015, Freiburg/München, S. 55–65.

Gouthier, M.H.J./Höffling, W. (2014): Service Excellence im Prüfungs- und Beratungsgeschäft, in: Hossenfelder, J./Lünendonk, T. (Hrsg.): Handbuch Wirtschaftsprüfung und Steuerberatung 2015, Freiburg/München, S. 27–39.

Gouthier, M.H.J./Weimann, J. (2017): Kundenbegeisterung durch herausragende Service-Erlebnisse – Einsatz von Service Excellence bei Banken, in: Marketing Review St. Gallen (MRSG), 34. Jg., Nr. 1, S. 28–35.

Gouthier, M.H.J./Zilles, N. (2020): Interne Service Excellence – Reifegradmodell für Fachabteilungen, in: Piwinger, G. (Hrsg.): New Work für Praktiker, Stuttgart, S. 130–143.

Gouthier, M.H.J./Zilles, N. (2021): Interne Service Excellence: Die Performance von Fachabteilungen optimieren, in: Service Today, 35. Jg., Nr. 2, S. 66–68.

ISO 23592:2021 (2021): Service excellence – Principles and model, Genf.

ISO/IEC 20000–1:2018 (2018): Information technology — Service management — Part 1: Service management system requirements, Genf.

ISO/IEC 20000–2:2019 (2019): Information technology — Service management — Part 2: Guidance on the application of service management systems.

ISO/WD TS 23686 (2021): Service excellence – Measuring service excellence performance, Genf.

Kotter, J.P. (2011): Leading Change: Wie Sie Ihr Unternehmen in acht Schritten erfolgreich verändern, München.

Lauer, T. (2019): Change Management: Grundlagen und Erfolgsfaktoren, 3. Aufl., Berlin.

McKinsey (2020): The changeable organization, in: McKinsey Quarterly Five Fifty vom 25.02.2020, https://www.mckinsey.com/business-functions/transformation/our-insights/five-fifty-the-changeable-organization, aufgerufen am 05.09.2021.

Autorenprofile

Dr. Ferri Abolhassan

Dr. Ferri Abolhassan ist ein promovierter deutscher Informatiker und Herausgeber zahlreicher Fachbücher. Nach Stationen bei Siemens, IBM, IDS Scheer und SAP ist er seit 2008 für die Deutsche Telekom AG tätig. Bei T-Systems leitete er unter anderem den Bereich Produktion sowie die IT-Division. 2016 wurde er Mitglied der Geschäftsführung der Telekom Deutschland GmbH und führt seitdem den Geschäftsbereich Service mit rund 30.000 Mitarbeitenden. Seit Mai 2021 ist er zusätzlich für die Privatkunden Vertriebsgesellschaft mbH der Telekom Deutschland verantwortlich, zu der unter anderem die Telekom Shops gehören.

Dr. Björn Becker

Dr. Björn Becker ist bei den Lufthansa Group Airlines verantwortlich für die Einführung des neuen Produktes für Interkontinentalflüge sowie alle kundenrelevanten Themen während der Re-Start-Phase der Covid-19-Krise.
Bis 2020 war er verantwortlich für das Bodenprodukt und die digitalen Services der Lufthansa, Swiss und Austrian Airlines, unter anderem Check-In & Gepäckabgabe, Lounges, Premium Services, Boarding, Ein- und Ausreiseservices und die Services in digitalen Kanälen (App, Website, Chatbot et cetera). Dr. Becker hat über 20 Jahre Erfahrung in unterschiedlichen Bereichen der Luftfahrtindustrie, eine Promotion im Bereich Revenue Management sowie zahlreiche Veröffentlichungen in Zeitschriften und auf Konferenzen. Er ist Mitglied des Aufsichtsrates der FraCares Service GmbH.

Sabine Börnsen

Sabine Börnsen ist seit 2012 in verschiedenen leitenden Funktionen bei der TeamBank AG tätig. Aktuell verantwortet sie zwei zentrale Digitalisierungsprojekte.

Nach ihrem Studium der Betriebswirtschaftslehre in Deutschland und England erlangte Frau Börnsen 2006 den Bachelor in Business and Management (in UK) und 2008 ihren Abschluss als Diplomkauffrau (Univ.). Anschließend war sie als Projektmanagerin für die Unternehmensberatung des E.ON Konzerns europaweit tätig.

Danach wechselte sie zur TeamBank AG und war unter anderem als Abteilungsleiterin Organisation, Prozess- und Qualitätsmanagement für die Zertifizierung zu Service Excellence verantwortlich.

Philippe D. Clarinval

Philippe D. Clarinval (MBA) ist Hotelier, der viele illustre Luxushotels weltweit geführt hat, bevor er das Carlton Hotel St. Moritz als General Manager übernahm.

Sein einzigartiger Führungsansatz hat ihn erfolgreich gemacht, weil er daran glaubt, dass Menschen und Sinn, Strategien zum Erfolg führen. Er promoviert an der Universität von Liverpool. An der University of Oxford, der Harvard University und dem Massachusetts Institute of Technology hat er im Rahmen von Executive Education studiert.

Er ist Mitglied der European Hotel Managers Association, Past President der Cornell Hotel Society AlpAdria & Eastern Europe Chapter und passionierter Mentor und Coach von CEOs und Führungskräften.

Svenja Daniel

Svenja Daniel startete nach dem Studium der Wirtschaftswissenschaften ihre berufliche Karriere bei der Brenntag SE. Vorab schrieb sie ihre Masterarbeit über das Thema Customer Experience im B2B-Umfeld und leitete daraufhin ab 2018 die Ausrollung von Service Excellence in EMEA. Im Juni 2021 übernahm sie als „Global Project Manager Service Excellence" die globale Leitung.

Die Brenntag SE ist der Weltmarktführer in der Distribution von Chemikalien und Inhaltsstoffen. Als Bindeglied zwischen Kunden und Lieferanten der Chemieindustrie nimmt Brenntag eine zentrale Rolle ein.

Prof. Dr. Matthias Gouthier

Prof. Dr. Matthias Gouthier ist Inhaber des Lehrstuhls für Marketing und elektronische Dienstleistungen, Leiter des Instituts für Management im Fachbereich Informatik und Direktor des Centers for Service Excellence (CSE) der Universität Koblenz-Landau. Prof. Gouthier initiierte mit der DIN SPEC 77224 den weltweit ersten offiziellen Standard zu Service Excellence. Im Anschluss hieran übernahm er die Leitung des europäischen Komitees, das den deutschen Standard in einen europäischen Standard (CEN/TS 16880) überführte. Seit März 2018 leitet er in seiner Funktion als Chairman das ISO/TC 312 „Excellence in Service", das unter anderem die ISO-Norm 23592 „Service Excellence" entwickelt hat. Um das Thema Service Excellence kontinuierlich und breiter in die Praxis zu tragen, organisiert er seit zehn Jahren die Excellence-in-Service-Konferenzreihe EXIS, eine Austausch- und Transferplattform, die sich jährlich wechselnden Themenschwerpunkten der Service Excellence widmet. Er referiert als gefragter Experte sowohl an renommierten Hochschulen als auch bei Verbänden, Ministerien, Managementberatungen und Unternehmen aus den verschiedensten Branchen. Als Managementberater begleitete er schon zahlreiche Unternehmen auf ihrem Weg hin zur Service Excellence. Schließlich hat er im Jahr 2017 die oneservice AG mitgegründet. Hier zeichnet er als Akademischer Direktor für deren Service-Excellence-Akademie mitverantwortlich.

Enrico Jensch

Der Servicevisionär Enrico Jensch verantwortet als COO bei Helios Health das internationale operative Geschäft. Zudem ist er COO bei Helios Deutschland und seit Juli 2019 auch Geschäftsführer der beiden 2018 gegründeten Helios Sparten „Ambulante Versorgung“ und „Neue Geschäftsmodelle“. Jensch war zuvor bei Helios als Managing Director International sowie bis 2018 als Regionalgeschäftsführer der Region Mitte-Nord tätig. Von 2007 bis 2010 leitete er die Helios Klinik Bad Saarow sowie 2011 das Klinikum Schwerin. Gemeinsam mit Carsten K. Rath etabliert er seit 2020 das Projekt „6 Köche, 12 Sterne“ in den Helios Kliniken.

Juliane Köninger

Juliane Köninger studierte im Bachelorstudium International Business an der Technischen Hochschule Nürnberg sowie im Rahmen eines Auslandssemesters an der Science University Malaysia. Im Anschluss absolvierte sie ihr Masterstudium in Management und Marketing an der Universität Hohenheim. Neben dem Studium war sie im Bereich International Customer Training bei der Siemens AG sowie in der Marketingkommunikation bei der Daimler AG beschäftigt. Seit Juli 2018 ist sie im Bereich Customer Experience Management bei der Daimler Mobility AG tätig und ist zudem externe Doktorandin am Lehrstuhl für Marketing und elektronische Dienstleistungen an der Universität Koblenz-Landau.

Michael Moritz

Michael Moritz ist Geschäftsführer der WISAG Facility Service Holding GmbH, einem der führenden Immobiliendienstleister in Deutschland. Der Diplom-Ingenieur startete 1994 – nach zwölf Jahren im Dienste der Deutschen Luftwaffe – als Projektleiter seine Laufbahn bei der WISAG. Zwei Jahre später wurde er in die Geschäftsführung einer Regionalgesellschaft berufen, danach führte er über viele Jahre die Geschäfte der WISAG Facility Management Holding. Seit 2001 zeichnet er für die WISAG Facility Service Holding verantwortlich.

Christian Polenz

Christian Polenz ist seit 2010 Mitglied des Vorstands und verantwortet als Chief Customer Officer (CCO) der TeamBank alle Belange, welche die Kundinnen und Kunden betreffen, konkret das Dialog Center, die Kundenbank und das Marketing. Darüber hinaus finden sich in seinem Ressort alle daten-, IT- und produktbezogenen Themen.

Neben seiner Ausbildung zum Bankkaufmann, absolvierte Christian Polenz ein berufsbegleitendes Studium. Anschließend war er unter anderem für die Deutsche Bank AG und die Bayerische Hypo- und Vereinsbank tätig. Danach arbeitete er bei der TeamBank AG in diversen leitenden Funktionen und wurde 2006 zum Generalbevollmächtigten berufen.

Matthias Raquet

Matthias Raquet ist seit 2017 CEO und Mitgründer der oneservice AG. Zudem hat er bei der oneservice AG die Position des Vize-Präsidenten des Verwaltungsrats inne. Matthias Raquet war zuvor schon mehr als 30 Jahre in verschiedensten leitenden Positionen in der Biotech-Branche tätig. Zuletzt war er als Vice President - Head of Global Service Solutions & Global Customer Management bei QIAGEN beschäftigt und zeichnete somit für den weltweiten Service verantwortlich.

Carsten K. Rath

Der Entrepreneur Carsten K. Rath ist der „Service-Experte Nr. 1 in Deutschland“ (n-tv). Sein Prinzip kompromissloser Service Excellence steht im Zeichen der Kundenbegeisterung. Als Grand Hotelier hat Carsten K. Rath legendäre Luxushotels eröffnet. Heute unterstützt der Vortragsredner, Berater und Coach Unternehmen branchenübergreifend auf ihrem Weg in die digitale Zukunft – denn die gehört dem Service. Leidenschaftlich gibt Carsten K. Rath seine Erfahrung und sein Know-how an die nächste Generation weiter: Derzeit wirkt er als Hochschuldozent für Marketing und Service Excellence an verschiedenen internationalen Universitäten und Hochschulen. Rath ist zudem COO am Center for Service Excellence an der Universität Koblenz-Landau. Das Handelsblatt nennt ihn „The international service authority“.

Christopher J. Rastin

Christopher J. Rastin wurde 1979 in Chatham, Kanada, geboren. Er studierte Kriminologie und Psychologie an der Universität von Ottawa von 1998 bis 2002, gefolgt von einem Masterstudium in Counselling Psychology. Zwischen 2001 und 2013 führte er Forschungsprojekte für die kanadischen Justizvollzugsbehörden zur Behandlung von Straftätern und zur Erstellung von Straftäterprofilen durch. Er leitete Untersuchungen, um das Verständnis für indigene Bevölkerungsgruppen für die Behandlung durch die Royal Canadian Mounted Police/Gendarmerie royale du Canada zu verbessern. 2013 zog er von Montréal nach Düsseldorf und ist seit 2018 Senior Research Manager bei der E.ON SE. Er ist verantwortlich für die Erhebung und Analyse des NPS und war maßgeblich daran beteiligt, das Programm auf eine datenbasierte Grundlage zu stellen.

Dr. Kristina Rodig

Dr. Kristina Rodig wurde 1963 in Oranienburg geboren. Seit 2016 leitet sie das globale Customer und Market Insights Team von E.ON SE in Essen. Nach Abschluss ihres Studiums in Potsdam, Smolensk und Berlin mit Promotion über Russische Literatur und einem Master of Business Marketing hatte sie verschiedene Positionen in der Energiewirtschaft inne. Unter anderem arbeitete sie als Pressesprecherin, Key Account Managerin und in verschiedenen leitenden Marketing- und Kundenservicerollen. Sie hat die erste Customer-Insights-Einheit für E.ON in Deutschland aufgebaut und das NPS-Programm bei E.ON entscheidend geprägt. Zu ihren Spezialgebieten gehören Kundenbindungsstrategien, Beschwerdemanagement, Customer Experience Management, Marktforschung und Analytics.